대한민국 부사관 봉투모의고사

제1회 모의고사

KIDA 간부선발도구

제1과목	언어논리	제2과목	자료해석
제3과목	공간능력	제4과목	지각속도

수험번호		성 명	

제1회 모의고사

QR코드 접속을 통해 풀이시간 측정, 자동 채점
그리고 결과 분석까지!

제1과목 : 언어논리 **시험시간 : 20분**

01 다음 중 단어의 관계가 다른 하나는?

① 진지 - 밥
② 건물 - 한옥
③ 음료수 - 콜라
④ 음식 - 김치
⑤ 과일 - 포도

02 밑줄 친 단어의 뜻풀이가 옳지 않은 것은?

① 그는 <u>줄목</u>을 무사히 넘겼다.
→ 일의 진행 과정에서 가장 중요한 대목
② 그 사람들도 <u>선걸음</u>으로 그리 내달았다.
→ 이미 내디뎌 걷고 있는 그대로의 걸음
③ 겨울 동안 <u>갈무리</u>를 했던 산나물을 팔았다.
→ 물건 따위를 잘 정리하거나 간수함
④ 그는 인물보다 <u>맨드리</u>가 쓰레기꾼 축에 섞이기는 아까웠다.
→ 옷을 입고 매만진 맵시
⑤ 그녀는 <u>잔입</u>으로 출근 시간이 되기만을 기다렸다.
→ 음식을 조금만 먹음

03 다음 중 밑줄 친 단어의 표준 발음이 옳은 것으로만 묶인 것은?

> ㉠ 동원령[동월령]이 선포되었다.
> ㉡ 오늘 떠나는 직원의 송별연[송벼련]이 있다.
> ㉢ 남의 삯일[사길]을 해야 할 만큼 고생이 심했다.
> ㉣ 부모가 남긴 유산을 자식들은 야금야금[야그먀금] 까먹었다.

① ㉠, ㉡　② ㉠, ㉢
③ ㉡, ㉢　④ ㉡, ㉣
⑤ ㉢, ㉣

04 다음 명제를 통해 얻을 수 있는 결론으로 타당한 것은?

> 어떤 음식은 식물성이다.
> 모든 식물은 음식이다.
> 그러므로 ______________

① 어떤 식물성인 것은 음식이다.
② 모든 음식은 식물성이다.
③ 식물이 아닌 것은 음식이 아니다.
④ 어떤 식물은 음식이 아니다.
⑤ 식물성이 아닌 음식은 없다.

05 다음 중 우리말 어법에 맞고 가장 자연스러운 문장은?

① 뜰에 핀 꽃이 여간 탐스러웠다.
② 안내서 및 과업 지시서 교부는 참가 신청자에게만 교부한다.
③ 졸업한 형도 못 푸는 문제인데, 하물며 네가 풀겠다고 덤비느냐.
④ 한국 정부는 독도 영유권 문제에 대하여 일본에게 강력히 항의하였다.
⑤ 주문하신 상품은 현재 품절이십니다.

06 다음 글의 내용과 일치하지 않는 것은?

스마트팜은 사물인터넷이나 빅데이터 등의 정보통신기술을 활용해 농업시설의 생육환경을 원격 또는 자동으로 제어할 수 있는 농장으로, 노동력과 생산비 절감효과가 커 네덜란드와 같은 농업 선진국에서도 적극적으로 활용되고 있다. 관련 핵심 직업으로는 농장의 설계 · 구축 · 운영 등을 조언하고 지도하는 '스마트팜 컨설턴트'와 농업인을 대상으로 스마트팜을 설치하고 소프트웨어를 개발하는 '스마트팜 구축가'가 있다.

바이오헬스는 바이오기술과 정보를 활용해 질병 예방 · 진단 · 치료 · 건강증진에 필요한 제품과 서비스를 생산하는 의약 · 의료산업이다. 국내 바이오헬스의 전체 기술력은 최고 기술국인 미국 대비 78% 수준으로 약 3.8년의 기술격차가 있다. 해외에서는 미국뿐만 아니라 영국 · 중국 · 일본 등이 글로벌 시장 선점을 위해 경쟁적으로 투자를 늘리고 있다. 관련 핵심 직업으로는 생물학 · 의약 등의 이론 연구로 다양한 생명현상을 탐구하는 '생명과학연구원', IT 건강관리 서비스를 기획하는 '스마트헬스케어 전문가' 등이 있다. 자연 · 의약학 계열의 전문 지식이 필요한 생명과학연구원은 향후 10년간 고용이 증가할 것으로 예측되며, 의료 · IT · 빅데이터의 지식이 필요한 스마트헬스케어 전문가도 연평균 20%씩 증가할 것으로 전망되는 시장규모에 따라 성장 가능성이 높을 것으로 보인다.

한편, 스마트시티는 건설과 정보통신 신기술을 활용해 다양한 서비스를 제공하는 도시로, 국내에서는 15개 지자체를 대상으로 U-City 사업이 추진되는 등 민간과 지자체의 아이디어를 도입하고 있다. 관련 직업으로는 토지 이용계획을 수립하고 설계하는 '도시계획가', 교통상황 및 영향요인을 분석하는 '교통전문가' 등이 있으며, 도시공학 · 교통공학 등의 지식이 필요하다.

① 정보통신기술을 활용한 스마트팜을 통해 노동력과 생산비를 절감할 수 있다.
② 미국은 우리나라보다 3년 이상 앞서 바이오헬스 산업에 투자하기 시작했다.
③ 바이오헬스 관련 직업인 생명과학연구원이 되려면 자연 · 의약학 계열의 전문 지식이 필요하다.
④ 현재 국내 15개 지자체에서 U-City 사업이 추진되고 있다.
⑤ 스마트시티와 관련된 직업을 갖기 위해서는 도시공학 · 교통공학 등의 지식이 필요하다.

07 다음 중 빈칸에 들어갈 문장으로 적절한 것은?

국민건강보험공단은 KT&G, 한국필립모리스, BAT코리아를 상대로 제기한 담배 소송의 변론이 진행된다고 밝혔다. 이번 변론에서는 '법적 인과관계'에 대한 쟁점을 다룰 예정이며 이는 피고 필립모리스 측의 요청에 따른 것으로 알려졌다. 한국필립모리스와 BAT코리아는 자신들이 담배를 수입 · 제조 · 판매했던 시기가 1989년 이후라는 이유로, KT&G의 담배를 피운 대상자들에 대하여 공동책임을 부담할 이유가 없으며, 특히 이 사건 대상자들은 경고 문구 등을 통해 담배의 위험성을 충분히 인식했음에도 불구하고 자발적으로 흡연한 것이므로, (   )

① 왜곡된 주장을 반복하는 점에 대한 문제도 강하게 제기한다.
② 담배 회사들에게 책임을 물을 수 없다는 주장을 할 것으로 보인다.
③ 피해자인 흡연자들에게 그 책임을 돌리지는 못할 것이다.
④ 구체적이고 명확한 '경고'를 하지 않은 점에 대하여 집중 추궁할 예정이다.
⑤ 법리적으로도 피고들에게 공동책임을 묻는 것이 당연하다고 설명한다.

08 다음 글을 읽고 추론한 내용으로 가장 적절한 것은?

한 연구원이 어떤 실험을 계획하고 참가자들에게 이렇게 설명했다.

"여러분은 지금부터 둘씩 조를 지어 함께 일을 하게 됩니다. 여러분의 파트너는 다른 작업장에서 여러분과 똑같은 일을 하고, 똑같은 노력을 기울여야 할 것입니다. 이번 실험에 대한 보수는 각 조당 5만 원입니다."

실험 참가자들이 작업을 마치자 연구원은 참가자들을 세 부류로 나누어 각각 2만 원, 2만 5천 원, 3만 원의 보수를 차등 지급하면서, 그들이 다른 작업장에서 파트너가 받은 액수를 제외한 나머지 보수를 받은 것으로 믿게 하였다.

그 후 연구원은 실험 참가자들에게 몇 가지 설문을 했다. '보수를 받고 난 후에 어떤 기분이 들었는지, 나누어 받은 돈이 공정하다고 생각하는지'를 묻는 것이었다. 연구원은 설문을 하기 전에 3만 원을 받은 참가자가 가장 행복할 것이라고 예상했다. 그런데 결과는 예상과 달랐다. 3만 원을 받은 사람은 2만 5천 원을 받은 사람보다 덜 행복해했다. 자신이 과도하게 보상을 받아 부담을 느꼈기 때문이다. 2만 원을 받은 사람도 덜 행복해한 것은 마찬가지였다. 받아야 할 만큼 충분히 받지 못했다고 생각했기 때문이다.

① 인간은 공평한 대우를 받을 때 더 행복해한다.
② 인간은 남보다 능력을 더 인정받을 때 더 행복해한다.
③ 인간은 타인과 협력할 때 더 행복해한다.
④ 인간은 상대를 위해 자신의 몫을 양보했을 때 더 행복해한다.
⑤ 인간은 자신이 설정한 목표를 달성했을 때 가장 행복해한다.

09 다음 글이 비판의 대상으로 삼는 주장으로 가장 적절한 것은?

> 경제 문제는 대개 해결이 가능하다. 대부분의 경제 문제에는 몇 개의 해결책이 있다. 그러나 모든 해결책은 누군가가 상당한 손실을 반드시 감수해야 한다는 특징을 갖고 있다. 하지만 누구도 이 손실을 자발적으로 감수하고자 하지 않으며, 우리의 정치제도는 누구에게도 이 짐을 짊어지라고 강요할 수 없다. 우리의 정치적 · 경제적 구조로는 실질적으로 제로섬(Zero-sum)적인 요소를 지니는 경제 문제에 전혀 대처할 수 없기 때문이다.
>
> 대개의 경제적 해결책은 대규모의 제로섬적인 요소를 갖기 때문에 큰 손실을 수반한다. 모든 제로섬 게임에는 승자가 있다면 반드시 패자가 있으며, 패자가 존재해야만 승자가 존재할 수 있다. 경제적 이득이 경제적 손실을 초과할 수도 있지만, 손실의 주체에게 손실의 의미란 상당한 크기의 경제적 이득을 부정할 수 있을 만큼 매우 중요하다. 어떤 해결책으로 인해 평균적으로 사회는 더 잘살게 될 수도 있지만, 이 평균이 훨씬 더 잘살게 된 수많은 사람과 훨씬 더 못살게 된 수많은 사람을 감춘다. 만약 당신이 더 못살게 된 사람 중 하나라면 내 수입이 줄어든 것보다 다른 누군가의 수입이 더 많이 늘었다고 해서 위안을 얻지는 않을 것이다. 결국 우리는 우리 자신의 수입을 보호하기 위해 경제적 변화가 일어나는 것을 막거나 혹은 사회가 우리에게 손해를 입히는 공공정책이 강제로 시행되는 것을 막기 위해 싸울 것이다.

① 빈부격차를 해소하는 것만큼 중요한 정책은 없다.
② 사회의 총생산량이 많아지게 하는 정책이 좋은 정책이다.
③ 경제 문제에서 모두가 만족하는 해결책은 존재하지 않는다.
④ 경제적 변화에 대응하는 정치제도의 기능에는 한계가 존재한다.
⑤ 경제정책의 효율성을 높이는 방법은 일관성을 유지하는 것이다.

10 다음 문장을 문맥에 맞게 배열한 것은?

(가) 그러나 사람들은 소유에서 오는 행복은 소중히 여기면서 정신적 창조와 인격적 성장에서 오는 행복은 모르고 사는 경우가 많다.
(나) 소유에서 오는 행복은 낮은 차원의 것이지만 성장과 창조적 활동에서 얻는 행복은 비교할 수 없이 고상한 것이다.
(다) 부자가 되어야 행복해진다고 생각하는 사람은 스스로 부자라고 만족할 때까지는 행복해지지 못한다.
(라) 하지만 최소한의 경제적 여건에 자족하면서 정신적 창조와 인격적 성장을 꾀하는 사람은 얼마든지 차원 높은 행복을 누릴 수 있다.
(마) 자기보다 더 큰 부자가 있다고 생각될 때는 여전히 불만과 불행에 사로잡히기 때문이다.

① (가) – (마) – (나) – (다) – (라)
② (나) – (가) – (마) – (라) – (다)
③ (나) – (라) – (가) – (다) – (마)
④ (다) – (라) – (마) – (가) – (나)
⑤ (다) – (마) – (라) – (나) – (가)

11 다음 중 〈보기〉의 문장이 들어갈 위치로 가장 적절한 것은?

(가) 일제의 식민지 통치 밑에서 천도교가 주도하여 일으킨 3 · 1 독립운동은 우리나라 민족사에서 가장 빛나는 위치를 차지하는 거족적인 해방 독립 투쟁이다.

(나) 그뿐만 아니라 1918년 11월 제1차 세계대전이 끝나자 미국 대통령 윌슨(Woodrow Wilson)이 전후 처리 방안인 14개조의 기본 원칙으로 민족자결주의를 이행한다고 발표한 후 최초이자 최대 규모로 일어난 제국주의에 대항한 비폭력 투쟁으로써 세계 여러 약소 민족 국가와 피압박 민족의 해방 운동에 끼친 영향은 실로 지대한 세계사적인 의의를 갖는다고 하겠다.

(다) 또한 '최후의 一人까지, 최후의 一刻까지'를 부르짖은 3 · 1 독립운동이 비록 민족 해방을 쟁취하는 투쟁으로서는 실패하였으나 평화적인 수단으로 지배자에게 청원(請願)을 하거나 외세에 의존하는 사대주의적 방법으로는 자주독립이 불가능하다는 교훈을 남겼다는 점에서도 그 의의는 크다고 할 것이다.

(라) 언론 분야는 3 · 1 독립운동이 일어나자 독립 선언서와 함께 천도교의 보성사에서 인쇄하여 발행한 지하신문인 「조선독립신문」이 나오자, 이를 계기로 국내에서는 다양한 신문이 쏟아져 나왔기 때문에 이들 자료를 통해 많은 연구가 이루어져 있다.

〈보 기〉

그동안 3 · 1 운동에 관한 학자들의 부단한 연구는 3 · 1 운동의 원인과 배경을 비롯하여, 운동의 형성과 전개 과정, 일제의 통치 · 지배 정책, 운동의 국내외의 반향, 운동의 검토와 평가 그리고 3 · 1 운동 이후의 국내외 민족운동 등 각 분야에 걸쳐 수많은 저작을 내놓고 있다.

① (가)의 앞
② (가)의 뒤
③ (나)의 뒤
④ (다)의 뒤
⑤ (라)의 뒤

12 다음 글의 제목으로 가장 적절한 것은?

제4차 산업혁명은 인공지능이 기존의 자동화 시스템과 연결되어 효율이 극대화되는 산업환경의 변화를 의미한다. 2016년 세계경제포럼에서 언급되어, 유행처럼 번지는 용어가 되었다. 학자에 따라 바라보는 견해는 다르지만 대체로 기계학습과 인공지능의 발달이 그 수단으로 꼽힌다. 2010년대 중반부터 드러나기 시작한 제4차 산업혁명은 현재진행형이며, 그 여파는 사회 곳곳에서 드러나고 있다. 현재도 사람을 기계와 인공지능이 대체하고 있으며, 현재 일자리의 80~99%까지 대체될 것이라고 보는 견해도 있다.

만약 우리가 현재의 경제 구조를 유지한 채로 이와 같은 극단적인 노동 수요 감소를 맞게 된다면, 전후 미국의 대공황 등과는 차원이 다른 끔찍한 대공황이 발생할 것이다. 계속해서 일자리가 줄어들수록 중 · 하위 계층은 사회에서 밀려날 수밖에 없는데, 반면 자본주의 사회의 특성상 많은 비용을 수반하는 과학기술의 연구는 자본에 종속될 수밖에 없기 때문이다. 물론 지금도 이러한 현상이 없는 것은 아니지만, 아직까지는 단순노동이 필요하기 때문에 노동력을 제공하는 중 · 하위층들도 불합리한 부분들에 파업과 같은 실력행사를 할 수 있었다. 그러나 앞으로 자동화가 더욱 진행되어 노동의 필요성이 사라진다면 그들을 배려해야 할 당위성은 법과 제도가 아닌 도덕이나 인권과 같은 윤리적인 영역에만 남게 되는 것이다.

반면에, 이를 긍정적으로 생각한다면 이처럼 일자리가 없어졌을 때 극소수에 해당하는 경우를 제외한 나머지 사람들은 노동에서 완전히 해방되어, 인공지능이 제공하는 무제한적인 자원을 마음껏 향유할 수도 있을 것이다. 하지만 이러한 미래는 지금의 자본주의보다는 사회주의 경제 체제에 가깝다. 이 때문에 많은 경제학자와 미래학자들은 제4차 산업혁명 이후의 미래를 장밋빛으로 바꿔나가기 위해, 기본소득제 도입 등의 시도와 같은 고민들을 이어가고 있다.

① 제4차 산업혁명의 의의
② 제4차 산업혁명의 빛과 그늘
③ 제4차 산업혁명의 위험성
④ 제4차 산업혁명에 대한 준비
⑤ 제4차 산업혁명의 시작

13 다음 중 '옵트인 방식을 도입하자'는 주장에 대한 근거로 사용하기에 적절하지 않은 것은?

> 스팸 메일 규제와 관련한 논의는 스팸 메일 발송자의 표현의 자유와 수신자의 인격권 중 어느 것을 우위에 둘 것인가를 중심으로 전개되어 왔다. 스팸 메일의 규제 방식은 옵트인(Opt-in) 방식과 옵트아웃(Opt-out) 방식으로 구분된다. 전자는 광고성 메일을 금지하지는 않되 수신자의 동의를 받아야만 발송할 수 있게 하는 방식으로, 영국 등 EU 국가들에서 시행하고 있다. 그러나 이 방식은 수신 동의 과정에서 발송자와 수신자 양자에게 모두 비용이 발생하며, 시행 이후에도 스팸 메일이 줄지 않았다는 조사 결과도 나오고 있어 규제 효과가 크지 않을 수 있다.
>
> 반면 옵트아웃 방식은 일단 스팸 메일을 발송할 수 있게 하되 수신자가 이를 거부하면 이후에는 메일을 재발송할 수 없도록 하는 방식으로, 미국에서 시행되고 있다. 그런데 이러한 방식은 스팸 메일과 일반적 광고 메일의 선별이 어렵고, 수신자가 수신 거부를 하는 데 따르는 불편과 비용을 초래하며 불법적으로 재발송되는 메일을 통제하기 힘들다. 또한 육체적 · 정신적으로 취약한 청소년들이 스팸 메일에 무차별적으로 노출되어 피해를 볼 수 있다.

① 옵트아웃 방식을 사용한다면 수신자가 수신 거부를 하는 것이 더 불편해질 것이다.
② 옵트인 방식은 수신에 동의하는 데 따르는 수신자의 경제적 손실을 막을 수 있다.
③ 옵트아웃 방식을 사용한다면 재발송 방지가 효과적으로 이루어지지 않을 것이다.
④ 옵트인 방식은 수신자 인격권 보호에 효과적이다.
⑤ 날로 수법이 교묘해져 가는 스팸 메일을 규제하기 위해서는 수신자 사전 동의를 받아야 하는 옵트인 방식을 채택하는 것이 효과적이다.

14 다음 글에 대한 평가로 가장 적절한 것은?

> 대중문화는 매스미디어의 급속한 발전과 더불어 급속히 대중 속에 파고든, 주로 젊은 세대를 중심으로 이루어진 문화를 의미한다. 그들은 TV 속에서 그들의 우상을 찾아 이를 모방하는 것으로 대리 만족을 느끼고자 한다. 그러나 대중문화라고 해서 반드시 젊은 사람을 중심으로 이루어지는 것은 아니다. 넓은 의미에서의 대중문화는 사실 남녀노소 누구나가 느낄 수 있는 우리 문화의 대부분을 의미할 수 있다. 따라서 대중문화가 우리 생활에서 차지하는 비중은 가히 상상을 초월하며 우리의 사고 하나하나가 대중문화와 떼어 놓고 생각할 수 없는 것이다.

① 앞, 뒤에서 서로 모순되는 설명을 하고 있다.
② 충분한 사례를 들어 자신의 주장을 뒷받침하고 있다.
③ 사실과 다른 내용을 사실인 것처럼 논거로 삼고 있다.
④ 말하려는 내용 없이 지나치게 기교를 부리려고 하였다.
⑤ 적절한 비유를 들어 중심 생각을 효과적으로 전달했다.

15 다음 중 <보기>가 들어갈 위치로 알맞은 곳은?

군, 저소득계층 세대 집수리 봉사 펼쳐
– 도배 · 장판 교체 등 생활환경 개선 집수리 봉사 –

(가) 육군 A 부대는 지난 21일 제주도에 거주하는 저소득계층 세대를 찾아가 도배 · 장판 교체 및 새시 공사 등 대대적인 집수리 봉사를 펼쳤다고 밝혔다. (나) 부사관들로 구성된 '집수리 봉사단'은 2005년부터 매월 휴일을 이용하여 전국의 저소득 및 다문화가정 등 주거환경이 열악한 133곳에 집수리 봉사활동을 실시하였으며, (다) 집수리에 드는 비용은 A 부대원들이 모은 사회공헌 기금에서 전액 지원된다. (라) A 부대 부대장은 "저소득 및 소외계층의 주거환경 개선을 위한 집수리 봉사를 지속적으로 실시할 계획이며 지속적인 봉사의 실천으로 행복한 대한민국을 만드는 데 최선을 다하겠다."라고 밝혔다. (마)

〈보 기〉

특히, 이번 집수리 봉사활동은 가정의 달을 맞아 「사회 공헌 활동 주간」으로 선정하고 전국 각지에 있는 부사관들이 쉽게 접근할 수 없는 섬 지역인 제주도를 찾아 저소득계층 세대의 열악한 주거환경을 개선해 주기 위해 실시됐다.

① (가)
② (나)
③ (다)
④ (라)
⑤ (마)

16 다음 글에 대한 이해로 적절하지 않은 것은?

희극의 발생 조건에 대하여 베르그송은 집단, 지성, 한 개인의 존재 등을 꼽았다. 즉 집단으로 모인 사람들이 자신들의 감성을 침묵하게 하고 지성만을 행사하는 가운데 그들 중 한 개인에게 그들의 모든 주의가 집중되도록 할 때 희극이 발생한다고 보았다. 그러나 그가 말하는 세 가지 사항은 웃음을 유발하는 것이 아니라 그러한 것을 가능케 하는 조건들이다. 웃음을 유발하는 단순한 형태의 직접적인 장치는 대상의 신체적인 결함이나 성격적인 결함을 들 수 있다. 관객은 이러한 결함을 지닌 인물을 통하여 스스로 자기 우월성을 인식하고 즐거워질 수 있게 된다. 이와 관련해 "한 인물이 우리에게 희극적으로 보이는 것은 우리 자신과 비교해서 그 인물이 육체의 활동에는 많은 힘을 소비하면서 정신의 활동에는 힘을 쓰지 않는 경우이다. 어느 경우에나 우리의 웃음이 그 인물에 대하여 우리가 지니는 기분 좋은 우월감을 나타내는 것임은 부정할 수 없다."라는 프로이트의 말은 시사적이다.

① 베르그송에 의하면 집단, 지성, 한 개인의 존재는 희극 발생의 조건이다.
② 베르그송에 의하면 희극은 관객의 감성이 집단적으로 표출된 결과이다.
③ 프로이트에 의하면 상대적으로 정신 활동보다 육체활동에 힘을 쓰는 상대가 희극적인 존재이다.
④ 한 개인의 신체적 · 성격적 결함은 집단의 웃음을 유발하는 직접적인 장치이다.
⑤ 관객은 결함을 지닌 한 인물을 통해 자기 우월성을 느낌에 따라 즐겁다고 느낀다.

17 다음 글에 대한 설명으로 가장 적절한 것은?

> 비극은 극 양식을 대표한다. 비극은 고대 그리스 시대부터 발전해 온 오랜 역사를 가지고 있다. 비극은 고양된 주제를 묘사하며, 불행한 결말을 맺게 된다. 그러나 비극의 개념은 시대와 역사에 따라 변하고 있다. 그리스 시대의 비극은 비극적 결함이라고 하는 운명의 요건으로 인하여 파멸하는 인간의 모습을 그려냈다. 근대의 비극은 성격의 문제나 상황의 문제로 인하여 패배하는 인간의 모습을 보여 준다.
>
> 비극은 그 본질적 속성이 역사적이라기보다 철학적이다. 비극의 주인공으로는 일상적인 주변 인간들보다 고귀하고 비범한 인물을 등장시킨다. 그런데 이 주인공은 이른바 비극적 결함이라고 하는 운명적 특징을 지니고 있다. 비극의 관객들은 이 주인공의 비극적 운명에 대한 공포와 비애를 체험하면서 카타르시스에 이르게 된다. 아리스토텔레스는 이 같은 주장에 의해서 비극을 인간의 삶의 중심에 위치시킨다. 아리스토텔레스는 비극의 결말이 불행하게 끝나는 것이 좋다고 보았으나, 불행한 결말이 비극에 필수적이라고는 생각하지 않았다. 사실 그리스 비극 가운데 결말이 좋게 끝나는 작품도 적지 않다.

① 비극은 본질적으로 역사적 · 사회적 속성을 지닌다.

② 비극적 결함에 의해 파멸되어 가는 인간의 모습을 담은 것이 근대 비극이다.

③ 아리스토텔레스는 그리스 비극이 모두 불행한 결말로 끝이 나야 하는 것으로 보았다.

④ 그리스 시대 비극의 특징은 성격이나 상황의 문제로 인해 패배하는 인간의 모습을 보여 준다.

⑤ 관객들은 비극을 통해 비범한 인간들의 운명에 대한 공포와 비애를 경험하면서 카타르시스에 이르게 된다.

18 다음 글의 제목으로 가장 적절한 것은?

서양에서는 아리스토텔레스가 중용을 강조했다. 하지만 우리의 중용과는 다르다. 아리스토텔레스가 말하는 중용은 균형을 중시하는 서양인의 수학적 의식에 기초했으며 또한 우주와 천체의 운동을 완벽한 원과 원운동으로 이해한 우주관에 기초한 것이다. 그러므로 그것은 명백한 대칭과 균형의 의미를 갖는다. 팔씨름에 비유해 보면 아리스토텔레스는 똑바로 두 팔이 서 있을 때 중용이라고 본 데 비해 우리는 팔이 한 쪽으로 완전히 기울었다 해도 아직 승부가 나지 않았으면 중용이라고 보는 것이다. 그러므로 비대칭도 균형을 이루면 중용을 이룰 수 있다는 생각은 분명 서양의 중용관과는 다르다.

이러한 정신은 병을 다스리고 약을 쓰는 방법에도 나타난다. 서양의 의학은 병원체와의 전쟁이고 그 대상을 완전히 제압하는 데 반해, 우리 의학은 각 장기간의 균형을 중시한다. 만약 어떤 이가 간장이 나쁘다면 서양 의학은 그 간장의 능력을 회생시키는 방향으로만 애를 쓴다. 그런데 우리는 만약 더 이상 간장 기능을 강화할 수 없다고 할 때 간장과 대치되는 심장의 기능을 약하게 만드는 방법을 쓰는 것이다. 한쪽의 기능이 치우치면 병이 심해진다고 보기 때문이다. 우리는 의학 처방에 있어서조차 중용관에 기초해서 서양의 그것과는 다른 가치관과 세계관을 적용하면서 살아온 것이다.

① 아리스토텔레스의 중용의 의미
② 서양 의학과 우리 의학의 차이
③ 서양과 우리의 가치관
④ 균형을 중시하는 중용
⑤ 서양 중용관과 우리 중용관의 차이

19 다음 글의 구조를 바르게 분석한 것은?

> 전통의 계승에는 긍정적 계승도 있고 부정적 계승도 있다는 각도에서 설명할 때 문화의 지속성과 변화에 대한 더욱 명확한 이해가 이루어진다. 전통은 앞 시대 문학이 뒤 시대 문학에 미치는 작용이다. 일단 이루어진 앞 시대의 문학은 어떻게든지 뒤 시대 문학에 작용을 미친다. 다만, 그 작용이 퇴화할 수도 있고 생동하는 모습을 지닐 수도 있지만, 퇴화가 전통의 단절이라고 할 수 있는 것은 아니다. 전통이 단절되면 다시 계승하는 것이 불가능하지만, 퇴화된 전통은 필요에 따라서 다시 계승할 수 있는 잠재적인 가능성이 있다. 앞 시대 문학이 뒤 시대 문학에 미치는 작용에 있어 생동하는 모습을 지닐 때, 이것을 전통의 계승이라고 할 수 있다. 이때, 계승은 단절과 반대되는 것이 아니고, 퇴화와 반대되는 것이다. 그런데 전통의 계승은 반드시 긍정적인 계승만이 아니고, 부정적인 계승일 수도 있다. 긍정적인 계승에서는 변화보다는 지속성이 두드러지게 나타나고, 부정적인 계승에서는 지속성보다 변화가 두드러지게 나타난다. 앞 시대 문학의 작용이 뒤 시대에도 계속 의의가 있다고 생각해서 이 작용을 그대로 받아들이고자 하면, 긍정적 계승이 이루어진다. 앞 시대 문학의 작용은 뒤 시대에 이르러서 극복해야 할 장애라고 생각해서 이 작용을 극복하고자 하면 부정적 계승이 이루어진다. 부정적 계승은 앞 시대 문학의 작용을 논쟁과 극복의 대상으로 인식하는 점에서 전통의 퇴화를 초래하는 앞 시대 문학의 작용에 대한 무관심과는 구별된다. 부정적 계승은 전통 계승의 정상적인 방법의 하나이고 문학의 발전을 초래하지만, 전통의 퇴화는 문학의 발전에 장애가 생겼을 때 나타나는 현상이다.

① 전통
- 지속 – 계승
- 변화 – 단절

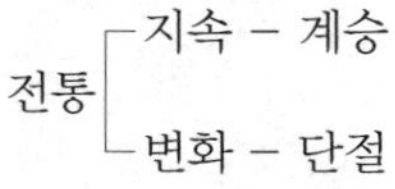

② 전통
- 지속
  - 긍정적 계승
  - 부정적 계승
- 변화

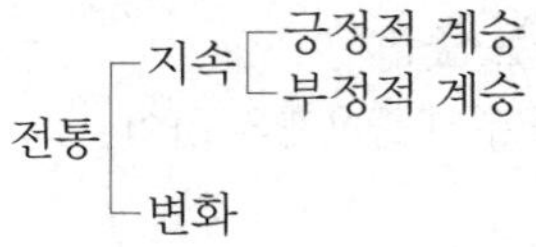

③ 전통
- 계승 – 긍정적 계승
- 퇴화 – 부정적 계승

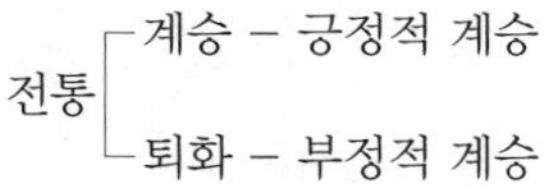

④ 전통
- 계승
  - 긍정적 계승 – 지속성
  - 부정적 계승 – 변화
- 퇴화 – 무관심
- 단절

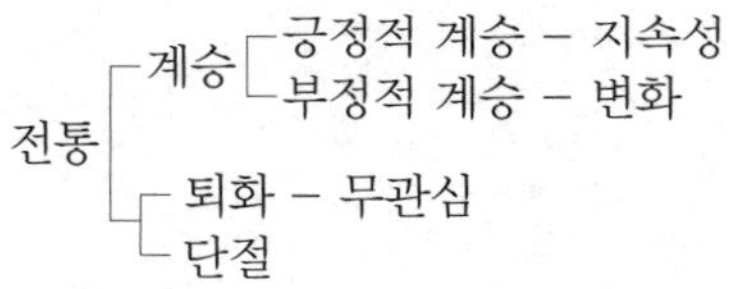

⑤ 전통
- 계속 – 긍정적 계승
- 퇴화, 단절 – 부정적 계승

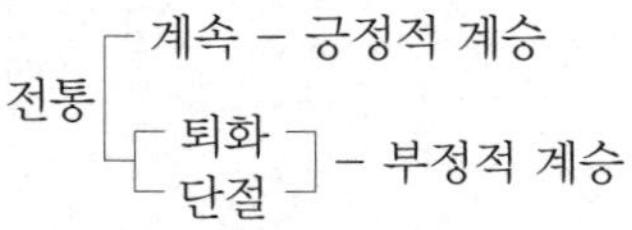

20 다음 글에서 ㉠~㉤의 수정 방안으로 적절하지 않은 것은?

> 봄이면 어김없이 나타나 우리를 괴롭히는 황사가 본래 나쁘기만 한 것은 아니었다. ㉠ 황사의 이동 경로는 매우 다양하다. 황사는 탄산칼슘, 마그네슘, 칼륨 등을 포함하고 있어 봄철의 산성비를 중화시켜 토양의 산성화를 막는 역할을 했다. 또 황사는 무기물을 포함하고 있어 해양 생물에게도 도움을 줬다. ㉡ 그리고 지금의 황사는 생태계에 심각한 해를 끼치는 애물단지가 되어 버렸다. 이처럼 황사가 재앙의 주범이 된 것은 인간의 환경 파괴 ㉢ 덕분이다.
>
> 현대의 황사는 각종 중금속을 포함하고 있는 독성 황사이다. 황사에 포함된 독성 물질 중 대표적인 것으로 다이옥신을 들 수 있다. 다이옥신은 발암 물질이며 기형아 출산을 ㉣ 일으킬 수도 있는 것이다. 이러한 ㉤ 독성 물질이 다수 포함하고 있는 황사가 과거보다 자주 발생하고 정도도 훨씬 심해지고 있어 문제이다.

① ㉠은 글의 논리적인 흐름을 방해하고 있으므로 삭제한다.
② ㉡은 앞뒤 내용을 자연스럽게 연결해 주지 못하므로 '그래서'로 바꾼다.
③ ㉢은 어휘가 잘못 사용된 것이므로 '때문이다'로 고친다.
④ ㉣은 '유발할'로 고칠 수 있다.
⑤ ㉤은 서술어와 호응하지 않으므로 '독성 물질을'로 고친다.

21 다음 글에서 글쓴이가 말하고자 하는 중심 내용은?

> 우리가 기술을 만들지만, 기술은 우리 경험과 인간관계 및 사회적 권력관계를 바꿈으로써 우리를 새롭게 만든다. 어떤 기술은 인간 사회를 더 민주적으로 만드는 데 기여하지만, 어떤 기술은 독재자의 권력을 강화하는 데 사용된다. 예를 들어 라디오는 누가, 어떻게, 왜 사용하는가에 따라서 다른 결과를 낳는다. 그렇지만 핵무기처럼 아무리 민주적으로 사용하고 싶어도 그렇게 사용할 수 없는 기술도 있다. 인간은 어떤 기술에 대해서는 이를 지배하고 통제하는 주인 노릇을 할 수 있다. 그렇지만 어떤 기술에는 꼼짝달싹 못하게 예속되어 버린다. 기술은 새로운 가능성을 열어 주지만, 기존의 가능성 중 일부를 소멸시킨다. 따라서 이렇게 도입된 기술은 우리를 둘러싼 기술 환경을 바꾸고, 결과적으로 사회 세력들과 조직들 사이의 역학 관계를 바꾼다. 새로운 기술 때문에 더 힘을 가지게 된 그룹과 힘을 잃게 된 그룹이 생기며, 이를 바탕으로 사회 구조의 변화가 수반된다. 기술 중에는 우리가 잘 이해하고 통제하는 기술도 있지만, 대규모 기술 시스템은 한두 사람의 의지만으로는 통제할 수 없다. '기술은 언제나 사람에게 진다.'라고 계속해서 믿다가는 기술의 지배와 통제를 벗어나기 힘들다. 기술에 대한 철학과 사상이, 그것도 비판적이면서 균형 잡힌 철학과 사상이 필요한 것은 이 때문이다.

① 기술이 인간을 지배하고 통제할 수 없도록 기술을 관리하는 사회적 시스템을 마련해야 한다.

② 기술은 인간관계 및 사회적 권력관계를 바꿈으로써 인간 사회의 진보를 가능케 한다.

③ 기술의 발전에 영향을 미치는 변인은 다양하기 때문에 기술 발전의 방향을 예측하는 것은 어렵다.

④ 기술은 양면성을 지니므로 사회 구조를 바람직한 방향으로 변화시켜 나가기 위한 철학과 사상이 필요하다.

⑤ 대규모 기술 시스템을 더욱 발전시키기 위해서는 사회 세력들과 조직들 사이의 역학 관계를 바꿔야 한다.

[22~23] 다음 글을 읽고 물음에 답하시오.

(가) 동물 행동학이란 동물의 본능이나 습성, 일반 행동의 특성이나 의미, 진화 등을 비교 · 분석하여 연구하는 생물학의 한 분야이다. 동물들이 서로 어떻게 얘기하고 알아듣는지에 관한 연구, 즉 의사소통에 관한 연구는 동물 행동학에서 가장 중심이 된다.

(나) 아프리카나 열대 호수에 사는 민물고기 중에 시클리드라는 물고기가 있다. 시클리드는 기분 상태에 따라 색깔이 변한다. 또 정면에서 보면 마치 귀가 있는 것처럼 보이는데, 귀에 점이 생겼다 없어졌다 한다. 이 점이 생기면 지금 기분이 좋지 않다는 것으로 "너, 내가 공격할 테니까 빨리 피해."라는 뜻이다. 그리고 점이 없어지면 "알았습니다. 제가 순응할테니 좀 봐주십시오."라는 뜻이다.

(다) 다음으로 중남미에서 흔히 볼 수 있는 고함원숭이를 보자. 이 원숭이는 개 짖는 소리를 낸다고 해서 '고함원숭이'라는 이름이 붙여졌다. 사실 몸집으로 보면 작은 원숭이지만, 소리만 들으면 거대한 고릴라가 나타났나 하는 생각이 들 정도로 엄청나게 큰 소리를 낸다. 학자들이 파나마나 코스타리카 같은 열대 지방에 연구하러 모이면 고함원숭이의 소리를 흉내 내는 대회를 열기도 한다. 고함원숭이가 이렇게 큰 소리를 지르는 이유는 제 영역에서 다른 영역에 사는 수컷에게 "여기는 내 땅이야."라고 경고하기 위해서이다.

(라) 지금까지 동물들이 시각과 청각을 통해 아주 많은 것을 서로 이야기하고 알아듣는다는 것을 살펴보았다. 물론 어느 동물이나 한 가지 방법으로만 의사소통을 하는 것은 아니다. 인간도 그렇듯이, 시각으로도 많은 의사를 표현하며 청각으로도 많은 것을 전달한다.

– 최재천, 「동물들의 의사소통」

22 윗글의 내용과 일치하는 설명으로 가장 적절한 것은?

① 동물들도 다양한 방법으로 의사소통을 한다.
② 시클리드는 몸에 점이 생기지 않는 바닷물고기이다.
③ 고함원숭이는 세계에서 몸집이 가장 큰 원숭이이다.
④ 고함원숭이는 자기 고유의 영역이 없이 공동생활을 한다.
⑤ 시클리드와 고함원숭이는 공격성이 강한 생물이다.

23 다음 중 (가)~(라)를 통해 알 수 있는 내용이 아닌 것은?

① (가) : 동물 행동학은 생물학의 한 분야이다.
② (나) : 시클리드는 기분에 따라 몸 일부의 색깔이 변한다.
③ (다) : 고함원숭이는 큰 소리를 내어 친근함을 표현한다.
④ (라) : 동물들도 시각과 청각으로 많은 것을 표현한다.
⑤ (라) : 동물들은 한 가지 방법으로만 의사소통하지 않는다.

[24~25] 다음 글을 읽고 물음에 답하시오.

그것은 알렉산드르 2세가 통치하던 최근의, 우리 시대의 일이었다. 그 시대는 문명과 진보의 시대이고, ㉠ 제반 문제점들의 시대, 그리고 러시아의 ㉡ 부흥 등등의 시대였다. 또한 불패의 러시아 군대가 적군에게 내어준 세바스토폴에서 돌아오고, 전 러시아가 흑해 함대의 괴멸에 축전을 거행하고, 하얀 돌벽의 모스크바가 이 기쁜 사건을 맞이하여 이 함대 승무원들의 생존자들을 영접하고 경축하며, 그들에게 러시아의 좋은 보드카 술잔을 대령하며, 러시아의 훌륭한 풍습에 따라 빵과 소금을 대접하며 그들의 발 앞에 엎드려 절하던 때였다. 또한 그때는 ㉢ 형안의 신인 정치가와 같은 러시아가 소피아 사원에서 기도를 올리겠다는 꿈이 깨어짐에 슬퍼하고, 전쟁 중에 사망하여 조국의 가슴을 가장 미어지도록 아프게 한 위대한 두 인물(한 사람은 위에 언급된 사원에서 가능한 한 신속히 기도를 하고자 하는 열망에 불탔던 사람으로 발라히야 들판에서 전사했는데, 그 벌판에 두 기병중대를 남겼다. 다른 한 사람은 부상자들에게 차와 타인의 돈과 시트를 나누어주었지만 아무 것도 훔친 것은 없었던 훌륭한 사람이었다)의 상실을 슬퍼하고 있을 때였다. 또한 그것은 위대한 인물들이, 이를 테면 사령관들, 행정관들, 경제학자들, 작가들, 웅변가들, 그리고 특별한 사명이나 목적은 없지만 그래도 위대한 사람들이 사방에서, 인간 활동의 모든 분야에서 러시아에 버섯처럼 자라나고 있을 때였다. 또 모든 범죄자들을 ㉣ 응징하기 시작한 사회 여론이 모스크바의 배우를 기념하는 자리에서 축배사로 울려 퍼질 만큼 확고히 된 때이다. 페테르부르크에서 구성된 ㉤ 준엄한 위원회가 악덕 위원들을 잡아서 그들의 죄상을 폭로하고 처벌하기 위해 남쪽으로 달려가던 때이고, 모든 도시에서 세바스토폴의 영웅들에게 연설을 곁들여 오찬을 대접하고 팔과 다리를 잃은 그들을 다리 위나 거리에서 마주치면 코페이카 은화를 주곤 하던 때였다.

– 톨스토이, 「데카브리스트들」

24 윗글의 서술 방식에 대한 설명으로 적절한 것은?

① 두 개의 특수한 대상에서 어떤 징표가 일치하고 있음을 드러내고 있다.
② 시대적 상황을 서술하기 위해 다양한 사건을 나열하고 있다.
③ 어떤 일이나 내용을 이해시키기 위해서 구체적 사례를 들고 있다.
④ 인물의 행동 변화 과정을 통해서 사건의 진행 과정을 이야기하고 있다.
⑤ 저자의 판단이 참임을 구체적 근거를 들어 논리적으로 보여주고 있다.

25 밑줄 친 ㉠~㉤의 뜻풀이로 적절하지 않은 것은?

① ㉠ : 어떤 것과 관련된 모든 것
② ㉡ : 쇠퇴하였던 것이 다시 일어남
③ ㉢ : 빛나는 눈
④ ㉣ : 잘못을 깨우쳐 뉘우치도록 징계함
⑤ ㉤ : 태도나 상황 따위가 튼튼하고 굳음

제2과목 : 자료해석

시험시간 : 25분

01 등산을 하는데 산을 올라갈 때는 시속 3km로 걷고, 내려올 때는 올라갈 때보다 5km 더 먼 길을 시속 4km로 걷는다. 올라갔다가 내려올 때 총 3시간이 걸렸다면, 올라갈 때 걸은 거리는 몇 km인가?

① 4km
② 3km
③ 5km
④ 6km

02 이 상병은 올해 총 6번의 영어시험에 응시하였다. 영어 평균점수가 750점이었을 때, 5회차 영어 점수는 몇 점인가?

1 회	2 회	3 회	4 회	5 회	6 회
650점	650점	720점	840점		880점

① 760점
② 770점
③ 780점
④ 790점

03 다음은 1,000명으로 구성된 어느 집단의 투표행위에 대한 예측과 실제 투표결과를 나타낸 표이다. 이에 대한 설명 중 옳은 것을 〈보기〉에서 모두 고른 것은?

〈투표행위에 대한 예측과 실제 투표결과〉

(단위 : 명)

구분		실제투표결과		
		기 권	투 표	합 계
예 측	기 권	150	50	200
	투 표	100	700	800
	합 계	250	750	1,000

※ 기권(투표)에 대한 예측적중률은 기권(투표)할 것으로 예측된 사람들 중 실제 기권(투표)한 사람의 비율임

〈보 기〉

㉠ 기권에 대한 예측적중률보다 투표에 대한 예측적중률이 더 높다.
㉡ 실제 기권자 250명 중 기권할 것으로 예측된 사람은 200명이다.
㉢ 예측된 투표율보다 실제 투표율이 더 낮다.
㉣ 예측된 대로 행동하지 않은 사람은 150명이다.

① ㉠, ㉢
② ㉡, ㉣
③ ㉠, ㉡, ㉢
④ ㉠, ㉢, ㉣

04 다음은 어느 과일 가게의 하루 평균 판매량을 나타낸 그래프이다. 그래프의 내용과 일치하지 않는 것은?

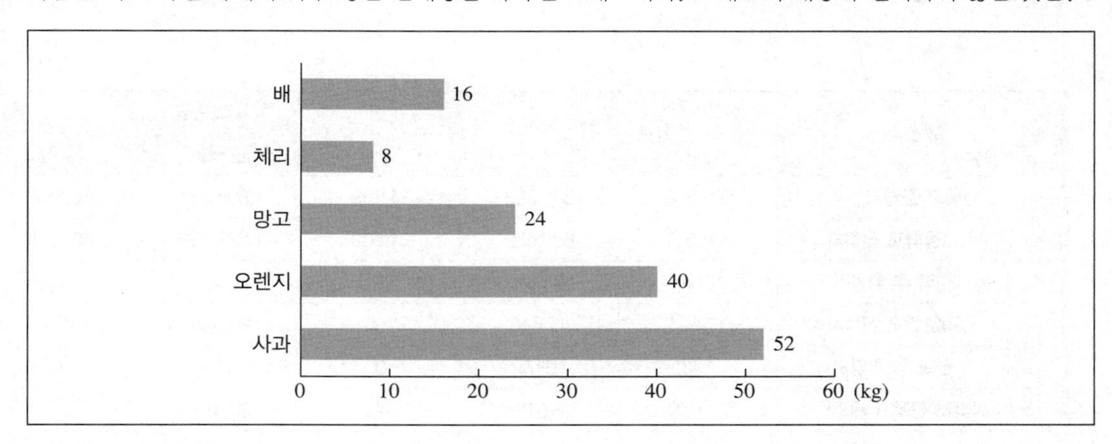

① 판매된 사과의 무게가 가장 무겁다.

② 판매된 오렌지의 무게는 판매된 체리의 무게보다 5배 무겁다.

③ 판매된 사과의 무게는 판매된 망고의 무게보다 3배 무겁다.

④ 배와 망고를 더한 무게는 오렌지의 무게와 동일하다.

05 다음은 A대학교 학생들의 등교 소요 시간을 나타낸 표이다. (나)에 들어갈 값으로 알맞은 것은?

시 간(분)	상대도수	누적도수(명)
0 이상 20 미만	0.15	24
20 이상 40 미만	(가)	(나)
40 이상 60 미만	0.25	
60 이상 80 미만	0.20	
80 이상 100 미만	0.10	
합 계	1	

① 48 ② 64

③ 70 ④ 72

[06~07] A국가 중학교 졸업자의 그 해 진로에 대한 결과를 나타낸 표이다. 이어지는 물음에 답하시오.

(단위 : 명)

구 분	성 별		중학교 종류		
	남 자	여 자	국 립	공 립	사 립
중학교 졸업자	908,388	865,323	11,733	1,695,431	66,547
고등학교 진학자	861,517	838,650	11,538	1,622,438	66,146
진학 후 취업자	6,126	3,408	1	9,532	1
직업학교 진학자	17,594	11,646	106	29,025	109
진학 후 취업자	133	313	0	445	1
취업자(진학자 제외)	21,639	8,913	7	30,511	34
실업자	7,523	6,004	82	13,190	255
사망, 실종	155	110	0	222	3

06 남자와 여자의 고등학교 진학률은 각각 약 몇 %인가?

	남 자	여 자
①	94.8%	96.9%
②	94.8%	94.9%
③	95.9%	96.9%
④	95.9%	94.9%

07 공립 중학교를 졸업한 남자 중 취업자는 몇 %인가?

① 50%
② 60%
③ 70%
④ 알 수 없다.

08 다음은 국가공무원의 연도별 퇴직인원과 정년퇴직비율을 나타낸 도표이다. 2017년부터 2021년까지 정년퇴직인원을 제외한 퇴직인원 수의 합은? (단, 소수점 이하는 버린다)

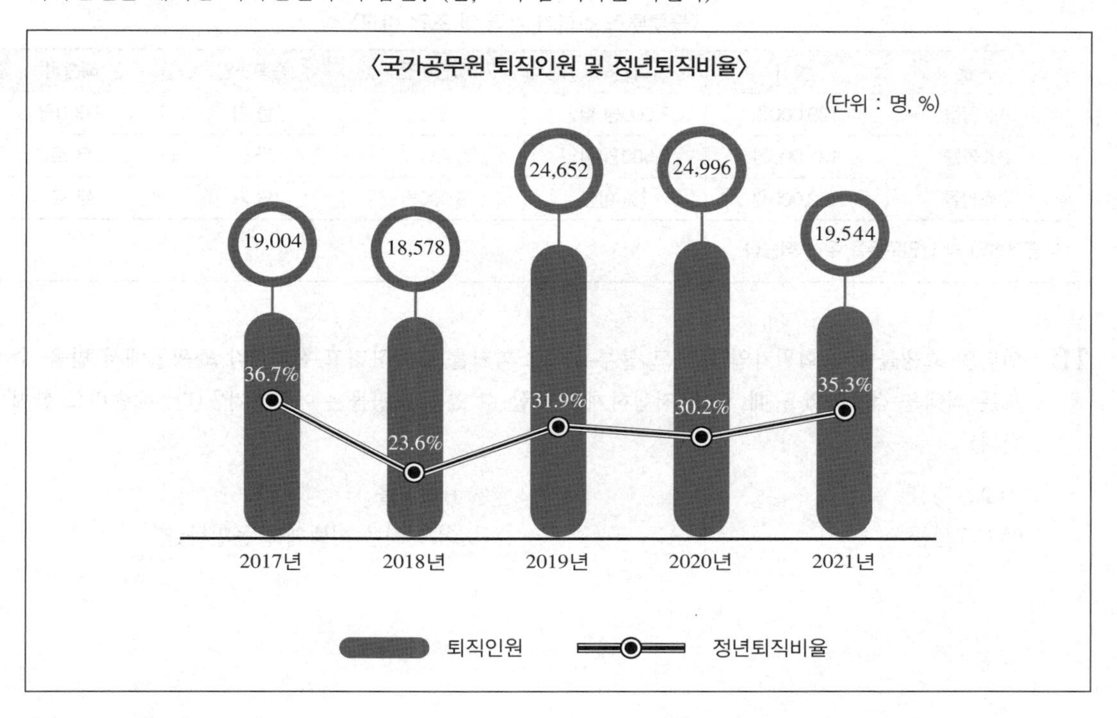

① 73,101명
② 74,185명
③ 75,271명
④ 76,357명

09 A사단은 여러 부대에 샘플 군복을 먼저 보내고 2주 뒤에 시제품을 보내려고 한다. 샘플 군복은 각 1.8kg으로 총 46,000원의 택배비용이 들었으며, 시제품은 각 2.5kg으로 총 56,000원의 택배비용이 들었다. 각 부대들이 동일권역과 타권역에 분포되어 있다면, A부대가 물품을 보낸 부대의 수는? (단, 각 부대에는 하나의 샘플 군복과 하나의 시제품을 보낸다)

구 분	2kg 이하	4kg 이하	6kg 이하	6kg 초과
동일권역	4,000원	5,000원	7,000원	9,000원
타권역	5,000원	6,000원	8,000원	1,100원

① 6곳
② 8곳
③ 10곳
④ 12곳

[10~11] 다음의 자료를 보고 이어지는 물음에 답하시오.

〈블루투스 스피커 가격 및 조건 비교〉

구 분	정 가	회원혜택	할인쿠폰	중복할인	배송비
A쇼핑몰	129,000원	7,000원 할인	5%	불 가	2,000원
B쇼핑몰	131,000원	3,500원 할인	3%	가 능	무 료
C쇼핑몰	132,000원	7% 할인	8,000원	불 가	무 료

※ 중복할인 시 할인쿠폰을 우선 적용함

10 인터넷 쇼핑몰에서 회원가입을 하고 블루투스 스피커를 구매하려고 한다. 각 쇼핑몰에서 받을 수 있는 모든 혜택을 적용하였을 때, 가장 저렴하게 구매할 수 있는 쇼핑몰은 어디인가? (단, 배송비도 함께 고려한다)

① A쇼핑몰
② B쇼핑몰
③ C쇼핑몰
④ 어느 것을 선택해도 동일하다.

11 앞의 문제에서 구한 실제 구매가격을 비교할 때, 가장 비싼 쇼핑몰과 가장 저렴한 쇼핑몰 간의 가격 차는?

① 810원
② 930원
③ 1,270원
④ 1,790원

12 다음은 우리나라 부패인식지수(CPI) 연도별 변동 추이에 관한 자료이다. 다음 중 옳지 않은 것은?

〈우리나라 부패인식지수(CPI) 연도별 변동 추이〉

구 분		2014년	2015년	2016년	2017년	2018년	2019년	2020년
CPI	점수(점)	4.5	5.0	5.1	5.1	5.6	5.5	5.4
	조사대상국(개국)	146	159	163	180	180	180	178
	순 위(위)	47	40	42	43	40	39	39
	백분율(%)	32.2	25.2	25.8	23.9	22.2	21.6	21.9
OECD	회원국(개국)	30	30	30	30	30	30	30
	순 위(위)	24	22	23	25	22	22	22

※ CPI 0~10점 : 점수가 높을수록 청렴

① CPI를 확인해 볼 때, 우리나라는 다른 해에 비해 2018년에 가장 청렴했다고 볼 수 있다.

② CPI 순위는 2019년에 처음으로 30위권에 진입했다.

③ 청렴도가 가장 낮은 해와 2020년의 청렴도 점수의 차는 0.9점이다.

④ OECD에서 우리나라의 순위는 2014년부터 현재까지 상위권이라 볼 수 있다.

13 A일병이 13세 동생, 40대 부모님, 65세 할머니와 함께 박물관에 가려고 한다. 주말에 입장할 때와 주중에 입장할 때의 요금 차이는?

〈박물관 입장료〉

구 분	주 말	주 중
어 른	20,000원	18,000원
군 인	15,000원	13,000원
어린이	11,000원	10,000원

※ 어린이 : 3세 이상~13세 이하
※ 경로 : 65세 이상은 어른 입장료의 50% 할인

① 11,000원　　② 10,000원

③ 9,000원　　④ 8,000원

14 다음은 자동차 산업 동향에 관한 자료이다. 이에 대한 〈보기〉의 설명 중 옳지 않은 것은?

〈자동차 산업 동향〉

구 분	생 산(천 대)	내 수(천 대)	수 출(억 불)	수 입(억 불)
2013년	3,513	1,394	371	58.7
2014년	4,272	1,465	544	84.9
2015년	4,657	1,475	684	101.1
2016년	4,562	1,411	718	101.6
2017년	4,521	1,383	747	112.2
2018년	4,524	1,463	756	140
2019년	4,556	1,589	713	155
2020년	4,229	1,600	650	157

〈보 기〉

㉠ 2014~2020년 사이 전년 대비 자동차 생산 증가량이 가장 큰 해는 2014년이다.
㉡ 2019년 대비 2020년의 자동차 수출액은 약 9% 이상 감소했다.
㉢ 자동차 수입액은 조사기간 동안 지속적으로 증가했다.
㉣ 2020년의 자동차 생산 대수 대비 내수 대수의 비율은 약 37.8%이다.

① ㉡
② ㉠, ㉡
③ ㉠, ㉣
④ ㉡, ㉢

15 다음은 출생, 사망 추이를 나타낸 표이다. 표에 대한 해석으로 옳지 않은 것은?

〈출생, 사망 추이〉

구 분		2015년	2016년	2017년	2018년	2019년	2020년	2021년
출생아 수(명)		490,543	472,761	435,031	448,153	493,189	465,892	444,849
사망자 수(명)		244,506	244,217	243,883	242,266	244,874	246,113	246,942
기대수명(년)		77.44	78.04	78.63	79.18	79.56	80.08	80.55
수 명	남 자(년)	73.86	74.51	75.14	75.74	76.13	76.54	76.99
	여 자(년)	80.81	81.35	81.89	82.36	82.73	83.29	83.77

① 출생아 수는 2015년 이후 감소하다가 2018년, 2019년에 증가 이후 다시 감소하고 있다.
② 매년 기대수명은 증가하고 있다.
③ 남자와 여자의 수명은 매년 5년 이상의 차이를 보이고 있다.
④ 매년 출생아 수는 사망자 수보다 20만 명 이상 더 많으므로 매년 총 인구는 20만 명 이상씩 증가한다고 볼 수 있다.

16 다음 표에 대한 분석으로 옳은 것은?

(단위 : %)

구 분		2019년	2020년	2021년
전년 대비 다문화 가정의 학생 수 변화율		0	−2	2
전체 학생 중 다문화 가정 학생 비율		2	3	4
다문화 가정 학생의 학교별 구성비	초등학교	79	80	81
	중학교	17	15	13
	고등학교	4	5	6
	합 계	100	100	100

① 2019년과 2021년의 다문화 가정 학생 수는 같다.
② 2020년 초등학교에 재학 중인 다문화 가정 학생 수는 전체 학생 수의 과반을 넘지 않는다.
③ 고등학교에 재학 중인 다문화 가정 학생의 비율은 지속적으로 감소하였다.
④ 다문화 가정 학생의 학교별 구성비는 매년 모두 증가하고 있다.

17 다음은 2016~2021년 국내 등록차량의 연료 종류별 분류 현황에 관한 자료이다. 이에 대한 설명으로 옳지 않은 것은?

〈국내 등록차량 연료 종류별 분류 현황〉

(단위 : 대)

구 분	2016년	2017년	2018년	2019년	2020년	2021년
전 체	19,400,846	20,117,955	20,989,885	21,803,351	22,528,295	23,202,555
휘발유차	9,339,738	9,587,351	9,808,633	10,092,399	10,369,752	10,629,296
경유차	7,395,739	7,938,627	8,622,179	9,170,456	9,576,395	9,929,537
LPG차	2,665,387	2,591,977	2,559,073	2,540,496	2,582,148	2,643,722

① 2016~2021년 동안 전체 국내 등록차량 중 경유차 및 LPG차 수를 합친 비율은 매년 50 이상이다.
② 2017~2021년 동안 전체 국내 등록차량 수, 휘발유차 수, 경유차 수는 매년 전년 대비 증가하고 있다.
③ 2016년 대비 2017년 경유차 수의 증가율은 2017년 대비 2018년 경유차 수의 증가율보다 크다.
④ 전체 국내 등록차량 수 대비 경유차 수의 비율은 2021년이 2017년보다 높다.

18 다음은 2017~2021년 군 장병 1인당 1일 급식비와 조리원 충원인원에 관한 자료이다. 이에 대한 설명으로 옳지 않은 것은?

〈군 장병 1인당 1일 급식비와 조리원 충원인원〉

구 분	2017년	2018년	2019년	2020년	2021년
1인당 1일 급식비(원)	5,820	6,155	6,432	6,848	6,984
조리원 충원인원(명)	1,767	1,924	2,024	2,123	2,195

※ 2017~2021년 동안 군 장병 수는 동일함

① 2018년 이후 군 장병 1인당 1일 급식비의 전년 대비 증가율이 가장 큰 해는 2020년이다.
② 2018년의 이후 조리원이 가장 많이 충원된 해는 2021년이다.
③ 2018년 이후 조리원 충원인원의 전년 대비 증가율은 매년 감소한다.
④ 군 장병 1인당 1일 급식비의 5년(2017~2021년) 평균은 2019년 군 장병 1인당 1일 급식비보다 작다.

[19~20] 다음은 현 직장 만족도에 대하여 조사한 자료를 나타낸 표이다. 자료를 참고하여 이어지는 물음에 답하시오.

〈현 직장 만족도〉

만족분야	직장유형	2020년	2021년
전반적 만족도	기 업	6.9	6.3
	공공연구기관	6.7	6.5
	대 학	7.6	7.2
임금과 수입	기 업	4.9	5.1
	공공연구기관	4.5	4.8
	대 학	4.9	4.8
근무시간	기 업	6.5	6.1
	공공연구기관	7.1	6.2
	대 학	7.3	6.2
사내분위기	기 업	6.3	6.0
	공공연구기관	5.8	5.8
	대 학	6.7	6.2

19 2020년 3개 기관의 전반적 만족도의 합은 2021년 3개 기관의 임금과 수입 만족도의 합의 몇 배인가? (단, 소수점 이하 둘째 자리에서 반올림한다)

① 1.4배　　② 1.6배
③ 1.8배　　④ 2.0배

20 다음 중 자료에 대한 설명으로 옳지 않은 것은? (단, 비율은 소수점 이하 둘째 자리에서 반올림한다)

① 현 직장에 대한 전반적 만족도는 대학 유형에서 가장 높다.
② 2021년 근무시간 만족도에서는 공공연구기관과 대학의 만족도가 동일하다.
③ 2021년에 모든 유형의 직장에서 임금과 수입의 만족도는 전년 대비 증가했다.
④ 사내분위기 측면에서 2020년과 2021년 공공연구기관의 만족도는 동일하다.

제3과목 : 공간능력

시험시간 : 10분

[01~05] 다음에 이어지는 물음에 답하시오.

- 입체도형을 펼쳐 전개도를 만들 때, 전개도에 표시된 그림(예 : ◨, ◪ 등)은 회전의 효과를 반영함. 즉, 본 문제의 풀이과정에서 보기의 전개도상에 표시된 "◨"와 "▭"은 서로 다른 것으로 취급함.
- 단, 기호 및 문자(예 : ☎, ♤, ♨, K, H 등)의 회전에 의한 효과는 본 문제의 풀이과정에 반영하지 않음. 즉, 입체도형을 펼쳐 전개도를 만들 때, "☎(옆으로 놓인 모양)"의 방향으로 나타나는 기호 및 문자도 보기에서는 "☎"의 방향으로 표시하며 동일한 것으로 취급함.

01 다음 입체도형의 전개도로 알맞은 것은?

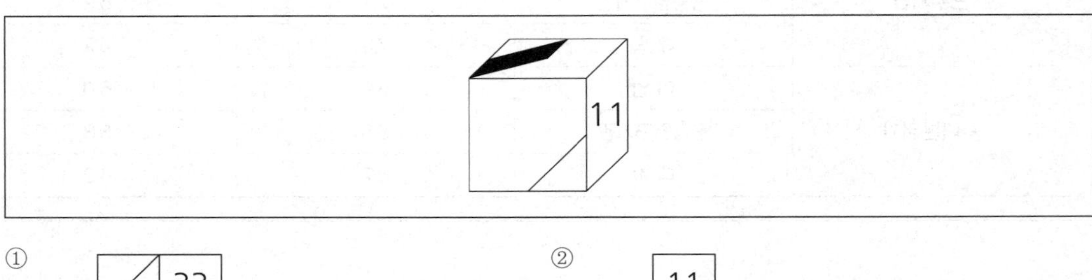

①

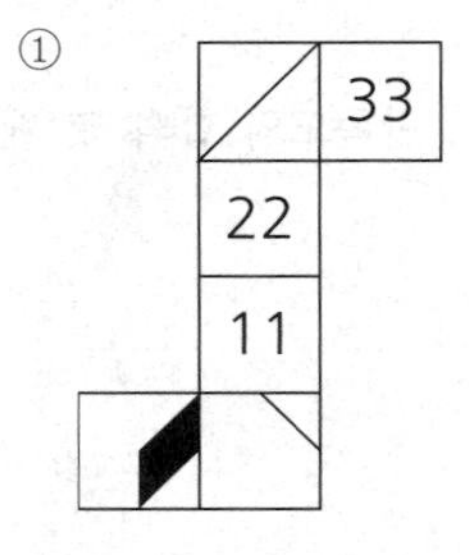

②

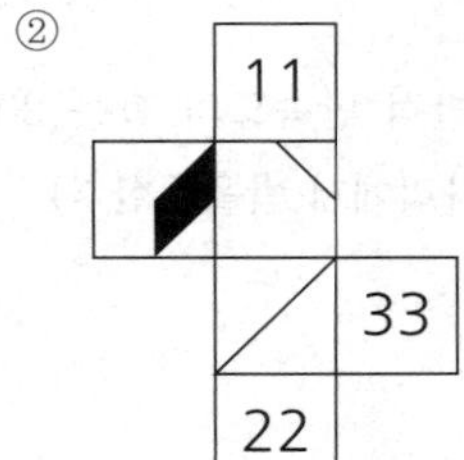

③

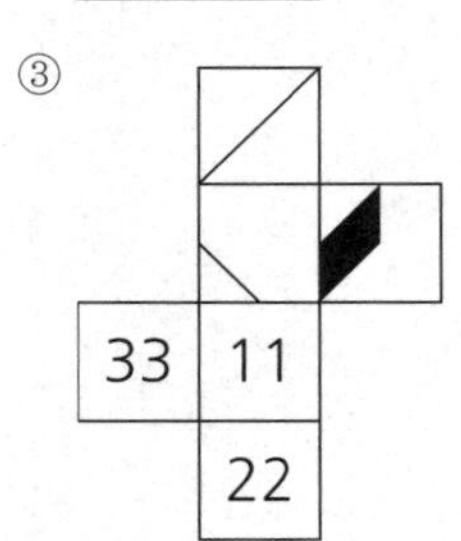

④

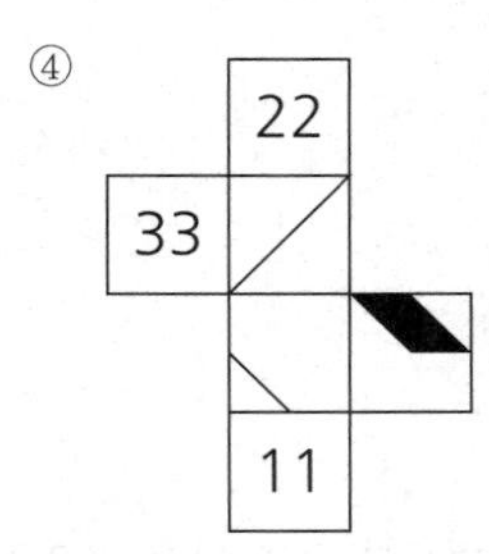

02 다음 입체도형의 전개도로 알맞은 것은?

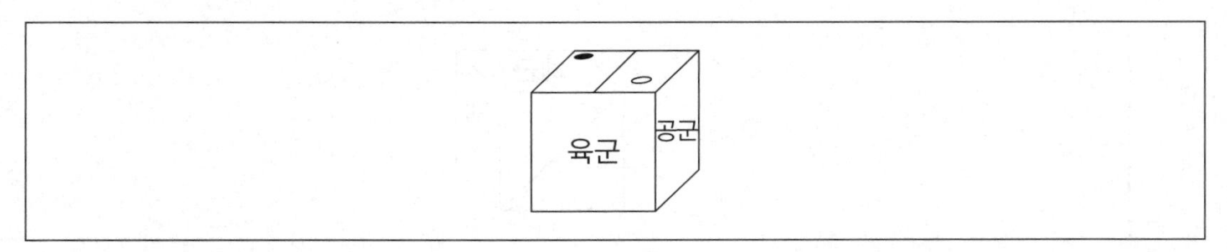

①

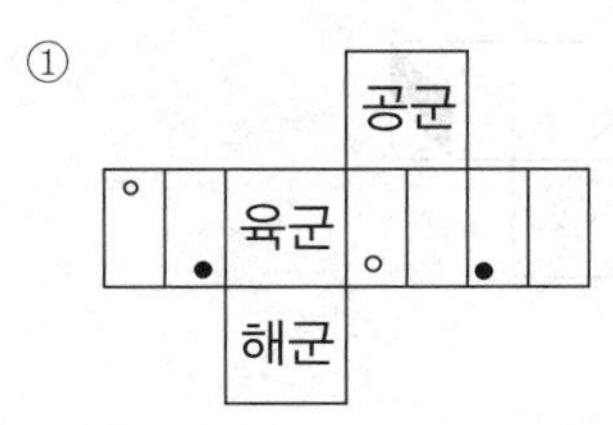

②

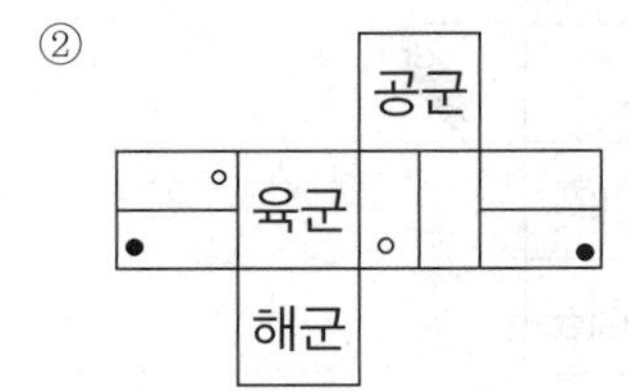

③

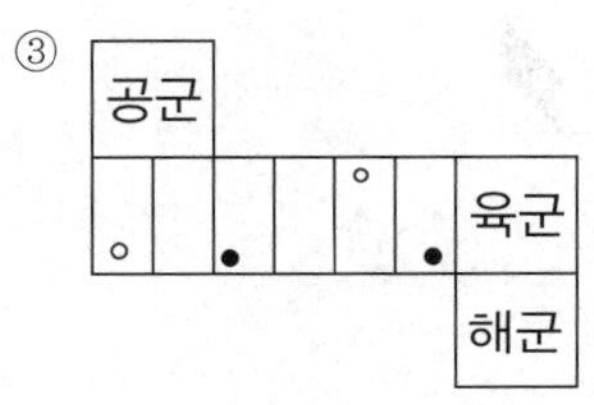

④

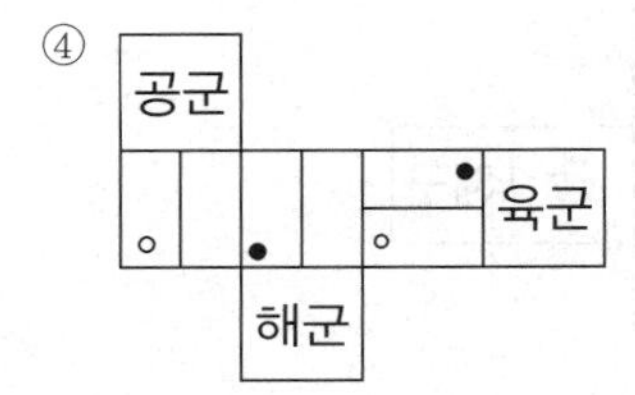

03 다음 입체도형의 전개도로 알맞은 것은?

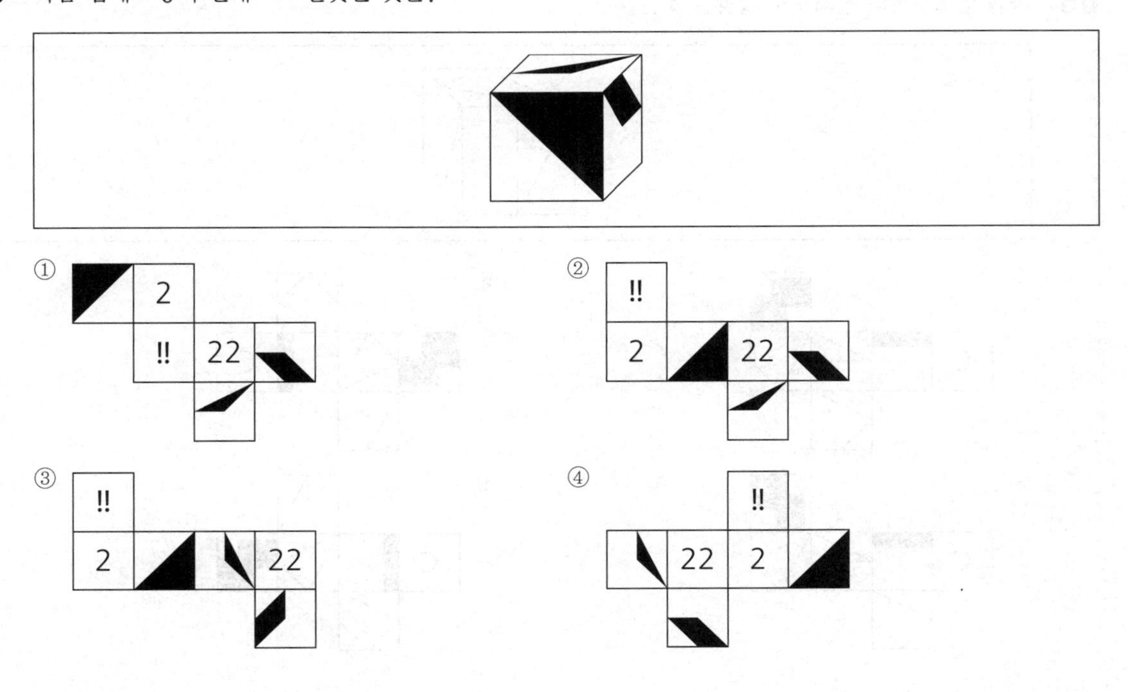

04 다음 입체도형의 전개도로 알맞은 것은?

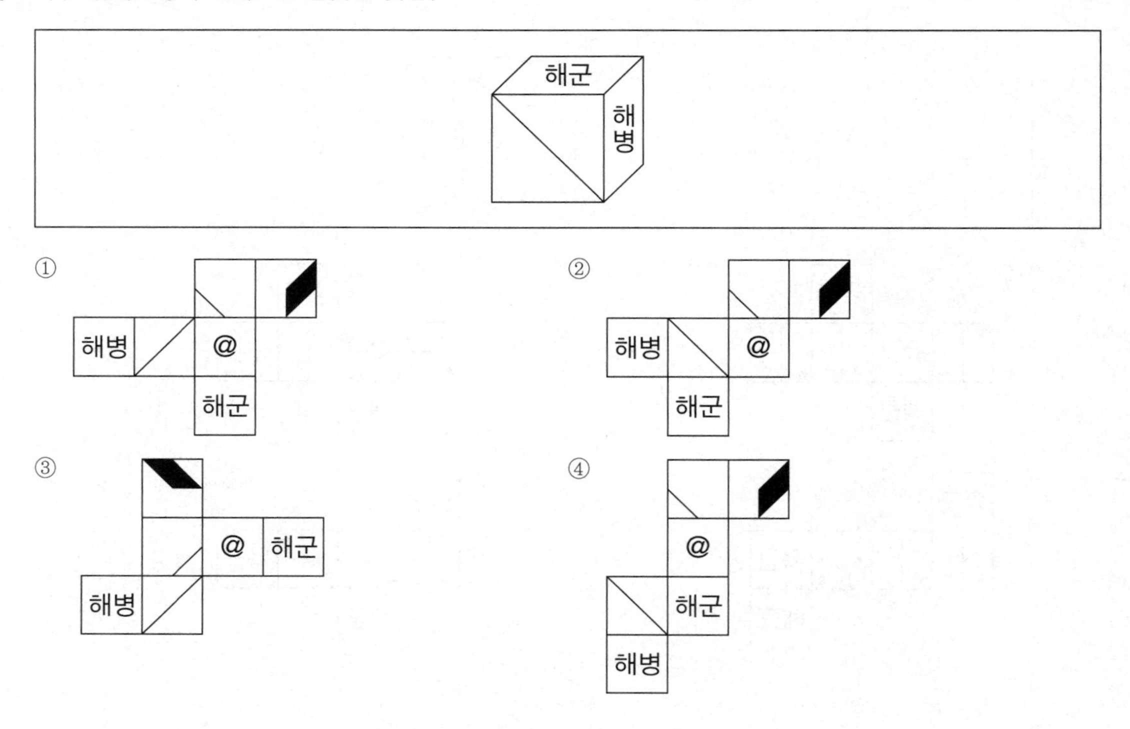

05 다음 입체도형의 전개도로 알맞은 것은?

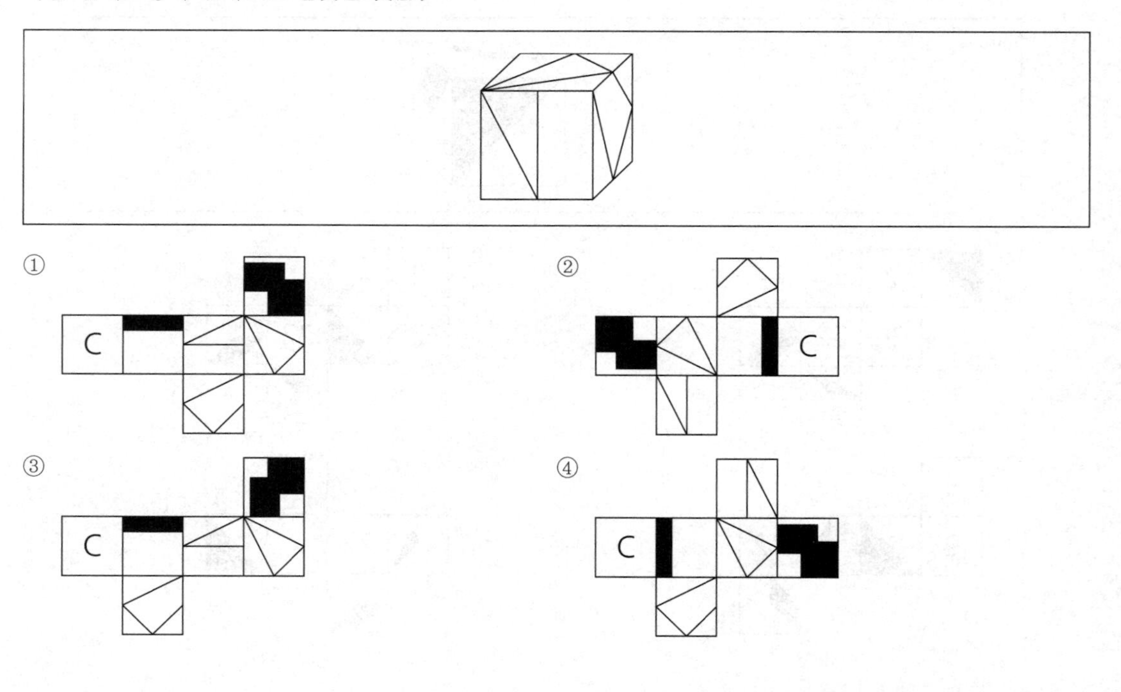

[06~10] 다음에 이어지는 물음에 답하시오.

> • 전개도를 접을 때 전개도상의 그림, 기호, 문자가 입체도형의 겉면에 표시되는 방향으로 접음.
> • 전개도를 접어 입체도형을 만들 때, 전개도에 표시된 그림(예 : ▮, ◪ 등)은 회전의 효과를 반영함. 즉, 본 문제의 풀이과정에서 보기의 전개도상에 표시된 "▮"와 "▬"은 서로 다른 것으로 취급함.
> • 단, 기호 및 문자(예 : ☎, ♤, ♨, K, H)의 회전에 의한 효과는 본 문제의 풀이과정에 반영하지 않음. 즉, 전개도를 접어 입체도형을 만들 때, "☎"의 방향으로 나타나는 기호 및 문자도 보기에서는 "☎"의 방향으로 표시하며 동일한 것으로 취급함.

06 다음 전개도의 입체도형으로 알맞은 것은?

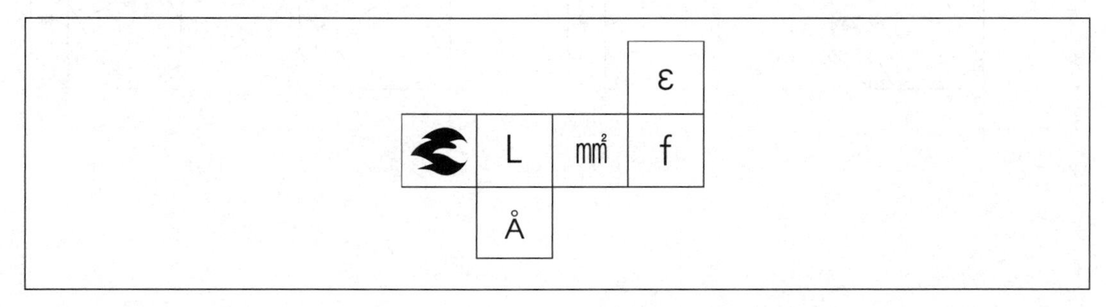

① 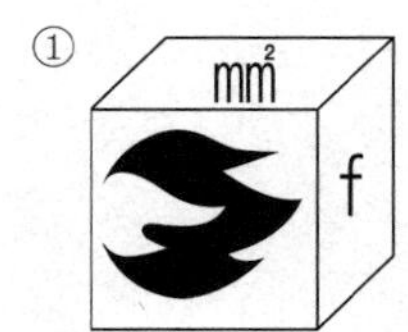

② 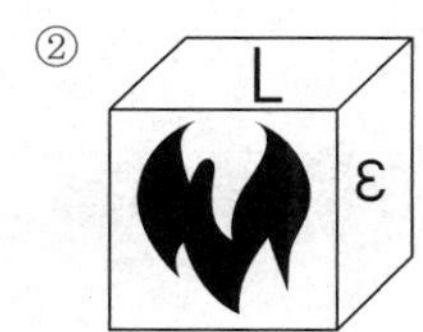

③ 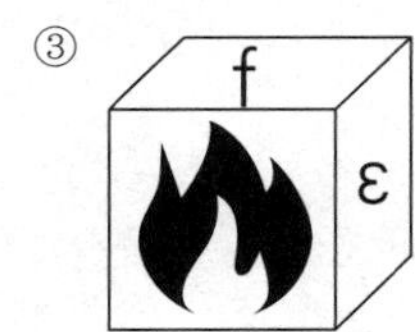

④ 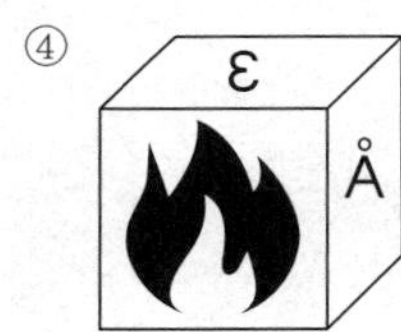

07 다음 전개도의 입체도형으로 알맞은 것은?

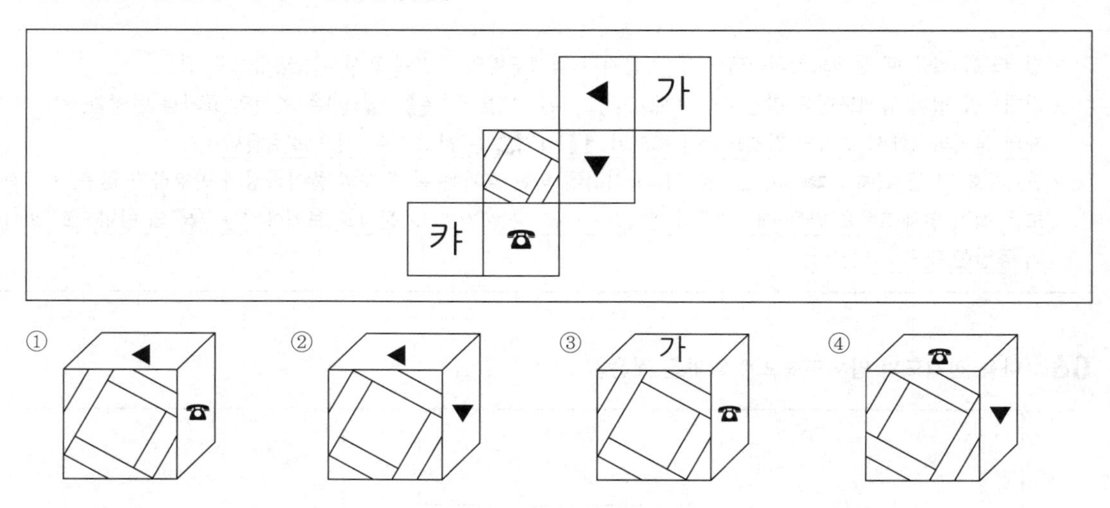

08 다음 전개도의 입체도형으로 알맞은 것은?

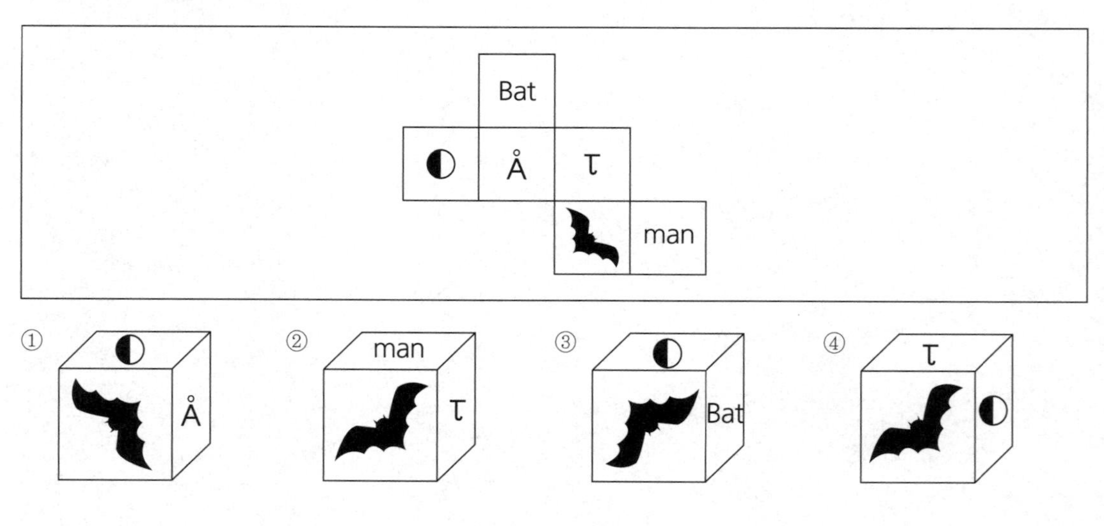

09 다음 전개도의 입체도형으로 알맞은 것은?

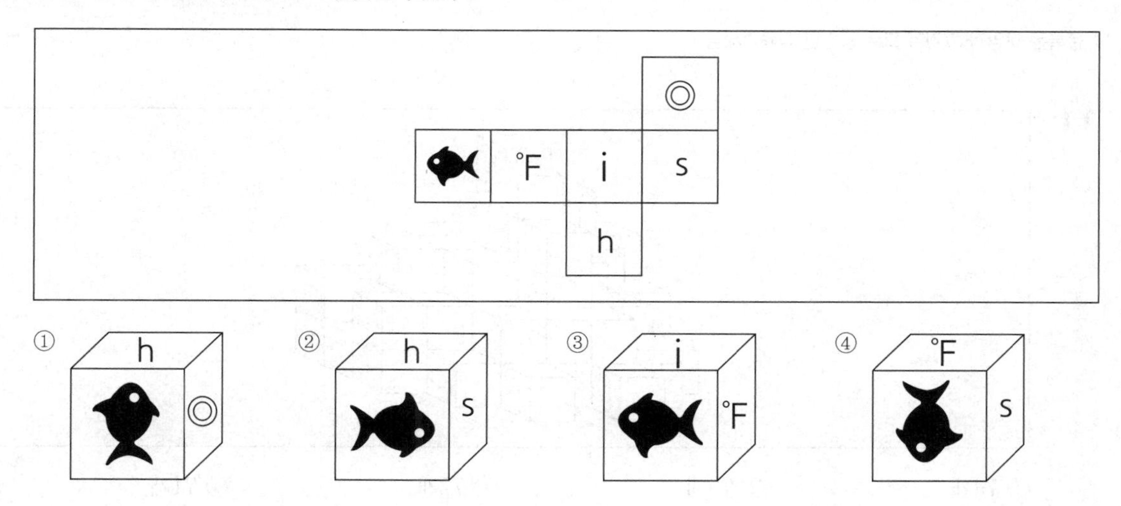

10 다음 전개도의 입체도형으로 알맞은 것은?

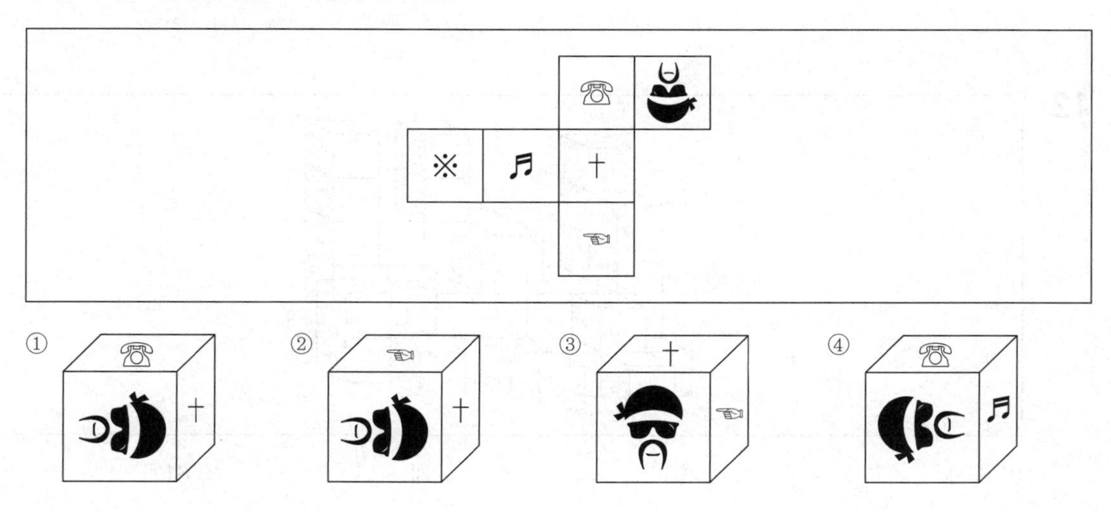

[11~14] 아래에 제시된 그림과 같이 쌓기 위해 필요한 블록의 수를 고르시오.

* 블록은 모양과 크기가 모두 동일한 정육면체임

11

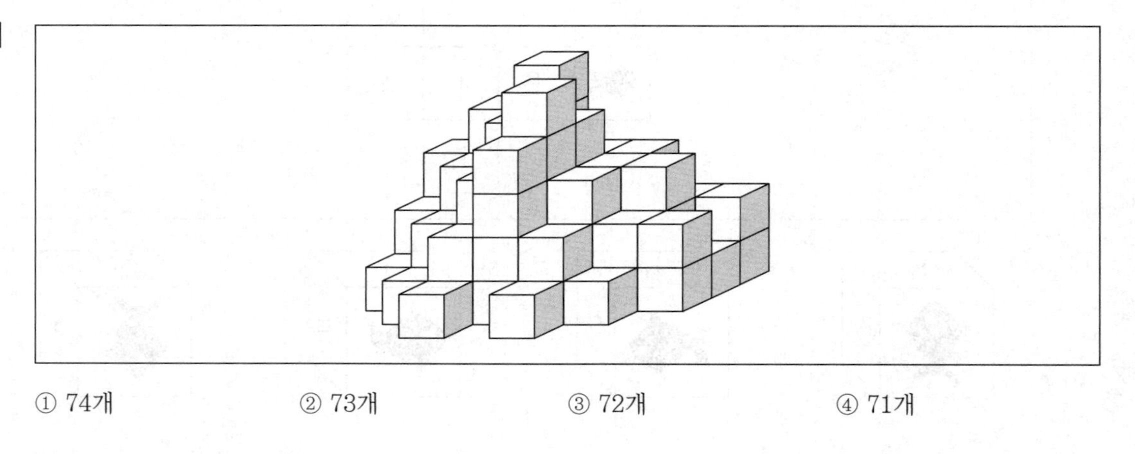

① 74개 ② 73개 ③ 72개 ④ 71개

12

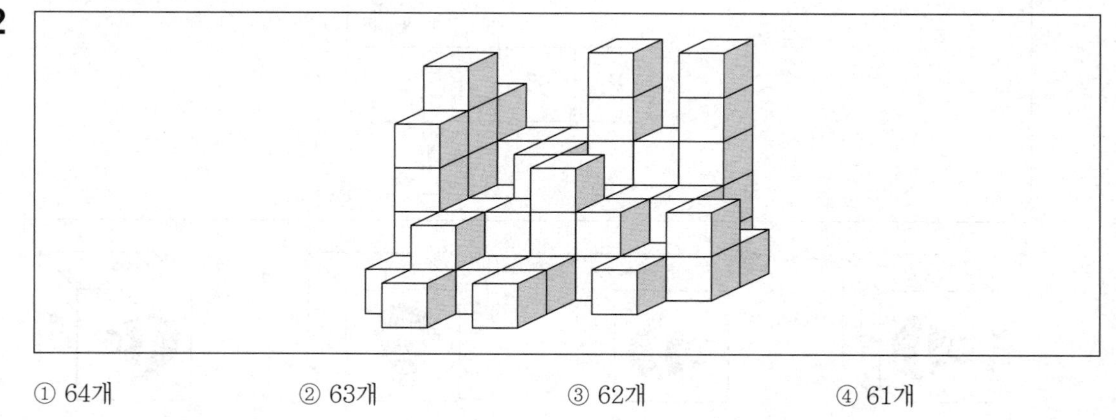

① 64개 ② 63개 ③ 62개 ④ 61개

13

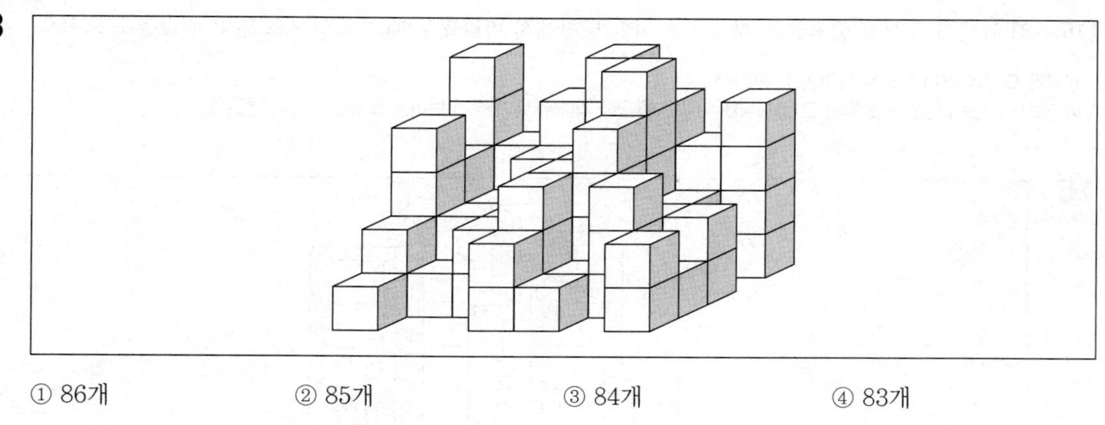

① 86개 ② 85개 ③ 84개 ④ 83개

14

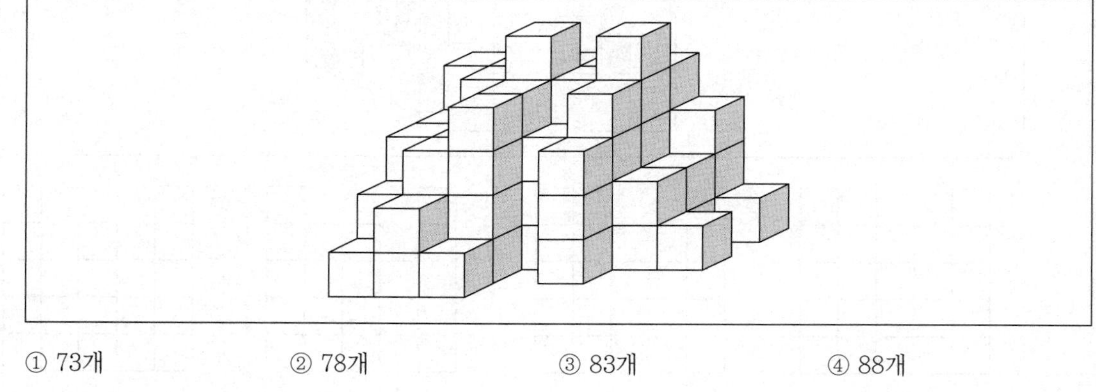

① 73개 ② 78개 ③ 83개 ④ 88개

[15~18] 아래에 제시된 블록들을 화살표 표시한 방향에서 바라봤을 때의 모양으로 알맞은 것을 고르시오.

* 블록은 모양과 크기가 모두 동일한 정육면체임
* 바라보는 시선의 방향은 블록의 면과 수직을 이루며 원근에 의해 블록이 작게 보이는 효과는 고려하지 않음

15

정면 ➚

① ② ③ ④

16

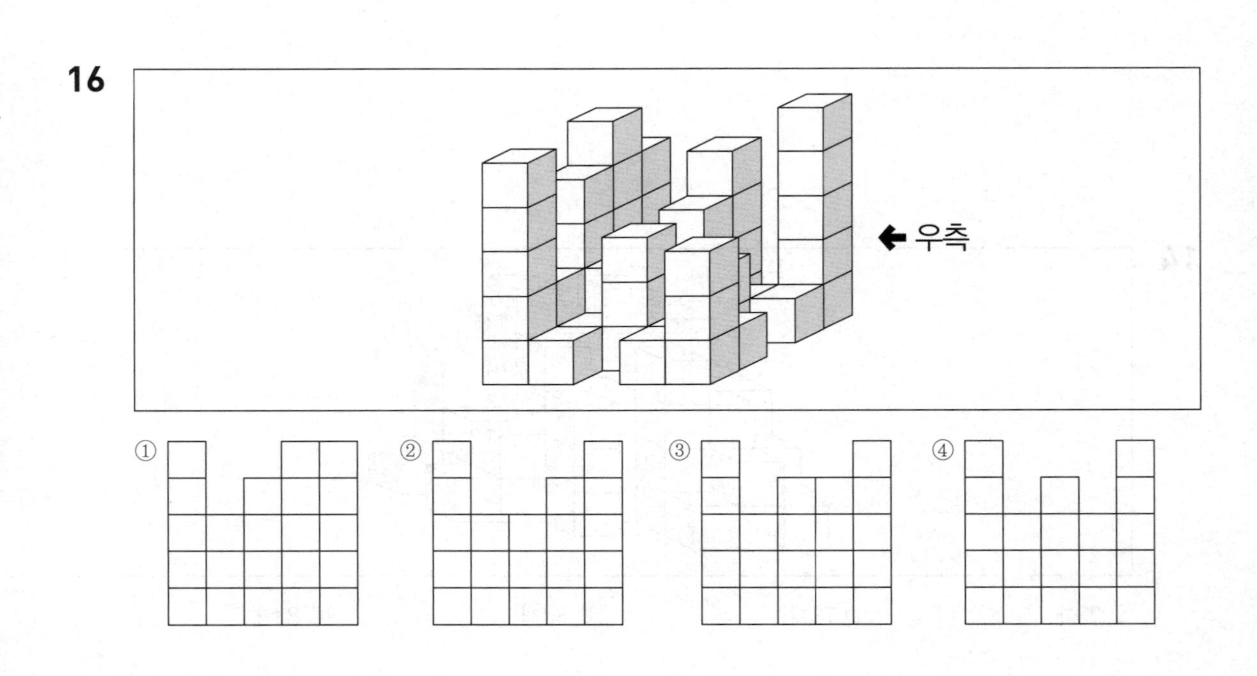

17

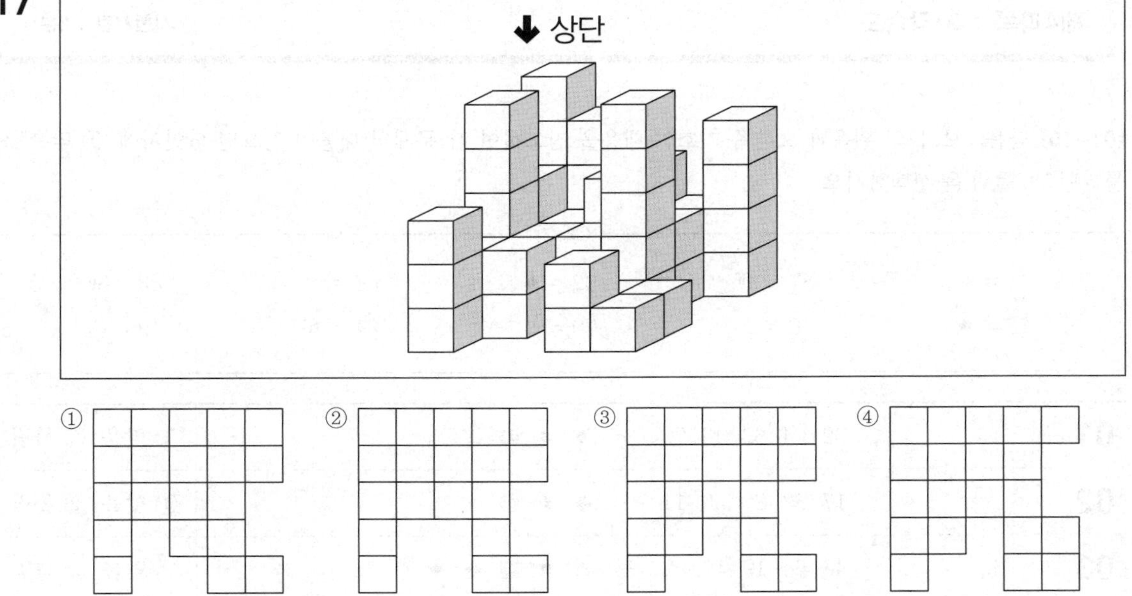

18

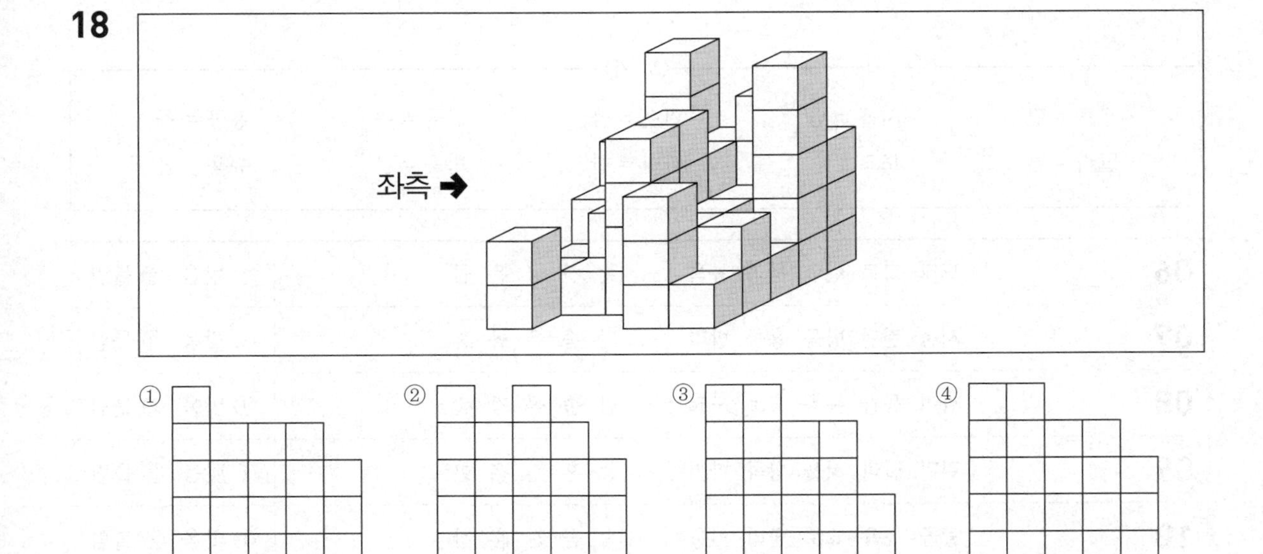

제4과목 : 지각속도

시험시간 : 3분

[01~10] 다음 〈보기〉의 왼쪽과 오른쪽 기호의 대응을 참고하여 각 문제의 대응이 같으면 답안지에 '① 맞음'을, 틀리면 '② 틀림'을 선택하시오.

〈보 기〉

11 = ☏	87 = ◎	92 = ◆	56 = ☞	83 = ★
17 = ♣	46 = △	70 = ♤	64 = ■	19 = ▤

01	92 64 83 46 70 – ◆ ■ ▤ △ ♤	① 맞음 ② 틀림
02	17 83 87 56 11 – ♣ ★ ◎ ☞ ☏	① 맞음 ② 틀림
03	46 64 19 17 92 – △ ■ ▤ ♣ ◆	① 맞음 ② 틀림
04	56 70 11 64 87 – ☞ ◆ ☏ ■ ◎	① 맞음 ② 틀림
05	19 17 46 92 56 – ▤ ♣ △ ◆ ♤	① 맞음 ② 틀림

〈보 기〉

교토 = 간	서울 = 칸	런던 = 금	몽골 = 솜	홍콩 = 동
발리 = 혼	도쿄 = 손	파리 = 한	방콕 = 은	뉴욕 = 곰

06	도쿄 교토 런던 방콕 뉴욕 – 손 간 금 은 곰	① 맞음 ② 틀림
07	서울 런던 방콕 홍콩 발리 – 칸 솜 은 동 혼	① 맞음 ② 틀림
08	파리 몽골 뉴욕 교토 도쿄 – 한 솜 곰 간 손	① 맞음 ② 틀림
09	런던 발리 서울 방콕 파리 – 동 혼 칸 은 한	① 맞음 ② 틀림
10	몽골 뉴욕 교토 발리 서울 – 솜 곰 간 혼 칸	① 맞음 ② 틀림

[11~20] 다음 〈보기〉의 왼쪽과 오른쪽 기호의 대응을 참고하여 각 문제의 대응이 같으면 답안지에 '① 맞음'을, 틀리면 '② 틀림'을 선택하시오.

〈보 기〉

Luld = ♨	Ceol = ☽	Weid = ♡	Qwid = ☂	Forx = ♧
Psld = ☆	Trdo = ♠	Meis = ♬	Sorp = ✺	Akid = ☁

11	Ceol Sorp Trdo Luld Akid – ☽ ✺ ♠ ♨ ☁	① 맞음 ② 틀림
12	Luld Meis Forx Psld Sorp – ♨ ♬ ♧ ☆ ✺	① 맞음 ② 틀림
13	Trdo Ceol Qwid Forx Weid – ♠ ☽ ☂ ☆ ♡	① 맞음 ② 틀림
14	Qwid Meis Psld Akid Luld – ☂ ♬ ☆ ☁ ♨	① 맞음 ② 틀림
15	Weid Forx Sorp Ceol Akid – ♡ ♧ ✺ ☁ ☽	① 맞음 ② 틀림

〈보 기〉

354 = 비둘기	212 = 보상금	189 = 부메랑	584 = 불장난	693 = 밤안개
278 = 바구니	952 = 반지름	302 = 빈대떡	456 = 번데기	712 = 복학생

16	278 354 584 693 302 – 바구니 반지름 불장난 밤안개 빈대떡	① 맞음 ② 틀림
17	212 712 952 189 456 – 보상금 복학생 반지름 바구니 번데기	① 맞음 ② 틀림
18	584 302 693 278 189 – 불장난 빈대떡 밤안개 바구니 부메랑	① 맞음 ② 틀림
19	189 354 712 212 693 – 부메랑 비둘기 번데기 보상금 밤안개	① 맞음 ② 틀림
20	952 456 354 584 212 – 반지름 번데기 비둘기 불장난 보상금	① 맞음 ② 틀림

[21~30] 다음의 〈보기〉에서 각 문제의 왼쪽에 표시된 굵은 글씨체의 기호, 문자, 숫자의 개수를 모두 세어 오른쪽에서 찾으시오.

		〈보 기〉	〈개 수〉
21	2	265325865128097424699416236963125904132165413 13213	① 6개 ② 7개 ③ 8개 ④ 9개
22	ㄱ	행복을 주는 커피가 세상에서 가장 맛있는 커피다.	① 3개 ② 4개 ③ 5개 ④ 6개
23	4	876640086241234976408742658128424890156176451 64801	① 6개 ② 7개 ③ 8개 ④ 9개
24	o	A mind troubled by doubt cannot focus on the course to victory.	① 5개 ② 6개 ③ 7개 ④ 8개
25	악	악약익악액익억액악익역옥악욕익욱액악익액악악익엑악악 욱윽욕약악약익익액앗익	① 10개 ② 11개 ③ 12개 ④ 13개
26	e	To believe with certainty we must begin with doubting.	① 5개 ② 6개 ③ 7개 ④ 8개
27	ㅗ	어머니도 모르고 아버지도 모르고 심지어 친구도 모르는 그의 행방	① 5개 ② 6개 ③ 7개 ④ 8개
28	5	095987872451238650987625987475235156884965213 51512	① 8개 ② 9개 ③ 10개 ④ 11개
29	⇭	⇪⇭⇮⇮⇪⇭⇫⇪⇭⇪⇭⇪⇯⇭⇭⇪⇫⇭⇫⇭⇭⇫⇭ ⇮⇫⇭⇯⇫⇭⇮⇭	① 10개 ② 11개 ③ 12개 ④ 13개
30	a	When you take a man as he is, you make him worse. When you take a man as he can be, you make him better.	① 10개 ② 11개 ③ 12개 ④ 13개

합격의공식
SD
에듀

대한민국 부사관 봉투모의고사

제2회 모의고사

KIDA 간부선발도구

제1과목	언어논리	제2과목	자료해석
제3과목	공간능력	제4과목	지각속도

수험번호		성　　명	

제2회 모의고사

QR코드 접속을 통해 풀이시간 측정, 자동 채점
그리고 결과 분석까지!

제1과목 : 언어논리 **시험시간 : 20분**

01 다음 중 단어의 의미 관계가 '넉넉하다 : 푼푼하다'와 같은 것은?

① 출발 : 도착
② 늙다 : 젊다
③ 괭이잠 : 노루잠
④ 느슨하다 : 팽팽하다
⑤ 멀다 : 막역하다

02 밑줄 친 말 중 문법적 기능이 다른 것은?

① 그것참, 신기하군그래.
② 그를 만나야만 모든 원인을 밝힐 수 있다.
③ 그것이 금덩이라도 나는 안 가진다.
④ 얼마 되겠느냐마는 살림에 보태어 쓰도록 해.
⑤ 용서해 주시기만 하면요 정말 감사하겠습니다.

03 다음 중 밑줄 친 단어의 의미와 가장 유사한 것은?

돌아오는 어버이날에는 어머님을 찾아뵈어야겠다.

① 어머니 얼굴에 혈색이 돌아왔다.
② 그들의 비난이 나에게 돌아왔다.
③ 고향집에 드디어 돌아간다.
④ 회식이 한 달에 한 번씩 돌아온다.
⑤ 먼 길로 돌아오다.

04 다음 ㉠~㉢에 들어갈 단어를 바르게 짝 지은 것은?

> • 올해는 과일값의 (㉠)이 특히 심했다.
> • 가치관의 (㉡)(으)로 효에 대한 생각이 많이 달라졌다.
> • 그 물건은 심하게 (㉢)을 겪어서 원래 형태를 찾아볼 수 없었다.

	㉠	㉡	㉢
①	변동(變動)	변형(變形)	변질(變質)
②	변동(變動)	변화(變化)	변형(變形)
③	변형(變形)	변질(變質)	변동(變動)
④	변별(辨別)	변화(變化)	변질(變質)
⑤	변질(變質)	변형(變形)	변별(辨別)

05 〈보기〉의 ㉠~㉤ 중 띄어쓰기가 옳은 것은?

〈보 기〉

> ㉠ 창 밖은 가을이다. 남쪽으로 난 창으로 햇빛은 하루하루 깊이 안을 넘본다. 창가에 놓인 우단 의자는 부드러운 잿빛이다. 그러나 손으로 ㉡ 우단천을 결과 반대 방향으로 쓸면 슬쩍 녹둣빛이 돈다. 처음엔 짙은 쑥색이었다. 그 의자는 아무짝에도 쓸모가 없다. ㉢ 30년 동안을 같은 자리에서 움직이지 ㉣ 않은채 하는 일이라곤 햇볕에 자신의 몸을 잿빛으로 바래는 ㉤ 일 밖에 없다.

① ㉠
② ㉡
③ ㉢
④ ㉣
⑤ ㉤

06 다음 글에 대한 내용과 일치하는 설명으로 옳은 것은?

> 국회의원들의 천박한 언어 사용은 여야가 다르지 않고, 어제오늘의 일도 아니다. '잔대가리', '양아치', '졸개' 같은 단어가 예사로 입에서 나온다. 막말에 대한 무신경, 그릇된 인식과 태도가 원인이다. 막말이 부끄러운 언어 습관과 인격을 드러낸다고 여기기보다 오히려 투쟁성과 선명성을 상징한다고 착각한다.

① 모든 국회의원은 막말 쓰기를 좋아한다.
② 국회의원들의 천박한 언어 사용은 오래되었다.
③ '잔대가리', '양아치', '졸개' 등은 은어(隱語)에 속한다.
④ 국회의원들은 고운 말과 막말을 전혀 구분할 줄 모른다.
⑤ 국회의원들은 막말이 부끄러운 언어 습관을 드러낸다고 여긴다.

07 다음 〈보기〉의 문장이 참일 때 참인 문장은?

〈보 기〉

> (A) 빨간 사과는 맛이 있다.
> (B) 사과는 빨간색과 초록색만 있다.

① 초록 사과는 맛이 없다.
② 초록 사과는 맛이 있다.
③ 맛없으면 초록 사과이다.
④ 맛있으면 빨간 사과이다.
⑤ 노란 사과도 있을 수 있다.

08 다음 중 '빌렌도르프의 비너스'에 대한 설명으로 옳은 것은?

> 1909년 오스트리아 다뉴브 강가의 빌렌도르프 근교에서 철도 공사를 하던 중 구석기 유물이 출토되었다. 이 중 눈여겨볼 만한 것이 '빌렌도르프의 비너스'라 불리는 여성 모습의 석상이다. 대략 기원전 2만 년의 작품으로 추정되나 구체적인 제작연대나 용도 등에 대해 알려진 바는 없다. 높이 11.1cm의 이 작은 석상은 굵은 허리와 둥근 엉덩이에 커다란 유방을 늘어뜨리는 등 여성 신체가 과장되어 묘사되어 있다. 가슴 위에 올려놓은 팔은 눈에 띄지 않을 만큼 작으며, 땋은 머리에 가려 얼굴이 보이지 않는다. 출산, 다산의 상징으로 주술적 숭배의 대상이 되었던 것이라는 의견이 지배적이다. 태고의 이상적인 여성을 나타내는 것이라고 보는 의견이나, 한편 선사시대 유럽의 풍요와 안녕의 상징이었다고 보는 의견도 있다.

① 팔은 떨어져나가고 없다.
② 빌렌도르프라는 사람에 의해 발견되었다.
③ 부족장의 부인을 모델로 하여 만들어졌다.
④ 구석기 시대의 유물이다.
⑤ 진흙을 빚어 만들었다.

09 다음 글의 알맞은 제목으로 적절한 것은?

> 평화로운 시대에 시인의 존재는 문화의 비싼 장식일 수 있다. 그러나 시인의 조국이 비운에 빠졌거나 통일을 잃었을 때 시인은 장식의 의미를 떠나 민족의 예언가가 될 수 있고, 민족혼을 불러일으키는 선구자적 지위에 놓일 수도 있다. 예를 들면 스스로 군대를 가지지 못한 채 제정 러시아의 가혹한 탄압 아래 있던 폴란드 사람들은 시인의 존재를 민족의 재생을 예언하고 굴욕스러운 현실을 탈피하도록 격려하는 예언자로 여겼다. 또한 통일된 국가를 가지지 못하고 이산되어 있던 이탈리아 사람들은 시성 단테를 유일한 '이탈리아'로 숭앙했고, 제1차 세계대전 때 독일군의 잔혹한 압제하에 있었던 벨기에 사람들은 베르하렌을 조국을 상징하는 시인으로 추앙하였다.

① 시인의 운명
② 시인의 사명
③ 시인의 혁명
④ 시인의 생명
⑤ 시인의 선택

10 다음 문단을 논리적 순서대로 알맞게 배열한 것은?

(가) 문화재(문화유산)는 옛 사람들이 남긴 삶의 흔적이다. 그 흔적에는 유형의 것과 무형의 것이 모두 포함된다. 문화재 가운데 가장 가치 있는 것으로 평가받는 것은 다름 아닌 국보이며, 현행 문화재보호법 체계상 국보에 무형문화재는 포함되지 않는다. 즉 국보는 유형문화재만을 대상으로 한다.

(나) 국보 선정 기준에 따라 우리의 전통 문화재 가운데 최고의 명품으로 꼽힌 문화재로는 국보 1호 숭례문이 있다. 숭례문은 현존 도성 건축물 중 가장 오래된 건물이다. 다음으로 온화하고 해맑은 백제의 미소로 유명한 충남 서산 마애여래삼존상은 국보 84호이다. 또한 긴 여운의 신비하고 그윽한 종소리로 유명한 선덕대왕신종은 국보 29호, 유네스코 세계유산으로도 지정된 석굴암은 국보 24호이다. 이렇듯 우리나라 전통문화의 상징인 국보는 다양한 국보 선정의 기준으로 선발된 것이다.

(다) 문화재보호법에 따르면 국보는 특히 "역사적 · 학술적 · 예술적 가치가 큰 것, 제작 연대가 오래되고 그 시대를 대표하는 것, 제작 의장이나 제작 기법이 우수해 그 유례가 적은 것, 형태 품질 용도가 현저히 특이한 것, 저명한 인물과 관련이 깊거나 그가 제작한 것" 등을 대상으로 한다. 이것이 국보 선정의 기준인 셈이다.

(라) 이처럼 국보 선정 기준으로 선발된 문화재는 지금 우리 주변에서 여전히 숨쉬고 있다. 우리와 늘 만나고 우리와 늘 교류한다. 우리에게 감동과 정보를 주기도 하고, 때로는 이 시대의 사람들과 갈등을 겪기도 한다. 그렇기에 국보를 둘러싼 현장은 늘 역동적이다. 살아있는 역사라 할 수 있다. 문화재는 그 스스로 숨쉬면서 이 시대와 교류하기에, 우리는 그에 어울리는 시선으로 국보를 바라볼 필요가 있다.

① (나) – (다) – (라) – (가)
② (다) – (나) – (가) – (라)
③ (다) – (가) – (나) – (라)
④ (가) – (다) – (나) – (라)
⑤ (가) – (나) – (라) – (다)

11 <보기>의 관점에서 ㉠을 비판한 것으로 적절한 것은?

> 원칙적으로 사람들은 제1 언어 습득 연구에 대한 양극단 중 하나의 입장을 취할 수 있을 것이다. ㉠ 극단적 행동주의자적 입장은 어린이들이 백지 상태, 즉 세상이나 언어에 대해 아무런 전제된 개념을 갖지 않은 깨끗한 서판을 갖고 세상에 나오며, 따라서 어린이들은 환경에 의해 형성되고 다양하게 강화된 예정표에 따라 서서히 조건화된다고 주장하였다. 또 반대쪽 극단에 있는 구성주의의 입장은 어린이들이 매우 구체적인 내재적 지식과 경향, 생물학적 일정표를 갖고 세상에 나온다는 인지주의적 주장을 할 뿐만 아니라 주로 상호 작용과 담화를 통해 언어 기능을 배운다고 주장한다. 이 두 입장은 연속선상의 양극단을 나타내며, 그 사이에는 다양한 입장들이 있을 수 있다.

<보 기>

> 생득론자는 언어 습득이 생득적으로 결정되며, 우리는 주변의 언어에 대해 체계적으로 인식할 수 있도록 되어 있어서 결과적으로 언어의 내재화된 체계를 구축하는 유전적 능력을 타고난다고 주장한다.

① 언어 습득에 대한 연구에서 실제적 언어 사용의 양상이 무시될 가능성이 크다.
② 아동의 언어 습득을 관장하는 유전자의 실체가 확인될 때까지는 행동주의는 불완전한 가설일 뿐이다.
③ 아동은 단순히 문법적으로 정확한 문장을 만드는 방법을 배우는 것이 아니라 의사소통 방법을 배우는 것이다.
④ 아동의 언어 습득은 특정 언어공동체의 일원이 되는 핵심 과정인데, 행동주의는 공동체 구성원들과의 상호 작용이 차지하는 중요성을 간과하고 있다.
⑤ 아동의 언어 습득이 외적 자극인 환경에 의해 전적으로 형성된다고 보는 행동주의 모델은 배우거나 들어본 적 없는 표현을 만들어내는 어린이 언어의 창조성을 설명하지 못한다.

12 다음 글에서 글쓴이가 가장 중요하게 생각하는 것은?

> 사람은 타고난 용모가 추한 것을 바꾸어 곱게 할 수도 없고, 또 타고난 힘이 약한 것을 바꾸어 강하게도 할 수 없으며, 키가 작은 것을 바꾸어 크게 할 수도 없다. 이것은 왜 그런 것일까? 그것은 사람은 저마다 이미 정해진 분수가 있어서 그것을 고치지 못하기 때문이다. 그러나 오직 한 가지 변할 수 있는 것이 있으니, 그것은 마음과 뜻이다. 이 마음과 뜻은 어리석은 것을 바꾸어 지혜롭게 할 수가 있고, 모진 것을 바꾸어 어질게 만들 수도 있다. 그것은 무슨 까닭인가? 그것은 사람의 마음이란 그 비어 있고 차 있고 한 것이 본래 타고난 것에 구애되지 않기 때문이다. 그렇다. 사람에게 지혜로운 것보다 더 아름다운 것은 없다. 어진 것보다 더 귀한 것이 없다. 그런데 어째서 나는 어질고 지혜 있는 사람이 되지 못하고 하늘에서 타고난 본성을 깎아낸단 말인가? 사람마다 이런 뜻을 마음속에 두고 이것을 견고하게 가져서 조금도 물러서지 않는다면 누구나 거의 올바른 사람의 지경에 들어갈 수가 있다. 그러나 사람들은 혼자서 자칭 내가 뜻을 세웠노라고 하면서도, 이것을 가지고 애써 앞으로 나아가려하지 않고, 그대로 우두커니 서서 어떤 효력이 나타나기만을 기다린다. 이것은 명목으로는 뜻을 세웠노라고 말하지만, 그 실상은 학문을 하려는 정성이 없기 때문이다. 그렇지 않고 만일 내 뜻의 정성이 정말로 학문에 있다고 하면 어진 사람이 될 것은 정한 이치이고, 또 내가 하고자 하는 올바른 일을 행하면 그 효력이 나타날 것인데, 왜 이것을 남에게서 구하고 뒤에 하자고 기다린단 말인가?

① 자연의 순리대로 살아가는 일
② 천하의 영재를 얻어 교육하는 일
③ 뜻을 세우고 그것을 실천하는 일
④ 세상과 적절히 타협하며 살아가는 삶
⑤ 다른 사람들에게 선행을 널리 베푸는 일

13 다음 글을 통해 알 수 없는 것은?

되새김 동물인 무스(Moose)의 경우, 위에서 음식물이 잘 소화되게 하려면 움직여서는 안 된다. 무스의 위는 네 개의 방으로 나누어져 있는데, 위에서 나뭇잎, 풀줄기, 잡초 같은 섬유질이 많은 먹이를 소화하려면 꼼짝 않고 한곳에 가만히 있어야 하는 것이다. 한편, 미국 남서부의 사막 지대에 사는 갈퀴발도마뱀은 모래 위로 눈만 빼꼼 내놓고 몇 시간 동안이나 움직이지 않는다. 그렇게 있으면 따뜻한 모래가 도마뱀의 기운을 북돋아 준다. 곤충이 지나가면 도마뱀이 모래에서 나가 잡아먹을 수 있도록 에너지를 충전해 주는 것이다. 반대로 갈퀴발도마뱀의 포식자인 뱀이 다가오면, 그 도마뱀은 사냥할 기운을 얻기 위해 움직이지 않았을 때의 경험을 되살려 호흡과 심장 박동을 일시적으로 멈추고 죽은 시늉을 한다. 갈퀴발도마뱀은 모래 속에 몸을 묻고 움직이지 않기 때문에 수분의 손실을 줄이고 사막 짐승들의 끊임없는 위협에서 벗어날 수 있는 것이다.

① 무스가 움직이지 않는 것은 생존을 위한 선택이다.
② 무스는 소화를 잘 시키기 위해 식물을 가려먹는 습성을 가지고 있다.
③ 갈퀴발도마뱀은 움직이지 않는 방식으로 천적의 위협을 피한다.
④ 갈퀴발도마뱀은 모래 속에 몸을 묻을 때 생존 확률을 높일 수 있다.
⑤ 갈퀴발도마뱀은 따뜻한 모래 속에서 기운을 충전한다.

14 다음 〈보기〉 뒤에 올 문장을 논리적 순서에 맞게 배열한 것은?

〈보 기〉

DNA는 이미 1896년에 스위스의 생물학자 프리드리히 미셔가 발견했지만, 대다수 과학자들은 1952년까지는 DNA에 별로 관심을 보이지 않았다. 미셔는 고름이 배인 붕대에 끈적끈적한 회색 물질이 남을 때까지 알코올과 돼지 위액을 쏟아 부은 끝에 DNA를 발견했다. 그것을 시험한 미셔는 DNA는 생물학에서 아주 중요한 물질로 밝혀질 것이라고 선언했다. 그러나 불행하게도 화학 분석 결과, 그 물질 속에 인이 다량 함유돼 있는 것으로 드러났다. 그 당시 생화학 분야에서는 오로지 단백질에만 관심을 보였는데, 단백질에는 인이 전혀 포함돼 있지 않으므로 DNA는 분자 세계의 충수처럼 일종의 퇴화 물질로 간주되었다.

㉠ 그래서 유전학자인 알프레드 허시와 마사 체이스는 방사성 동위원소 추적자를 사용해 바이러스에서 인이 풍부한 DNA의 인과 황이 풍부한 단백질의 황을 추적해 보았다. 이 방법으로 바이러스가 침투한 세포들을 조사한 결과, 방사성 인은 세포에 주입되어 전달된 반면 황이 포함된 단백질은 그렇지 않은 것으로 드러났다.

㉡ 그러나 그 유전 정보가 바이러스의 DNA에 들어 있는지 단백질에 들어 있는지는 아무도 몰랐다.

㉢ 따라서 유전 정보의 전달자는 단백질이 될 수 없으며 전달자는 DNA인 것으로 밝혀졌다.

㉣ 1952년에 바이러스를 대상으로 한 극적인 실험이 그러한 편견을 바꾸어 놓았다. 바이러스는 다른 세포에 무임승차하여 피를 빠는 모기와는 반대로 세포 속에 악당 유전 정보를 주입한다.

① ㉠ – ㉢ – ㉡ – ㉣
② ㉠ – ㉣ – ㉡ – ㉢
③ ㉡ – ㉠ – ㉢ – ㉣
④ ㉡ – ㉢ – ㉠ – ㉣
⑤ ㉣ – ㉡ – ㉠ – ㉢

15 다음 글을 요약한 것으로 가장 적절한 것은?

영어에서 위기를 뜻하는 단어 'crisis'의 어원은 '분리하다'라는 뜻의 그리스어 '크리네인(Krinein)'이다. 크리네인은 본래 회복과 죽음의 분기점이 되는 병세의 변화를 가리키는 의학 용어로 사용되었는데, 서양인들은 위기에 어떻게 대응하느냐에 따라 결과가 달라진다고 보았다. 상황에 위축되지 않고 침착하게 위기의 원인을 분석하여 사리에 맞는 해결 방안을 찾을 수 있다면 긍정적 결과가 나올 수 있다는 것이다. 한편, 동양에서는 위기(危機)를 '위험(危險)'과 '기회(機會)'가 합쳐진 것으로 해석하여, 위기를 통해 새로운 기회를 모색하라고 한다. 동양인들 또한 상황을 바라보는 관점에 따라 위기가 기회로 변모될 수도 있다고 본 것이다.

① 서양인과 동양인은 위기에 처한 상황을 바라보는 관점이 서로 다르다.
② 위기가 아예 다가오지 못하도록 미리 대처해야 새로운 기회가 많이 주어진다.
③ 위기 상황을 냉정하게 판단하고 긍정적으로 받아들여, 위기를 통해 새로운 기회를 모색한다.
④ 위기는 인간의 욕심에서 비롯된 경우가 많으므로, 자신을 반성하고 돌아보는 자세가 필요하다.
⑤ 위기의 상황에 위축된다면 새로운 기회를 잃게 되어 우리는 아무것도 할 수 없게 된다.

16 다음 중 빈칸에 들어갈 내용으로 가장 적절한 것은?

중세 이전에는 예술가와 장인의 경계가 분명치 않았다. 화가들도 당시에는 왕족과 귀족의 주문을 받아 제작하는 일종의 장인 취급을 받아왔다. 근대에 접어들면서 예술은 독창적인 창조 활동으로 존중받게 되었고, 아름다움의 가치를 만들어내는 예술가들의 독창성이 인정받게 된 것이다. 그리고 이 가치의 중심에 작가가 있다. 작가가 담으려 했던 의도, 그것이 바로 아름다움을 창조하는 예술의 가치인 셈이다. 예술작품은 작가의 의도를 담고 있고, 작가의 의도가 없다면 작품은 만들어질 수 없다. 이것이 작품에 포함된 작가의 권위를 인정해야 하는 이유이다.

또한 예술은 예술가가 표현하고자 하는 것을 창작해내는 그 과정 자체로 완성되는 것이지 독자의 해석으로 완성되는 게 아니다. 설사 작품을 감상하고 해석해 줄 독자가 없어도 예술은 그 자체로 가치 있는 법이다. 예술가는 독자를 위해 작품을 창작하는 것이 아니라 자신의 열정과 열망으로 표현하고자 하는 바를 표현해내는 것이다. 물론 예술작품을 해석하고 이해하는 데에 독자의 역할도 분명 존재하고 필요한 것이 사실이다. 하지만 그렇다고 해도 이는 예술적 가치가 있는 작품에서 파생된 2차적인 활동이지 작품을 새롭게 완성하는 창조적 활동이라고 보기 어렵다. 따라서 독자의 수용과 이해는 (   )

① 독자가 가지고 있는 작품에 대한 사전 정보에 따라 다르게 나타날 것이다.
② 작가의 의도와 작품을 왜곡하지 않아야 한다.
③ 권위가 높은 작가의 작품에서 더욱 다양하게 나타난다.
④ 작품에 담긴 아름다움의 가치를 독자가 나름대로 해석하는 활동으로 볼 수 있다.
⑤ 작품이 만들어진 시대적 배경과 문화적 배경을 고려하여야 한다.

17 다음 글에서 말하는 '그릇' 도식의 사례로 적절하지 않은 것은?

존슨의 상상력 이론은 '영상 도식(Image Schema)'과 '은유적 사상(Metaphorical Mapping)'이라는 두 축을 중심으로 전개된다. 영상 도식이란 신체적 활동을 통해 직접 발생하는 소수의 인식 패턴들이며, 시대와 문화를 넘어 거의 보편적으로 나타나는 인식의 기본 패턴들이다. 존슨은 '그릇(Container)', '균형(Balance)', '강제(Compulsion)', '연결(Link)', '원-근(Near-Far)', '차단(Blockage)', '중심-주변(Center-Periphery)', '경로(Path)', '부분-전체(Part-Whole)' 등의 영상 도식을 예로 들고 있다. 우리는 영상 도식들을 물리적 대상은 물론 추상적 대상들에 '사상(Mapping)'함으로써 사물을 구체적 대상으로 식별하며, 동시에 추상적 개념들 또한 구체화할 수 있다. 예를 들어 우리는 '그릇' 도식을 방이나 건물같은 물리적 대상에 사상함으로써 그것들을 안과 밖이 있는 대상으로 인식하게 된다. 또 '그릇' 도식을 꿈이나 역사 같은 추상적 대상에 사상함으로써 '꿈속에서'나 '역사 속으로'와 같은 표현을 사용하고 이해할 수 있다.

① 사랑받는 사람의 심장은 기쁨으로 가득 차 있다.
② 원수를 기다리는 그의 눈에는 분노가 담겨 있었다.
③ 전화기에서 들려온 말은 나를 두려움 속에 몰아넣었다.
④ 우리의 관계는 더 이상의 진전 없이 막다른 길에 부딪쳤다.
⑤ 지구의 반대편에서 출발한 비행기가 드디어 시야에 들어오고 있다.

18 다음 중 〈보기〉의 비판 대상으로 가장 옳지 않은 것은?

〈보 기〉

폴 매카트니는 도축장의 벽이 유리로 되어 있다면 모든 사람이 채식주의자가 될 거라고 말한 적이 있다. 우리가 식육생산의 실상을 안다면 계속해서 동물을 먹을 수 없으리라고 그는 믿었다. 그러나 어느 수준에서는 우리도 진실을 알고 있다. 식육생산이 깔끔하지도 유쾌하지도 않은 사업이라는 것을 안다. 다만 그게 어느 정도인지는 알고 싶지 않다. 고기가 동물에게서 나오는 줄은 알지만 동물이 고기가 되기까지의 단계들에 대해서는 짚어 보려 하지 않는다. 그리고 동물을 먹으면서 그 행위가 선택의 결과라는 사실조차 생각하려 들지 않는 수가 많다. 이처럼 우리가 어느 수준에서는 불편한 진실을 의식하지만 동시에 다른 수준에서는 의식을 못하는 일이 가능할 뿐 아니라 불가피하도록 조직되어 있는 게 바로 폭력적 이데올로기다.

① 채식주의자
② 식육생산의 실상
③ 동물이 고기가 되는 과정
④ 동물을 먹는 행위
⑤ 폭력적 이데올로기

19 다음 중 ㉠~㉢에 들어갈 적절한 접속어를 순서대로 나열한 것은?

> 역사의 연구는 개별성을 추구하는 것이라고 할 수가 있다. (㉠) 구체적인 과거의 사실 자체에 대해 구명(究明)을 꾀하는 것이 역사학인 것이다. (㉡) 고구려가 한족과 투쟁한 일을 고구려라든가 한족이라든가 하는 구체적인 요소들을 빼버리고, 단지 "자주적 대제국이 침략자와 투쟁하였다."라고만 진술해 버리는 것은 한국사일 수가 없다. (㉢) 일정한 시대에 활약하던 특정한 인간 집단의 구체적인 활동을 서술하지 않는다면 그것을 역사라고 말할 수 없는 것이다.

	㉠	㉡	㉢
①	즉	가령	요컨대
②	가령	한편	역시
③	이를테면	역시	결국
④	다시 말해	만약	그런데
⑤	즉	역시	결국

20 다음 글에 대한 설명으로 적절하지 않은 것은?

> 우리 사회에 사형 제도에 대한 해묵은 논쟁이 다시 일고 있다. 그러나 지금까지 ㉠ 여론 조사 결과를 보면, 우리 국민의 70% 정도는 사형 제도가 범죄를 예방할 수 있다고 생각한다. 그러나 과연 그 믿음대로 사형 제도는 정의를 실현하는 제도일까?
>
> 세계에서 사형을 가장 많이 집행하는 미국에서는 연간 10만 건 이상의 살인이 벌어지고 있으며 좀처럼 줄어들지 않고 있다. 또한 ㉡ 2006년 미국의 범죄율을 비교한 결과 사형 제도를 폐지한 주의 범죄율이 유지하고 있는 주보다 오히려 낮았다. 이는 사형 제도가 범죄 예방 효과가 있을 것이라는 생각이 근거 없는 기대일 뿐임을 말해 준다.
>
> 또한 사형 제도는 인간에 대한 너무도 잔인한 제도이다. 사람들은 일부 국가에서 행해지는 돌팔매 처형의 잔인성에는 공감하면서도, 어째서 독극물 주입이나 전기의자 등은 괜찮다고 여기는 것인가? 사람을 죽이는 것에는 좋고 나쁜 방법이 있을 수 없으며 둘의 본질은 같다.

① '사형 제도 존폐 논란'을 문제 상황으로 삼고 있다.
② 필자의 주장은 '사형 제도는 폐지해야 한다.'이다.
③ ㉠은 필자의 주장을 뒷받침하는 근거 자료이다.
④ ㉡은 사형 제도를 찬성하는 대중의 통념을 반박하는 자료이다.
⑤ 형벌이라도 사람을 죽이는 행위의 본질은 같다.

21 다음 글의 제목으로 적절한 것은?

철로 옆으로 이사를 가면 처음 며칠 밤은 기차가 지나갈 때마다 잠에서 깨지만 시간이 흘러 기차 소리에 친숙해지면 그러지 않는다. 왜 그럴까? 귀에서 포착한 소리 정보가 뇌에 전달되는 과정에서 물리학적인 음파의 속성은 서서히 의미를 가진 정보로 바뀐다. 이 과정에서 감정을 담당하는 변연계에도 정보가 전달되어 모든 소리는 의식적이든 무의식적이든 감정을 유발한다. 또 소리 정보 전달 과정은 기억중추에도 연결되어 있어서 현재 들리는 모든 소리는 기억된 소리와 비교된다. 친숙하며 해가 없는 것으로 기억되어 있는 소리는 우리의 의식에 거의 도달하지 않는다. 그래서 이미 익숙해진 기차 소음은 뇌에 전달은 되지만 의미 없는 자극으로 무시된다. 동물들은 생존하려면 자기에게 중요한 소리를 들을 수 있어야 한다. 특히 즉각적인 반응을 보여야 하는 경우에는 더욱 그렇다. 그래서 동물들은 자신의 천적이나 먹이 또는 짝짓기 상대방이 내는 소리는 매우 잘 듣는다. 사람도 같은 방식으로 반응한다. 아무리 시끄러운 소리에도 잠에서 깨지 않는 사람이라도 자기 아기의 울음소리에는 금방 깬다. 이는 인간이 소리를 듣는다는 것은 외부의 소리가 귀에 전달되는 것을 그대로 듣는 수동적인 과정이 아니라 소리가 뇌에서 재해석되는 과정임을 의미한다. 자기 집을 청소할 때 들리는 청소기의 소음은 견디지만 옆집 청소기 소음은 참기 어려운 것도 그 때문이다.

① 소리의 선택적 지각
② 소리 자극의 이동 경로
③ 소리의 감정 유발 기능
④ 인간의 뇌와 소리와의 관계
⑤ 동물과 인간의 소리 인식 과정 비교

22 다음 글의 전개 방식에 대한 설명으로 적절한 것은?

부여의 정월 영고, 고구려의 10월 동맹, 동예의 10월 무천 등은 모두 하늘에 제사를 지내고, 나라 안 사람들이 모두 모여서 음주가무를 하였던 일종의 공동 의례였다. 이것은 상고시대 부족들의 종교 · 예술 생활이 담겨 있는 제정일치의 표현이라고 볼 수 있다. 제천행사는 힘든 농사일과 휴식의 관계 속에서 형성된 농경사회의 풍속이다. 씨뿌리기가 끝나는 5월과 추수가 끝난 10월에 각각 하늘에 제사를 지냈는데, 이때는 온 나라 사람이 춤추고 노래 부르며 즐겼다. 농사 일로 쌓인 심신의 피로를 풀며 모든 사람들이 마음껏 즐겼던 일종의 공동체적 축제이자 동시에 풍년을 기원하고 추수를 감사하는 의식이었던 것이다.

이러한 고대의 축제는 국가적 공의(公儀)와 민간인들의 마을 굿으로 나뉘어 전해 내려오게 되었다. 이것은 사졸들의 위령제였던 신라의 '팔관회'를 거쳐 고려조에서는 일종의 추수감사제 성격의 공동체 신앙으로 10월에 개최된 '팔관회'와, 새해 농사의 풍년을 기원하는 성격으로 정월 보름에 향촌 사회를 중심으로 향촌 구성원을 결속시켰던 '연등회'라는 두 개의 형식으로 구분되어서 전해 내려오게 되었다. 팔관회는 지배 계층의 결속을 강화하는 역할을 하였고, 연등회는 농경의례적인 성격의 종교집단행사였다고 볼 수 있다. 오늘날의 한가위 추석도 이런 제천의식에서 그 유래를 찾을 수 있다.

조선조에서는 연등회나 팔관회가 사라지고 중국의 영향을 받아 산대잡극이 성행했다. 즉 광대줄타기, 곡예, 재담, 음악 등이 연주되었다. 즉 공연자와 관람자가 분명히 구분되었고, 직접 연행을 벌이는 사람들의 사회적 지위는 그들을 관람하는 사람들보다 낮은 것으로 평가되었다. 그러나 민간 차원에서는 마을 굿이나 두레가 축제적 고유 성격을 유지하였다. 즉 도당굿, 별신굿, 단오굿, 동제 등이 지역민을 묶어주는 역할을 하였다는 것이다.

① 두 개념의 장단점을 비교하여 서술하고 있다.
② 시대별로 비판을 제시하며 대안을 서술하고 있다.
③ 다양한 사례를 제시하여 개념을 정당화하고 있다.
④ 두 개의 이론을 제시하고 새로운 이론을 도출하고 있다.
⑤ 시대별로 중심 화제의 성격 변화를 서술하고 있다.

[23~25] 다음 글을 읽고 물음에 답하시오.

(가) 가장 보편적인 의미에서 볼 때, 법이란 사물의 본성에서 유래하는 필연적인 관계를 말한다. 이 의미에서는 모든 존재가 그 법을 가진다. 예컨대, 신은 신의 법을 가지고, 물질계는 물질계의 법을 가지며, 지적 존재, 이를테면 천사도 그 법을 가지고, 짐승 또한 그들의 법을 가지며, 인간은 인간의 법을 가진다.

(나) 우주에 대하여 신은 그 창조자 및 유지자로서의 관계를 유지한다. 그러므로 신이 우주를 창조한 법은, 그것에 따라서 신이 우주를 주관하게 되는 것이다. 신이 이 규칙에 따라 행동하는 이유는 그가 그것들을 만들었기 때문이고, 신이 그것을 알고 있는 이유는 그 규칙들이 신의 예지와 힘에 관계되기 때문이다. 우리가 보는 것처럼 세계는 물질의 운동에 의하여 형성되어, 지성을 갖지 않음에도 불구하고 항상 존재하고 있는 것을 보면, 그 운동은 불변의 규칙을 가지고 있음이 분명하다.

(다) 모든 지적 존재는 스스로 만들어 낸 법을 가지고 있으며, 동시에 만들지 않은 법도 가지고 있다. 지적 존재가 존재하기 전에도 그것들은 존재가 가능했으므로 그 존재들은 가능해질 수 있는 관계, 즉 자기의 법을 가질 수 있었다. 이것은 실정법(實定法)이 존재하기 전에 정의(正義) 가능한 관계가 존재했다는 데 기인한다. 실정법이 명령하거나 금하는 것 이외에는 정의도 부정(不定)도 존재하지 않는다고 말하는 것은, 원이 그려지기 전에는 모든 반경이 달랐다고 말하는 것과 다를 바가 없다. 따라서 그것을 확정하는 실정법에 앞서 형평(衡平)의 관계가 있다는 것을 인정해야 한다.

(라) 짐승이 운동의 일반 법칙에 의해 지배되고 있는지, 아니면 어떤 특수한 동작에 의해 지배되고 있는지 우리는 모른다. 쾌감의 매력에 의하여 그들은 자기의 존재를 유지하고, 또한 같은 매력에 의하여 종(種)을 유지한다. 그들은 자연법을 가지고 있다. 그러나 그들은 항구적으로 그 자연법에 따르는 것은 아니다. 식물에게서는 오성도 감성도 인정할 수 없으나, 그 식물 쪽이 보다 더 완전하게 법칙에 따른다.

(마) 인간은 물질적 존재로서는 다른 물체처럼 불변의 법칙에 의하여 지배된다. 지적 존재로서의 그는 신이 정한 이 법칙을 끊임없이 다스리고, 또 스스로 정한 법칙을 변경한다. 그는 스스로 길을 정해야만 한다. 그는 한정된 존재에서 모든 유한의 지성처럼 무지나 오류를 면할 수 있다. 그렇지만 역시 그가 갖는 빈약한 오성, 그것마저도 잃어버리고 만다.

23 윗글의 구조를 도식화한 것으로 가장 적절한 것은?

① (가) ┬ (나)
└ (다) ┬ (라)
　　　└ (마)

② (가) ┬ (나)
└ ┬ (다)
　└ (라) – (마)

③ (가) ┬ (나)
└ (다) – (라) – (마)

④ (가) ┬ (나) – (다)
└ (라) – (마)

⑤ (가) ┬ (나) – (다) – (라)
└ (마)

24 윗글의 내용과 일치하지 않는 것은?

① 모든 존재는 나름대로의 법을 가지고 있다.
② 인간은 불변의 법칙에 의해 지배된다.
③ 지적 존재는 스스로 법을 만든다.
④ 식물이 짐승보다 자연법에 더 따른다.
⑤ 신은 우주를 주관하기 때문에 법에 따라 행동하지 않는다.

25 (라)에서 밑줄 친 부분의 특성을 가장 잘 표현한 것은?

① 자기발견(自己發見)
② 자기반성(自己反省)
③ 자기확립(自己確立)
④ 자기보존(自己保存)
⑤ 자기실현(自己實現)

제2과목 : 자료해석

시험시간 : 25분

01 지우는 태국 여행에서 A, B, C, D 네 종류의 손수건을 총 9장 구매했으며, 그중 B손수건은 3장, 나머지는 각각 같은 개수를 구매했다. 기념품으로 친구 3명에게 종류가 다른 손수건 3장씩 나누어 주는 경우의 수는?

① 5
② 6
③ 7
④ 8

02 군 · 민 행사에 참가한 어린이들에게 색종이와 스티커를 나누어 준 뒤 만들기 시간을 진행하려고 한다. 색종이 222장과 스티커 292장을 똑같이 나누어 주려고 했더니 색종이는 2장이 남고, 스티커는 8장이 부족했다. 참가한 어린이는 최대 몇 명인가?

① 10명
② 20명
③ 30명
④ 40명

03 일정한 규칙으로 수를 나열할 때, (   ) 안에 알맞은 수는?

27　81　9　27　3　(　　)

① 6
② 7
③ 8
④ 9

04 20억 원을 투자하여 10% 수익이 날 확률은 50%이고, 원가 그대로일 확률은 30%, 10% 손해를 볼 확률은 20%이다. 이때 기대수익은?

① 4,500만 원
② 5,000만 원
③ 5,500만 원
④ 6,000만 원

05 다음은 2018~2022년 A국의 네 종류의 스포츠 경기 수를 나타낸 자료이다. 다음 자료에 대한 설명으로 옳지 않은 내용은?

〈A국의 연도별 스포츠 경기 수〉

(단위 : 회)

구분	2018년	2019년	2020년	2021년	2022년
농구	413	403	403	403	410
야구	432	442	425	433	432
배구	226	226	227	230	230
축구	228	230	231	233	233

① 농구의 경기 수는 2019년의 전년 대비 감소율이 2022년의 전년 대비 증가율보다 크다.
② 제시된 네 가지 스포츠의 경기 수 총합이 가장 많았던 연도는 2022년이다.
③ 2018년부터 2022년까지 야구의 평균 경기 수는 축구의 평균 경기 수의 2배 이하이다.
④ 2019년부터 2021년까지 전년 대비 경기 수가 증가하는 종목은 없다.

06 다음은 한 사람이 하루에 받는 스팸 수신량을 나타낸 그래프이다. 이에 대한 설명으로 옳지 않은 것은?

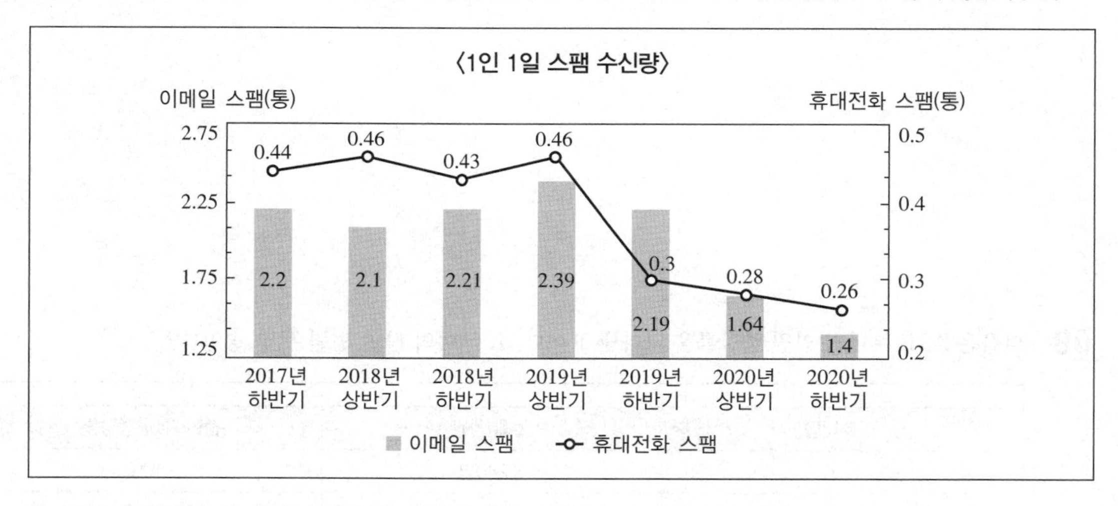

① 2018년 하반기 한 사람이 하루에 받은 이메일 스팸은 2.21통을 기록했다.
② 2020년 하반기에 이메일 스팸은 2017년 하반기보다 0.8통 감소했다.
③ 2018년 하반기부터 1인 1일 스팸 수신량은 계속해서 감소하고 있다.
④ 2017년 하반기 휴대전화를 통한 1인 1일 스팸 수신량은 2020년 하반기의 약 1.69배이다.

07 표준 업무시간이 80시간인 업무를 각 부서에 할당해 본 결과, 다음과 같은 표를 얻었다. 어느 부서의 업무 효율이 가장 높은가?

〈부서별 업무시간 분석결과〉

부서명		A	B	C	D	E
투입 인원(명)		2	3	4	3	5
개인별 업무 시간(시간)		41	30	22	27	17
회 의	횟 수(회)	3	2	1	2	3
	소요시간(시간/회)	1	2	4	1	2

• 업무효율 = $\frac{\text{표준 업무시간}}{\text{총 투입시간}}$
• 총 투입시간은 개인별 투입시간(개인별 업무시간+회의 소요시간)의 합
• 부서원은 업무를 분담하여 동시에 수행할 수 있음
• 투입된 인원의 개인별 업무능력과 인원당 소요시간이 동일하다고 가정

① A
② B
③ C
④ D

08 다음은 A, B 부대의 인원 증감률을 나타낸 표이다. A 부대의 작년 인원은 몇 명인가?

부대명	올해 인원	전년 대비 증감률
A	3,240명	−10%
B	1,980명	15%

① 3,600명
② 3,690명
③ 3,780명
④ 3,870명

09 다음은 2021년 '갑'국 A~F시의 폭염주의보 발령일수, 온열 질환자 수, 무더위 쉼터 수 및 인구에 관한 자료이다. 이에 대한 <보기>의 설명 중 옳은 것만을 모두 고르면?

도 시	폭염주의보 발령일수(일)	온열 질환자 수(명)	무더위 쉼터 수(개)	인 구(만 명)
A 시	90	55	92	100
B 시	30	18	90	53
C 시	50	34	120	89
D 시	49	25	100	70
E 시	75	52	110	80
F 시	24	10	85	25
전 체	(　)	194	597	417

<보 기>

ㄱ 무더위 쉼터가 100개 이상인 도시 중 인구가 가장 많은 도시는 C이다.
ㄴ 인구가 많은 도시일수록 온열 질환자 수가 많다.
ㄷ 온열 질환자 수가 가장 적은 도시와 인구 대비 무더위 쉼터 수가 가장 많은 도시는 동일하다.
ㄹ 폭염주의보 발령일수가 전체 도시의 폭염주의보 발령일수 평균보다 많은 도시는 2개이다.

① ㄱ, ㄴ
② ㄱ, ㄷ
③ ㄴ, ㄹ
④ ㄱ, ㄷ, ㄹ

10 면회객들을 위한 이탈리안 음식을 판매하는 부대 내 B레스토랑에서는 두 가지 음식을 묶어 런치세트를 구성해 판매한다. 런치세트 메뉴와 금액이 다음과 같을 때, 아라비아따의 할인 전 가격은?

〈B레스토랑의 런치세트 메뉴〉

세트 메뉴	구성 음식	금 액(원)
A세트	까르보나라, 알리오올리오	24,000
B세트	마르게리따피자, 아라비아따	31,000
C세트	까르보나라, 고르곤졸라피자	31,000
D세트	마르게리따피자, 알리오올리오	28,000
E세트	고르곤졸라피자, 아라비아따	32,000

※ 런치세트 메뉴의 가격은 파스타 종류는 500원, 피자 종류는 1,000원을 할인한 뒤 합하여 책정함
※ 파스타 : 까르보나라, 알리오올리오, 아라비아따
※ 피자 : 마르게리따피자, 고르곤졸라피자

① 13,000원 ② 13,500원
③ 14,000원 ④ 14,500원

11 중국 베이징에 있는 거래처에 방문한 A 씨는 회사에서 급한 연락을 받았다. 회사의 공장이 있는 다렌에도 시찰을 다녀오라는 것이었다. 이때 A 씨가 선택할 수 있는 교통수단과 결정조건이 다음과 같을 때, A 씨가 선택할 교통편은?

〈교통수단별 시간 및 요금〉

교통편 명칭	교통수단	시 간	요 금(원)
CZ3650	비행기	2	500,000
MU2744	비행기	3	200,000
G820	고속열차	5	120,000
D42	고속열차	8	70,000
K527	일반열차	12	50,000

〈교통수단의 결정조건〉

- 결정조건계수 : (시간)×1,000,000×0.6+(요금)×0.8
- 결정조건계수가 낮은 교통수단을 선택한다.

① CZ3650 ② MU2744
③ G820 ④ D42

12 다음은 A지역과 B지역의 2014년부터 2020년까지 매년 지진 강도 3 이상 발생 건수에 대한 자료이다. 이와 같은 일정한 변화가 지속될 때 2025년 A지역과 B지역의 강도 3 이상인 지진이 발생할 건수는 몇 건인가?

〈연도별 지진 발생 건수〉

(단위 : 건)

구 분	2014년	2015년	2016년	2017년	2018년	2019년	2020년
A지역	87	85	82	78	73	67	60
B지역	2	3	4	6	9	14	22

	A지역	B지역
①	9건	234건
②	10건	145건
③	9건	145건
④	10건	234건

13 다음은 2009년부터 2019년까지 우리나라의 유엔 정규분담률 현황을 나타낸 그래프이다. 다음 중 2010년과 2016년의 전년 대비 유엔 정규분담률의 증가율이 순서대로 나열된 것은? (단, 증가율은 소수점 이하 둘째 자리에서 반올림한다)

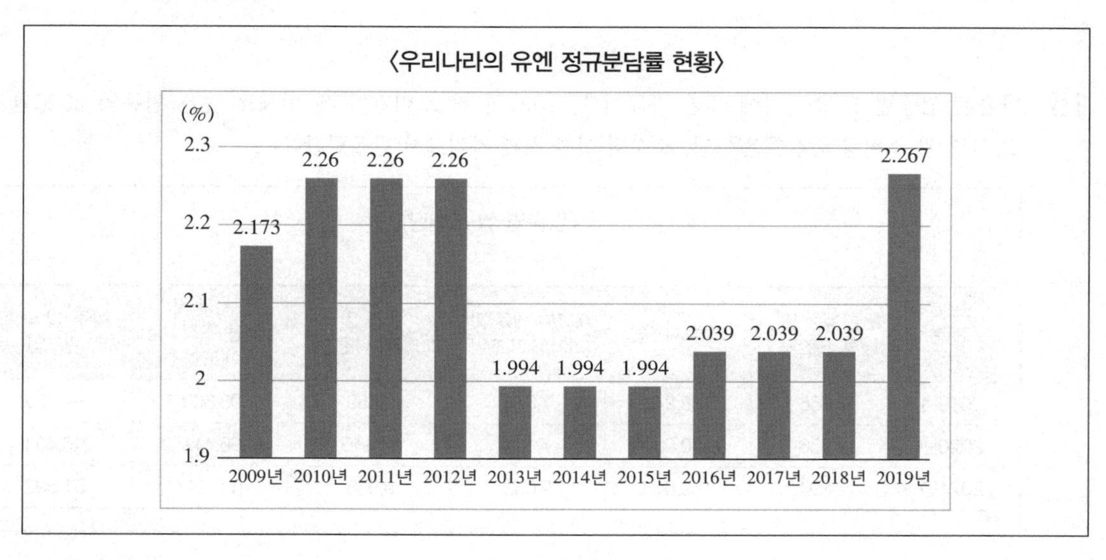

① 4.0%, 2.1%
② 4.0%, 2.3%
③ 4.0%, 2.5%
④ 3.2%, 2.3%

14 다음은 국가별 국방예산 그래프이다. 이를 이해한 내용으로 옳지 않은 것은? (단, 비중은 소수점 둘째 자리에서 반올림한다)

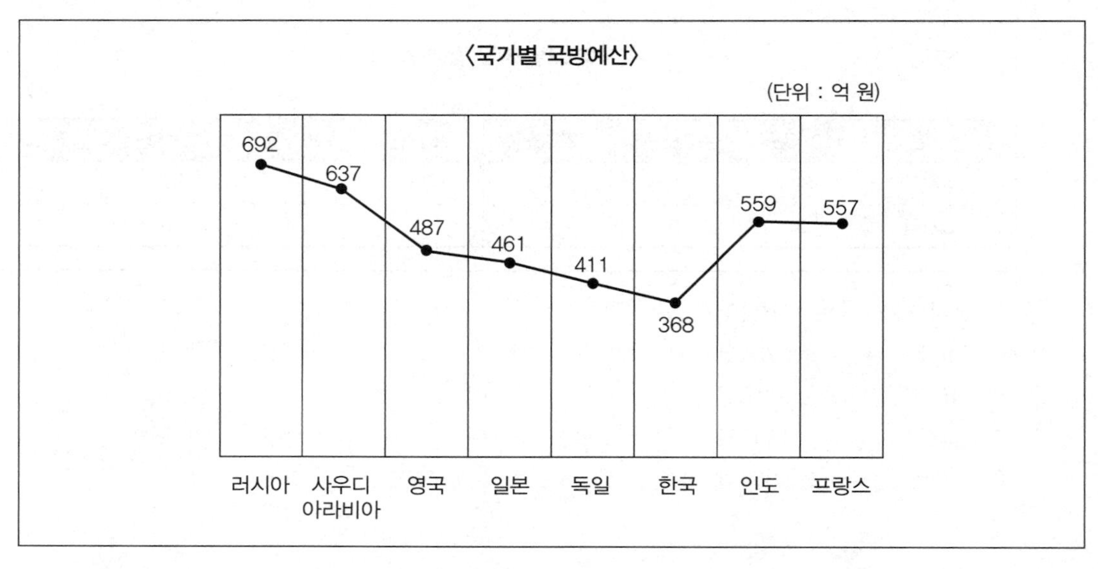

① 국방예산이 가장 많은 국가와 가장 적은 국가의 예산 차이는 324억 원이다.
② 사우디아라비아의 국방예산은 프랑스의 국방예산보다 14% 이상 많다.
③ 영국과 일본의 국방예산 차액은 독일과 일본의 국방예산 차액의 55% 이상이다.
④ 인도보다 국방예산이 적은 국가는 5개 국가이다.

15 다음은 업종별 쌀 소비량에 대한 자료이다. 2021년 쌀 소비량이 세 번째로 높은 업종의 2020년 대비 2021년 쌀 소비량 증감률은? (단, 소수점 이하 첫째 자리에서 반올림한다)

〈업종별 쌀 소비량〉

(단위 : 톤)

구 분	전분제품 및 당류 제조업	떡류 제조업	코코아제품 및 과자류 제조업	면류 및 마카로니 제조업	도시락 및 식사용 조리식품 제조업	탁주 및 약주 제조업
2019년	12,856	188,248	7,074	9,859	98,369	47,259
2020년	12,956	170,980	7,194	11,115	96,411	46,403
2021년	12,294	169,618	9,033	9,938	100,247	51,592

① 10%　　② 11%
③ 13%　　④ 14%

16 다음은 2018년부터 2022년까지 우리나라의 출생 및 사망에 관한 자료이다. 다음 중 자료에 대한 설명으로 옳지 않은 것은?

〈우리나라 출생 및 사망 현황〉

(단위 : 명)

구 분	2018년	2019년	2020년	2021년	2022년
출생아 수	436,455	435,435	438,420	406,243	357,771
사망자 수	266,257	267,692	275,895	280,827	285,534

① 2020년 출생아 수는 같은 해 사망자 수의 1.7배 이상이다.

② 출생아 수가 가장 많았던 해는 2020년이다.

③ 사망자 수는 2019년부터 2022년까지 매년 전년 대비 증가하고 있다.

④ 2018년부터 2022년까지 사망자 수가 가장 많은 해와 가장 적은 해의 사망자 수 차이는 15,000명 이상이다.

⑤ 2019년 출생아 수는 2022년 출생아 수보다 15% 이상 많다.

17 다음은 인공지능(AI)의 동물식별 능력을 조사한 표이다. 이에 대한 〈보기〉의 설명으로 옳은 것만을 모두 고르면?

AI식별결과 / 실제	개	여우	돼지	염소	양	고양이	합계
개	457	10	32	1	0	2	502
여우	12	600	17	3	1	2	635
돼지	22	22	350	2	0	3	399
염소	4	3	3	35	1	2	48
양	0	0	1	1	76	0	78
고양이	3	6	5	2	1	87	104
전체	498	641	408	44	79	96	1,766

〈보 기〉

㉠ AI가 돼지로 식별한 동물 중 실제 돼지가 아닌 비율은 10% 이상이다.
㉡ 실제 여우 중 AI가 여우로 식별한 비율은 실제 돼지 중 AI가 돼지로 식별한 비율보다 낮다.
㉢ 전체 동물 중 AI가 실제와 동일하게 식별한 비율은 85% 이상이다.
㉣ 실제 염소를 AI가 고양이로 식별한 수보다 양으로 식별한 수가 많다.

① ㉠, ㉡
② ㉠, ㉢
③ ㉡, ㉢
④ ㉡, ㉣

18 다음은 2015년과 2021년의 목적별 · 수단별 통행량 조사결과에 관한 자료이다. 이에 대한 설명으로 옳지 않은 것은?

〈전국의 목적별 수단별 · 통행량〉

(단위 : 건, %)

구분		2015년		2021년	
		통행량	분포비	통행량	분포비
목적	출근	17,331,355	21.98	21,850,443	25.07
	등교	4,847,898	6.15	3,553,113	4.08
	업무	6,530,704	8.28	6,589,888	7.56
	쇼핑	2,646,894	3.36	3,543,308	4.07
	여가	4,714,537	5.98	5,057,624	5.80
	귀가	34,111,033	43.24	38,074,889	43.68
	기타	8,685,728	11.01	8,486,395	9.74
	총 통행량	78,868,149	100.00	87,155,660	100.00
수단	승용차	52,615,359	60.41	59,477,620	61.77
	버스	25,099,823	28.82	25,854,406	26.85
	일반철도/지하철	9,173,687	10.53	10,647,543	11.06
	고속철도	119,016	0.14	183,325	0.19
	해운	33,535	0.04	33,957	0.04
	항공	53,310	0.06	83,644	0.09
	총 통행량	87,094,730	100.00	96,280,495	100.00

① 2015년과 2021년 귀가 목적 통행량의 차는 2021년의 등교 목적 통행량보다 크다.

② 2015년에 비해 2021년 쇼핑 목적의 통행량은 약 0.71% 증가했고, 기타 목적의 통행량은 약 1.27% 감소했다.

③ 2015년과 비교했을 때 2021년에는 수단별 총 통행량에서 버스를 사용한 통행량이 차지하는 비중이 감소했다.

④ 2015년과 비교했을 때 2021년에는 표에 제시된 모든 교통수단의 통행량이 증가했다.

[19~20] 다음은 각 지역이 중앙정부로부터 배분받은 지역산업기술개발사업 예산 중 다른 지역으로 유출된 예산의 비중에 대한 자료이다. 이어지는 물음에 답하시오.

〈지역산업기술개발사업 유출 예산 비중〉

(단위 : %)

지 역	2016년	2017년	2018년	2019년	2020년
강 원	21.9	2.26	4.74	4.35	10.08
경 남	2.25	1.55	1.73	1.90	3.77
경 북	0	0	3.19	2.25	2.90
광 주	0	0	0	4.52	2.85
대 구	0	0	1.99	7.19	10.51
대 전	3.73	5.99	4.87	1.87	0.71
부 산	2.10	2.02	3.08	5.53	5.72
수도권	0	0	23.71	0	0
울 산	6.39	6.57	12.65	7.13	9.62
전 남	1.35	0	6.98	5.45	7.55
전 북	0	0	2.19	2.67	5.84
제 주	0	1.32	6.43	5.82	6.42
충 남	2.29	1.54	3.23	4.45	4.32
충 북	0	0	1.58	4.13	5.86

※ 지역별 중앙정부로부터 배분받은 지역산업기술개발사업 예산은 같음

19 다음 중 자료를 판단한 내용으로 옳지 않은 것은?

① 조사 기간에 다른 지역으로 유출된 예산의 비중의 합이 가장 적은 곳은 광주이다.
② 조사 기간 동안 한 번도 0%를 기록하지 못한 곳은 5곳이다.
③ 2018년부터 전년 대비 부산의 유출된 예산 비중이 계속 상승하고 있다.
④ 조사 기간 동안 가장 높은 예산 비중을 기록한 지역은 수도권이다.

20 다음 〈보기〉 중 표에 대한 설명으로 옳은 것을 모두 고른 것은?

〈보 기〉

㉠ 2018~2020년 대전의 유출된 예산 비중은 전년 대비 계속 감소했다.
㉡ 지역별로 유출된 예산 비중의 총합이 가장 높은 연도는 2019년이다.
㉢ 2018년에 전년 대비 유출된 예산 비중이 1%p 이상 오르지 못한 곳은 총 4곳이다.
㉣ 2016년 강원의 유출된 예산 비중은 다른 모든 지역의 비중의 합보다 높다.

① ㉠, ㉡
② ㉠, ㉣
③ ㉡, ㉣
④ ㉢, ㉣

제3과목 : 공간능력

시험시간 : 10분

[01~05] 다음에 이어지는 물음에 답하시오.

- 입체도형을 펼쳐 전개도를 만들 때, 전개도에 표시된 그림(예 : ▮, ◪ 등)은 회전의 효과를 반영함. 즉, 본 문제의 풀이과정에서 보기의 전개도상에 표시된 "▮"와 "▬"은 서로 다른 것으로 취급함.
- 단, 기호 및 문자(예 : ☎, ♤, ♨, K, H 등)의 회전에 의한 효과는 본 문제의 풀이과정에 반영하지 않음. 즉, 입체도형을 펼쳐 전개도를 만들 때, "☎"의 방향으로 나타나는 기호 및 문자도 보기에서는 "☎"의 방향으로 표시하며 동일한 것으로 취급함.

01 다음 입체도형의 전개도로 알맞은 것은?

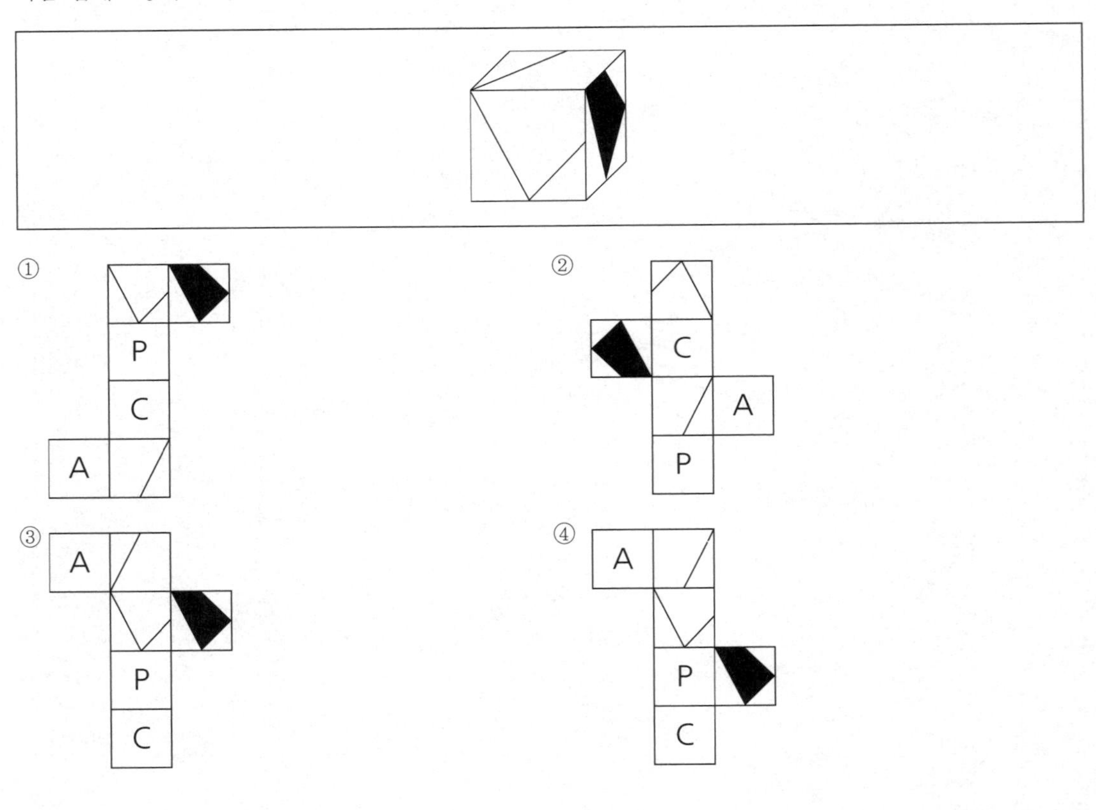

02 다음 입체도형의 전개도로 알맞은 것은?

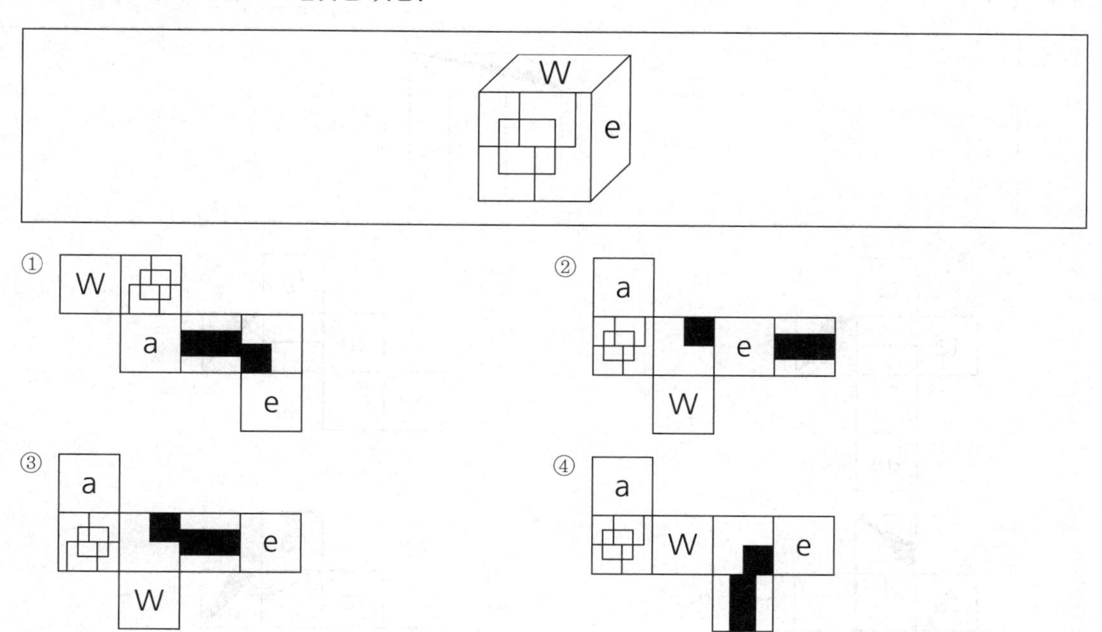

03 다음 입체도형의 전개도로 알맞은 것은?

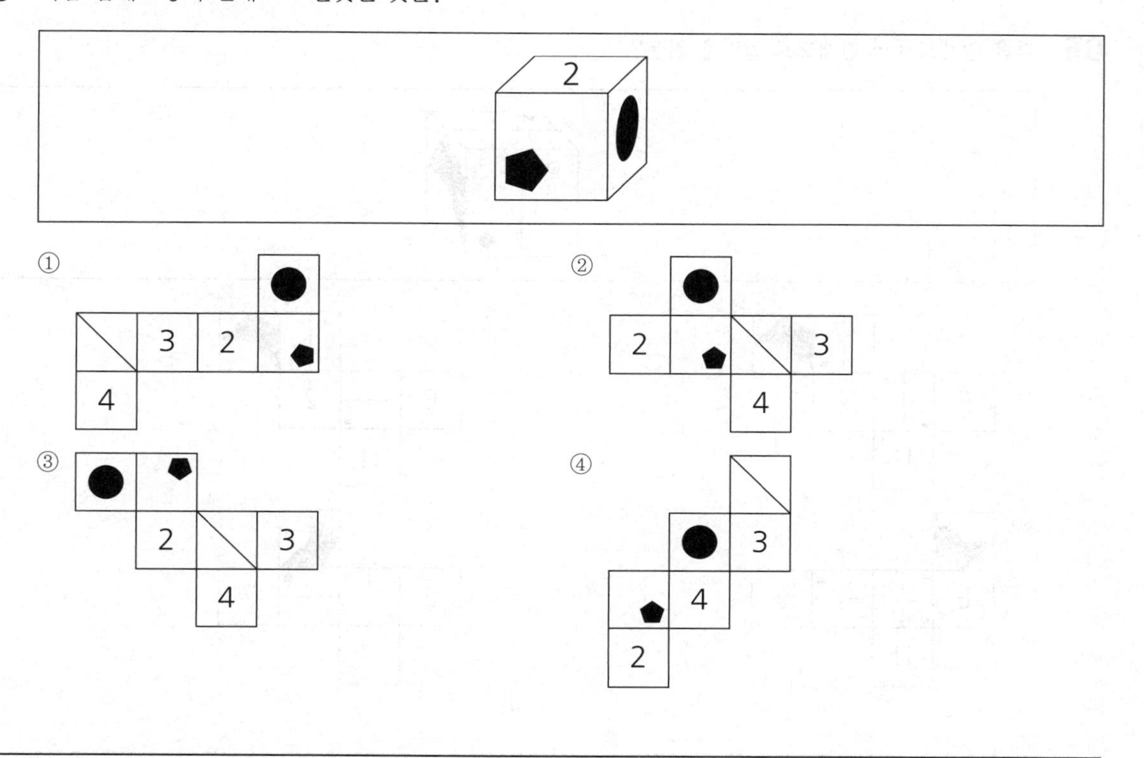

04 다음 입체도형의 전개도로 알맞은 것은?

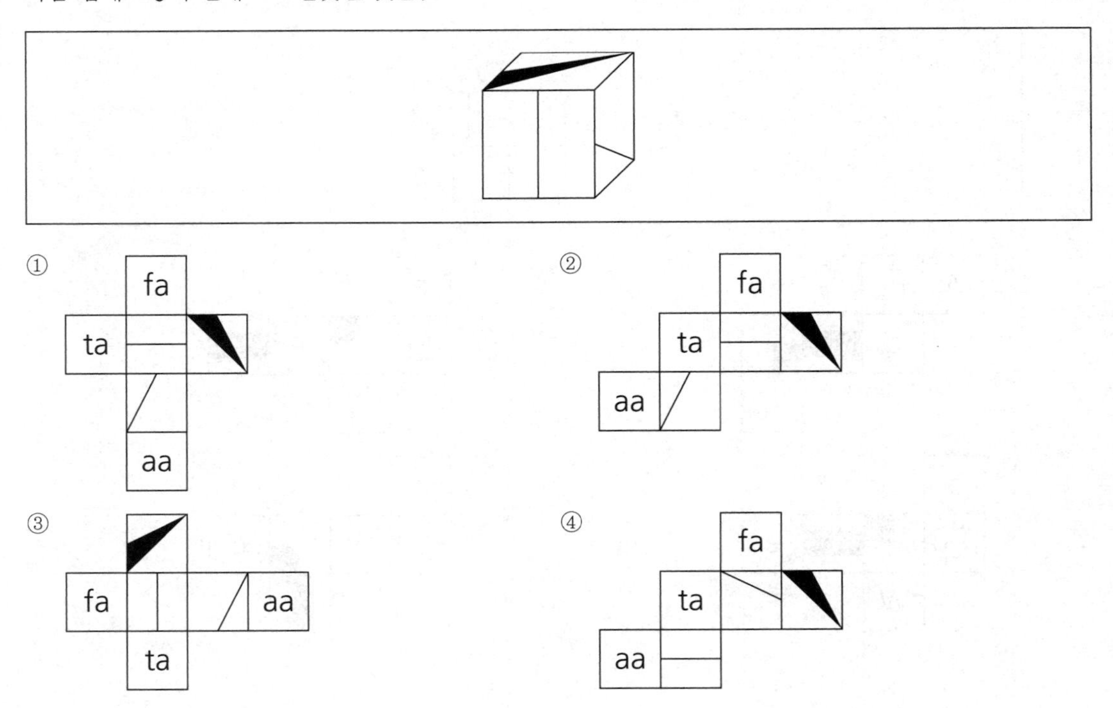

05 다음 입체도형의 전개도로 알맞은 것은?

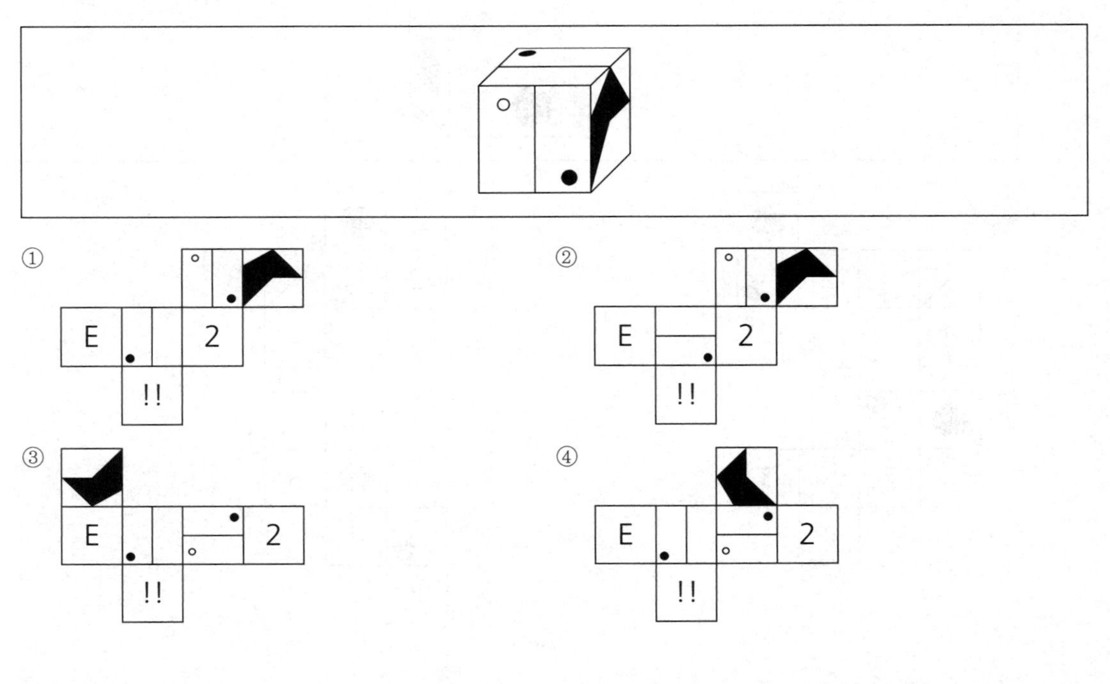

[06~10] 다음에 이어지는 물음에 답하시오.

- 전개도를 접을 때 전개도상의 그림, 기호, 문자가 입체도형의 겉면에 표시되는 방향으로 접음.
- 전개도를 접어 입체도형을 만들 때, 전개도에 표시된 그림(예 : ◨, ◪ 등)은 회전의 효과를 반영함. 즉, 본 문제의 풀이과정에서 보기의 전개도상에 표시된 "◨"와 "⊟"은 서로 다른 것으로 취급함.
- 단, 기호 및 문자(예 : ☎, ♤, ♨, K, H)의 회전에 의한 효과는 본 문제의 풀이과정에 반영하지 않음. 즉, 전개도를 접어 입체도형을 만들 때, "☎"의 방향으로 나타나는 기호 및 문자도 보기에서는 "☎"의 방향으로 표시하며 동일한 것으로 취급함.

06 다음 전개도의 입체도형으로 알맞은 것은?

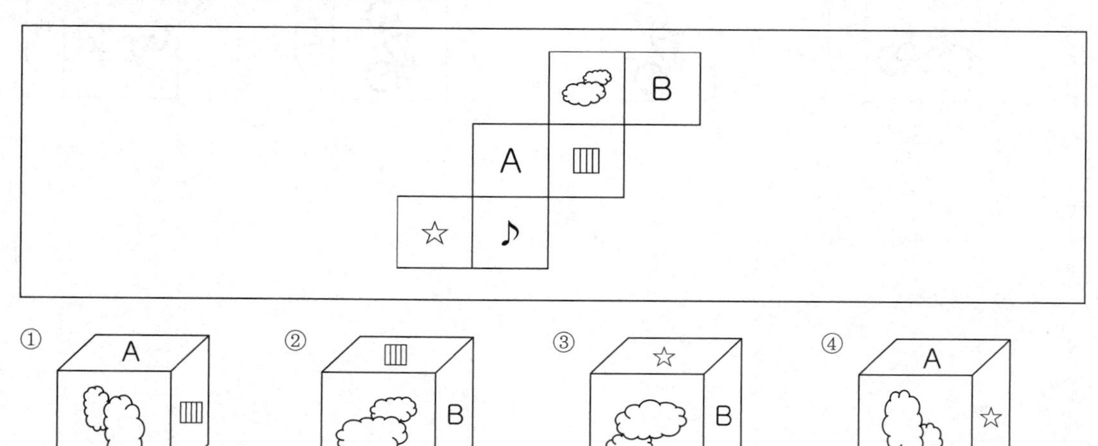

07 다음 전개도의 입체도형으로 알맞은 것은?

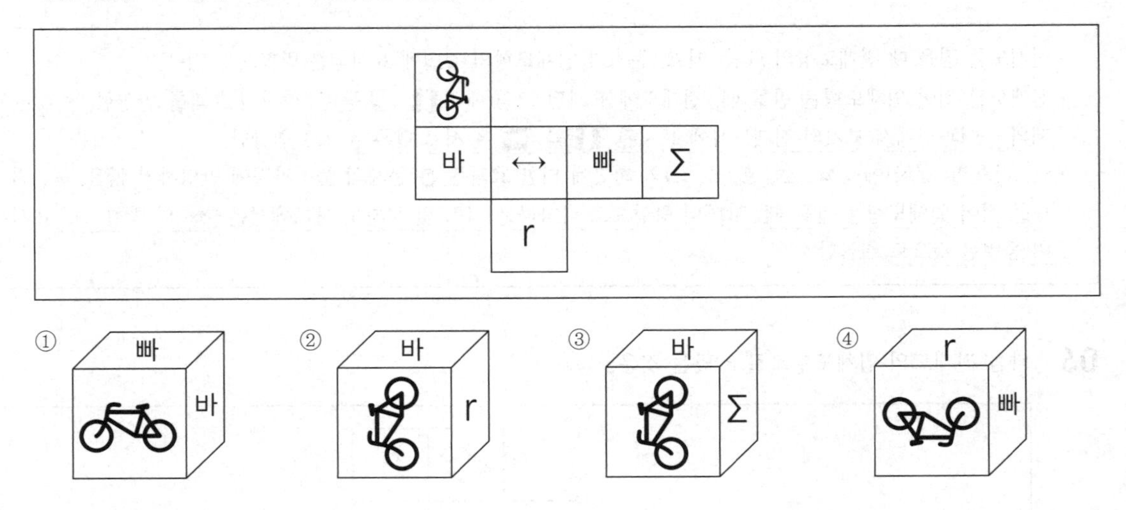

08 다음 전개도의 입체도형으로 알맞은 것은?

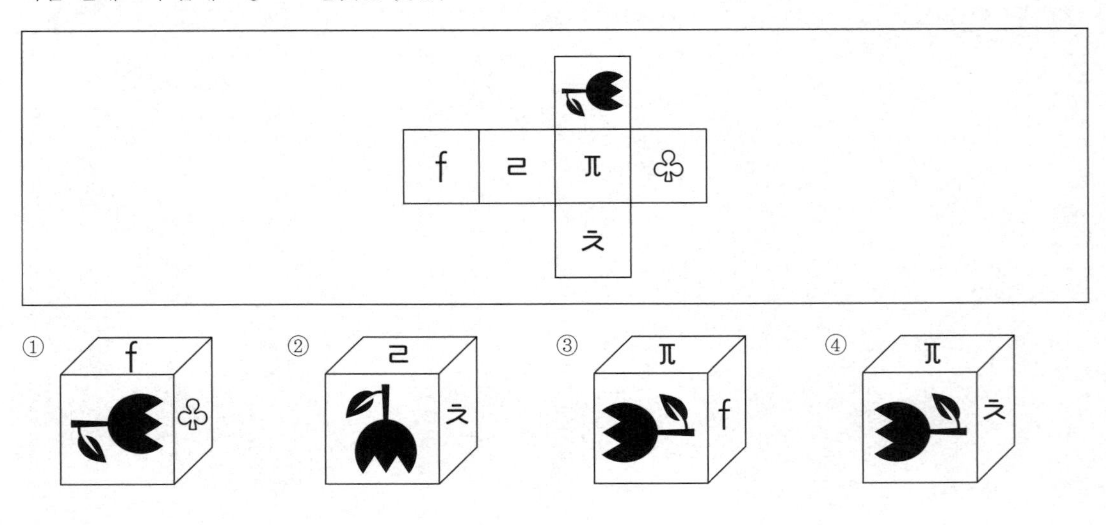

09 다음 전개도의 입체도형으로 알맞은 것은?

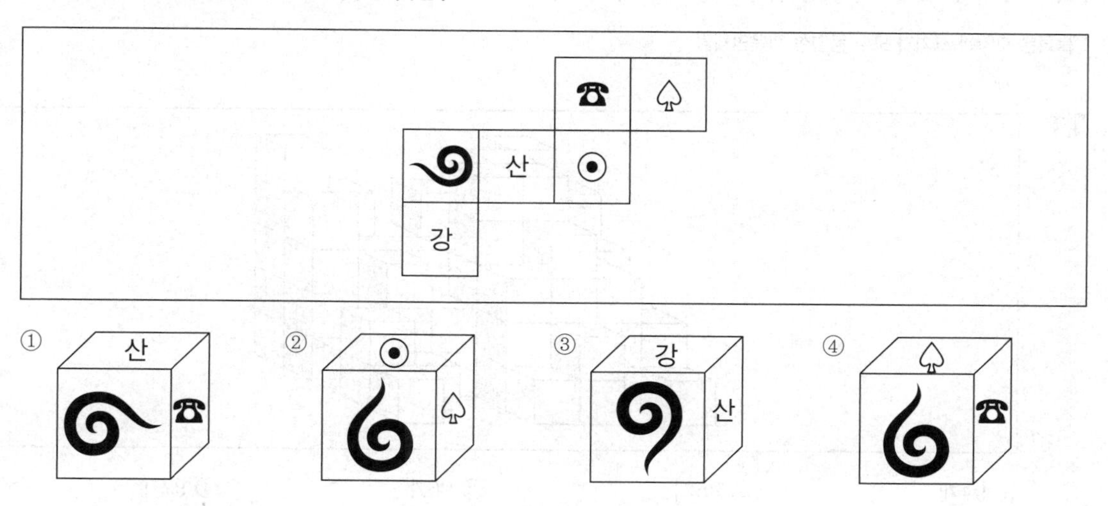

10 다음 전개도의 입체도형으로 알맞은 것은?

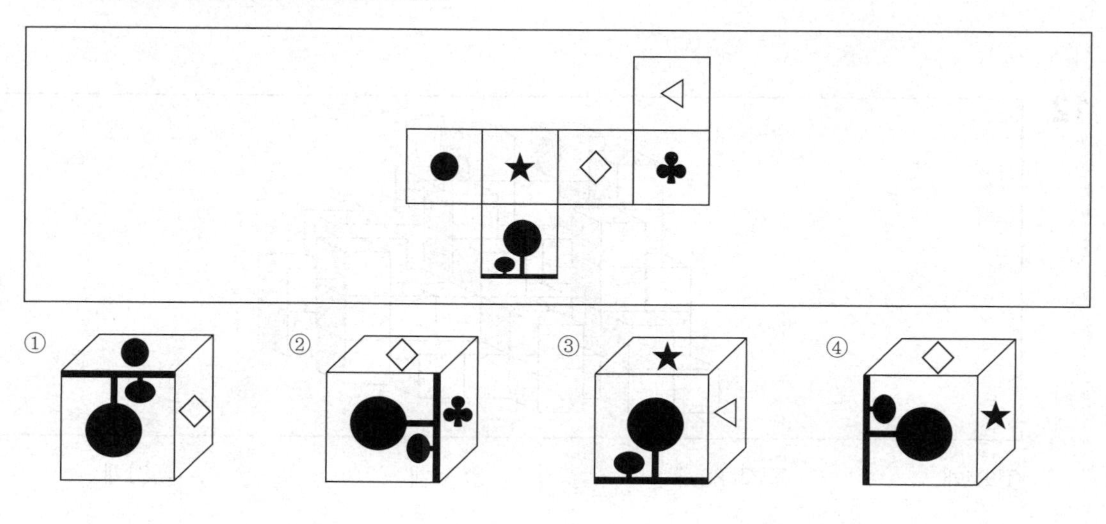

[11~14] 아래에 제시된 그림과 같이 쌓기 위해 필요한 블록의 수를 고르시오.

* 블록은 모양과 크기가 모두 동일한 정육면체임

11

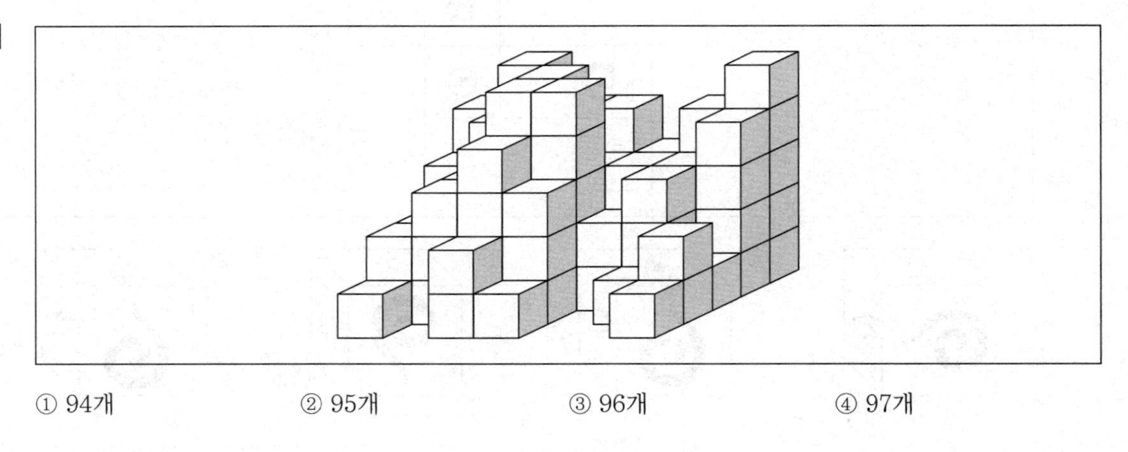

① 94개 ② 95개 ③ 96개 ④ 97개

12

① 84개 ② 83개 ③ 82개 ④ 81개

13

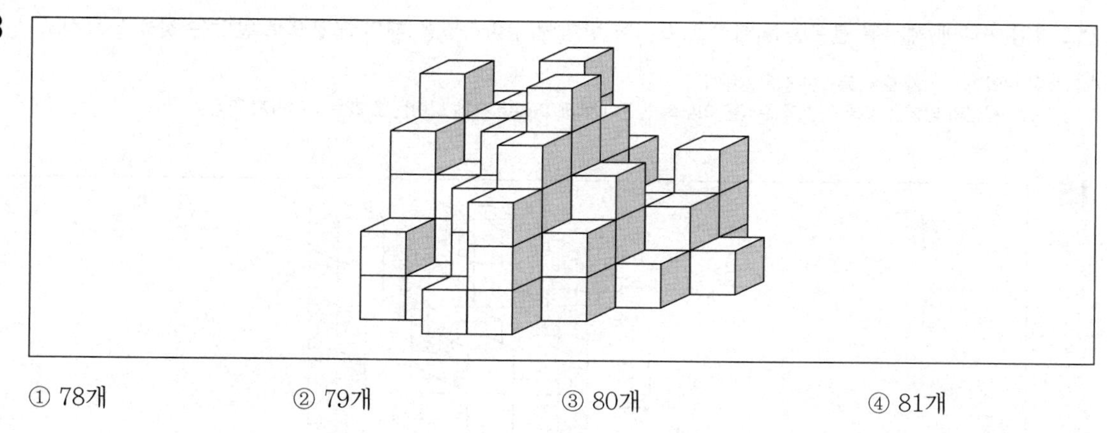

① 78개 ② 79개 ③ 80개 ④ 81개

14

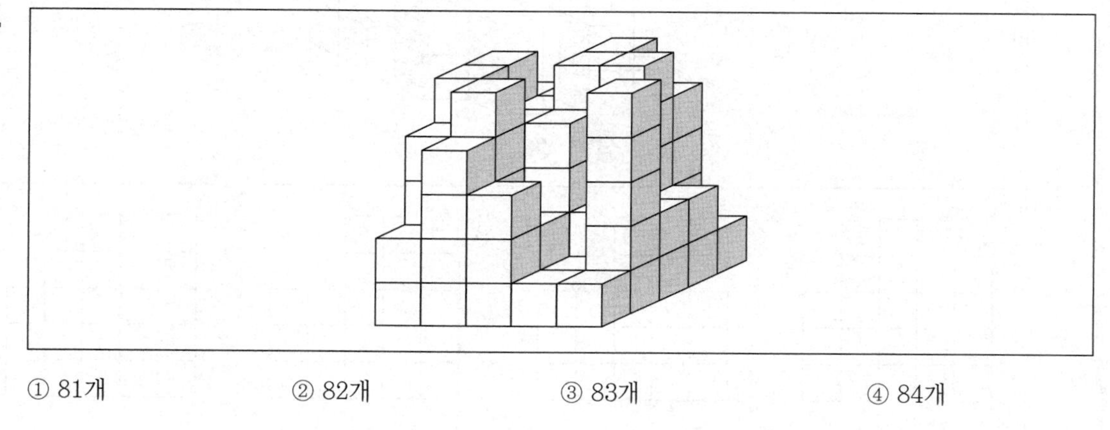

① 81개 ② 82개 ③ 83개 ④ 84개

[15~18] 아래에 제시된 블록들을 화살표 표시한 방향에서 바라봤을 때의 모양으로 알맞은 것을 고르시오.

* 블록은 모양과 크기가 모두 동일한 정육면체임
* 바라보는 시선의 방향은 블록의 면과 수직을 이루며 원근에 의해 블록이 작게 보이는 효과는 고려하지 않음

15

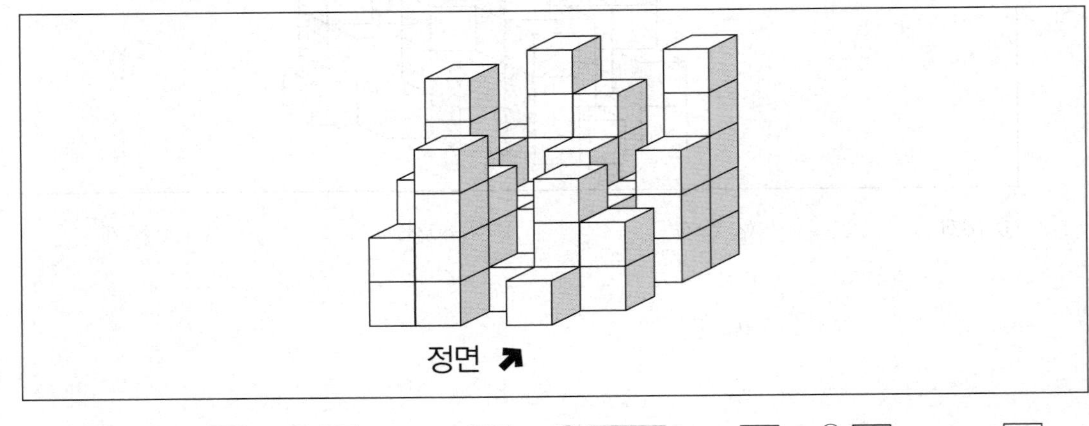

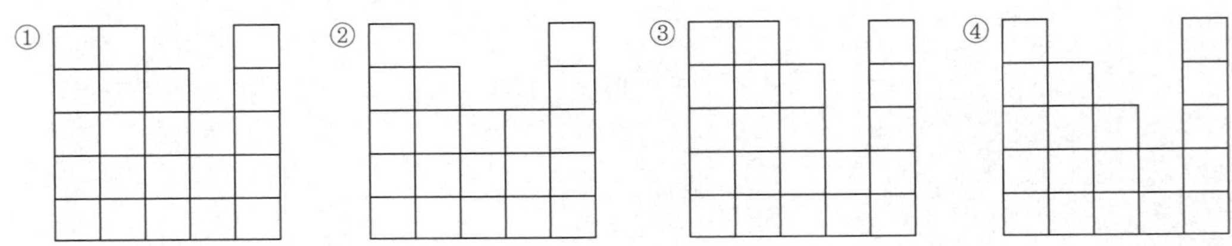

16

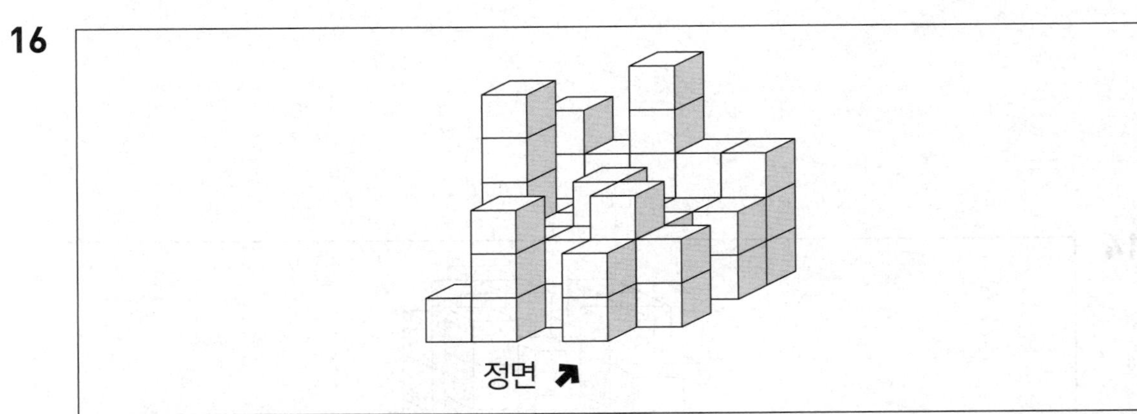

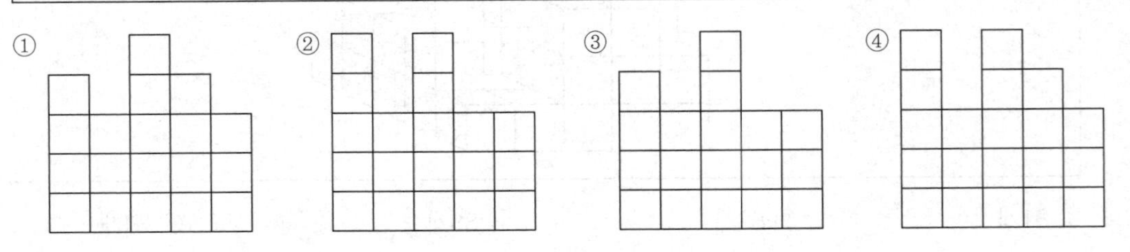

17

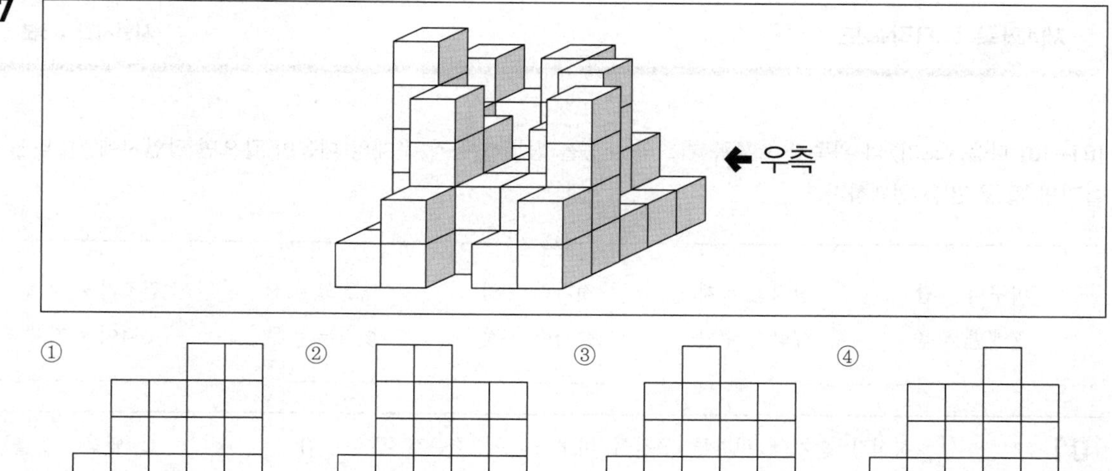

18

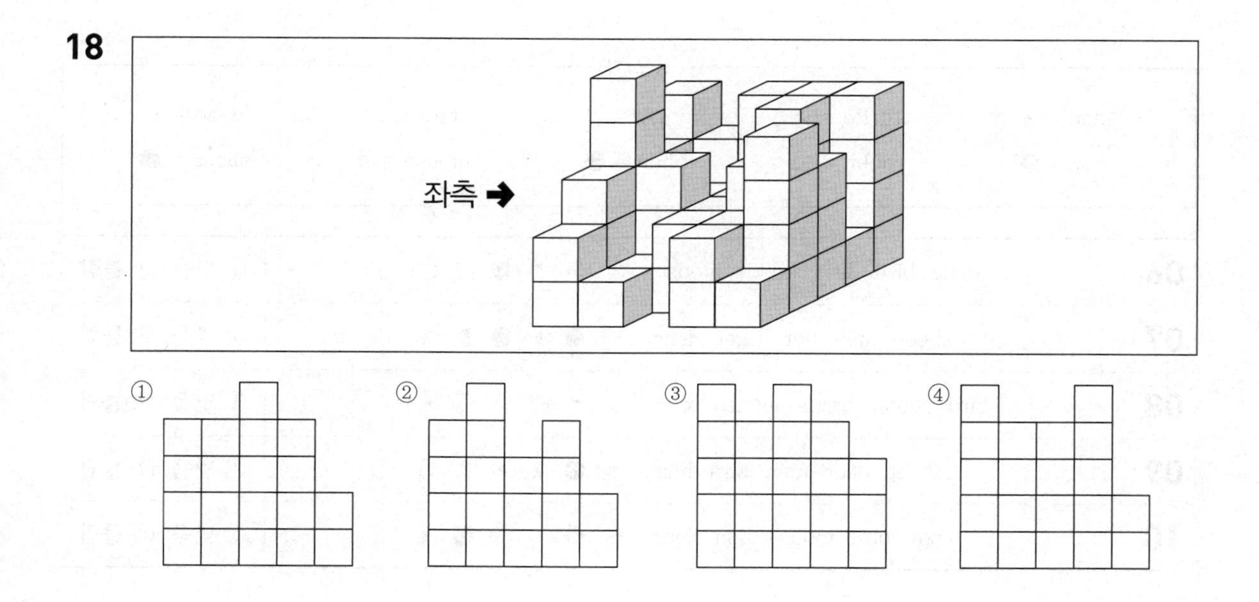

제4과목 : 지각속도

시험시간 : 3분

[01~10] 다음 〈보기〉의 왼쪽과 오른쪽 기호의 대응을 참고하여 각 문제의 대응이 같으면 답안지에 '① 맞음'을, 틀리면 '② 틀림'을 선택하시오.

〈보 기〉

바구니 = 갑	장식장 = 계	젓가락 = 임	냉장고 = 신	건조기 = 경
빨래판 = 을	세탁기 = 병	숟가락 = 정	빗자루 = 무	옷걸이 = 기

01	장식장 숟가락 빗자루 옷걸이 바구니 – 계 정 무 기 갑	① 맞음 ② 틀림
02	젓가락 빗자루 냉장고 건조기 빨래판 – 임 무 신 경 을	① 맞음 ② 틀림
03	냉장고 바구니 숟가락 옷걸이 세탁기 – 신 계 정 기 병	① 맞음 ② 틀림
04	세탁기 옷걸이 건조기 냉장고 빗자루 – 병 기 경 신 무	① 맞음 ② 틀림
05	건조기 장식장 세탁기 빨래판 바구니 – 경 임 병 을 갑	① 맞음 ② 틀림

〈보 기〉

men = ϟ	turtle = ☁	tiger = ☽	bird = ⚑	deer = ✂
boy = ◈	rabbit = ▣	lion = ●	mouse = ⎊	sheep = ▲

06	turtle bird deer rabbit mouse – ☁ ⚑ ▲ ▣ ⎊	① 맞음 ② 틀림
07	sheep men lion tiger deer – ▲ ϟ ● ⚑ ✂	① 맞음 ② 틀림
08	bird rabbit turtle mouse men – ⚑ ▣ ☁ ⎊ ϟ	① 맞음 ② 틀림
09	sheep deer men bird lion – ▲ ✂ ϟ ⚑ ▣	① 맞음 ② 틀림
10	boy bird mouse lion deer – ◈ ☁ ⎊ ● ✂	① 맞음 ② 틀림

[11~20] 다음 〈보기〉의 왼쪽과 오른쪽 기호의 대응을 참고하여 각 문제의 대응이 같으면 답안지에 '① 맞음'을, 틀리면 '② 틀림'을 선택하시오.

〈보 기〉

송해 = ◀	송진 = ♤	솔향기 = ▨	솔잎 = 】	육송 = ■
송도 = ▷	파송송 = ♨	열매 = ▥	산철쭉 = ▽	해송 = ★

11	송해 송진 파송송 열매 산철쭉 － ◀ ♤ ♨ ▥ ▽	① 맞음 ② 틀림
12	해송 육송 솔잎 송도 송진 － ★ ■ 】 ▷ ♤	① 맞음 ② 틀림
13	송진 송해 솔향기 산철쭉 육송 － ♤ ◀ ▨ ▽ ■	① 맞음 ② 틀림
14	송도 파송송 열매 송진 솔잎 － ▷ ♨ ▥ ♤ ▽	① 맞음 ② 틀림
15	솔잎 산철쭉 송해 송도 파송송 － 】 ▷ ◀ ▽ ♨	① 맞음 ② 틀림

〈보 기〉

민트초코 = △	녹차 = ▶	홍차 = ◤	페퍼민트 = ◥	카모마일 = ▼
핫초코 = ▽	카페라떼 = ▷	카페모카 = ◭	카푸치노 = ▲	카페오레 = ◅

16	민트초코 카페모카 카푸치노 핫초코 녹차 － △ ◭ ▲ ▽ ▶	① 맞음 ② 틀림
17	카페오레 핫초코 홍차 카푸치노 페퍼민트 － ◅ ▽ ◤ △ ◥	① 맞음 ② 틀림
18	민트초코 녹차 카페오레 카모마일 홍차 － △ ▶ ◅ ▼ ◤	① 맞음 ② 틀림
19	핫초코 카푸치노 민트초코 페퍼민트 녹차 － ▽ ▲ △ ◤ ▶	① 맞음 ② 틀림
20	홍차 녹차 카페모카 핫초코 카모마일 － ◤ ◅ ◭ ▽ ▼	① 맞음 ② 틀림

[21~30] 다음의 〈보기〉에서 각 문제의 왼쪽에 표시된 굵은 글씨체의 기호, 문자, 숫자의 개수를 모두 세어 오른쪽에서 찾으시오.

		〈보 기〉	〈개 수〉
21	ㅓ	야생 동물은 천구백년대에 들어서야 과학적으로 관리되기 시작하였다.	① 1개 ② 2개 ③ 3개 ④ 4개
22	5	812845295024894682516213823458024894685110249 465870	① 6개 ② 7개 ③ 8개 ④ 9개
23	O	I believe I can soar. I see me running through that open door.	① 5개 ② 6개 ③ 7개 ④ 8개
24	⊃	≫⊃⊇⊃∋⊃∈⊆⊂≡⊃⊇∈⊆⊂≡⊆⊇⊃≫⊇≫∈⊃∈⊃ ⊂≡⊇∈⊃≫≡⊃	① 7개 ② 8개 ③ 9개 ④ 10개
25	찾	착촥찾착찬찾찻추찾축춤찾차충축챙찾찬찻찾착첵찾채책챈 찾차챙찾충찬찻체춤찾	① 10개 ② 11개 ③ 12개 ④ 13개
26	6	489606027894526823165755026258306220611623662 450983664	① 9개 ② 10개 ③ 11개 ④ 12개
27	ㄷ	가끔 걷다가 하늘을 봐라. 마음이 복잡하다면 그 하늘에 답이 있을 것이다.	① 5개 ② 6개 ③ 7개 ④ 8개
28	▦	▤▥▦▨▤▦▧▨▦▤▩▤■▨▤▦▨■▦▤▥▧▦■▧▥ ▦▨▥▧▦▤▤▩	① 8개 ② 9개 ③ 10개 ④ 11개
29	7	896572458017271367745892731255732153751202755 48793127	① 10개 ② 11개 ③ 12개 ④ 13개
30	M	Let us make one point, that we meet each other with a smile, when it is difficult to smile. Smile at each other, make time for each other in your family.	① 6개 ② 7개 ③ 8개 ④ 9개

합격의공식
SD
에듀

대한민국 부사관 봉투모의고사

제3회 모의고사

KIDA 간부선발도구

제1과목	언어논리	제2과목	자료해석
제3과목	공간능력	제4과목	지각속도

수험번호		성　　명	

제3회 모의고사

QR코드 접속을 통해 풀이시간 측정, 자동 채점
그리고 결과 분석까지!

제1과목 : 언어논리

시험시간 : 20분

01 다음 밑줄 친 부분의 표준어 표기가 옳은 것은?

① 온가지 정성을 기울였다.
② 며루치 한 마리 주는 것도 아깝다.
③ 천정에서 쥐들이 달리는 소리가 요란하다.
④ 그는 나를 꼭두각시처럼 조종해 오고 있었다.
⑤ 담장 넘어에 있는 감이 맛있어 보인다.

02 다음 중 나이와 한자어가 바르게 연결된 것은?

① 고희(古稀) : 일흔 살
② 이순(耳順) : 마흔 살
③ 지명(知命) : 예순 살
④ 미수(米壽) : 여든 살
⑤ 백수(白壽) : 아흔 살

03 밑줄 친 용언의 활용이 옳은 것은?

① 벼가 익으니 들판이 누래.
② 그는 시장에 드르지 않고 집에 왔다.
③ 아이들은 기단 작대기 끝에 헝겊을 매달았다.
④ 추위에 손이 고와서 글씨를 제대로 쓸 수가 없다.
⑤ 그가 내 옆구리를 냅다 질르는 바람에 눈을 떴다.

04 다음에 제시된 의미와 가장 가까운 속담은?

가난한 사람이 남에게 업신여김을 당하기 싫어서 허세를 부리려는 심리를 비유적으로 이르는 말

① 가난할수록 기와집 짓는다
② 가난한 집 신주 굶듯
③ 가난한 집에 자식이 많다
④ 가난한 집 제사 돌아오듯
⑤ 가난한 놈은 성도 없나

05 다음 중 ㉠~㉤에 들어갈 단어를 나열한 것으로 적절한 것은?

• 요즘 옷은 남녀의 (㉠)이 없는 경우가 많다.
• 누가 범인인지를 (㉡)하기가 쉽지 않다.
• 아버지는 송이가 큰 것들을 (㉢)하여 따로 포장하셨다.
• 필적을 (㉣)한 결과 본인의 것이 아님이 판명되었다.
• 노동의 가치를 (㉤)하다.

	㉠	㉡	㉢	㉣	㉤
①	구별	선별	감별	차별	변별
②	감별	구별	선별	변별	차별
③	차별	변별	감별	구별	선별
④	차별	감별	구별	선별	변별
⑤	구별	변별	선별	감별	차별

06 다음 글의 주제로 가장 알맞은 것은?

발전된 산업사회는 인간을 단순한 수단으로 지배하기 위한 새로운 수단을 발전시키고 있다. 여러 사회과학들과 심층 심리학이 이를 위해서 동원되고 있다. 목적이나 이념의 문제를 배제하고 가치판단으로부터의 중립을 표방하는 사회과학들은 쉽게 인간 조종을 위한 기술적 · 합리적인 수단을 개발해서 대중 지배에 이바지한다. 마르쿠제는 발전된 산업사회에서 이러한 도구화된 지성을 비판하면서 이것을 '현대인의 일차원적 사유'라고 불렀다. 비판과 초월을 모르는 도구화된 사유라는 것이다. 따라서 산업사회에서의 합리화라는 것은 기술적인 수단의 합리화를 의미하는 데 지나지 않는다. 이와 같이 발전된 산업사회는 사회과학과 도구화된 지성을 동원해서 인간을 조종하고 대중을 지배할 뿐만 아니라 향상된 생산력을 통해 인간을 매우 효율적으로 거의 완전하게 지배한다. 곧 그의 높은 생산력을 통해서 늘 새로운 수요들을 창조하고 이러한 새로운 수요들을 광고와 매스컴과 모든 선전 수단을 동원해서 인간의 삶을 위한 불가결의 것으로 만든다.

① 산업사회의 새로운 수요의 창조와 공급
② 산업사회의 발전과 경제력 향상
③ 산업사회의 특징과 생산력 향상
④ 산업사회의 대중 지배 양상
⑤ 산업사회의 새로운 지배 수단

07 다음 내용과 일치하지 않는 것은?

간디는 절대로 몽상가는 아니다. 그가 말한 것은 폭력을 통해서는 인도의 해방도, 보편적인 인간 해방도 없다는 것이었다. 민족 해방은 단지 외국 지배자의 퇴각을 의미하는 것일 수는 없다. 참다운 해방은 지배와 착취와 억압의 구조를 타파하고 그 구조에 길들여진 심리적 습관과 욕망을 뿌리로부터 변화시키는 일, 다시 말하여 일체의 '칼의 교의(教義)'로부터의 초월을 실현하는 것이다. 간디의 관점에서 볼 때, 무엇보다 큰 폭력은 인간의 근원적인 영혼의 요구에 대해서는 조금도 고려하지 않고 물질적 이득의 끊임없는 확대를 위해 착취와 억압의 구조를 제도화한 서양의 산업문명이었다.

① 간디는 반폭력주의자이다.
② 간디는 산업문명에 부정적이었다.
③ 간디는 반외세 사회주의자이다.
④ 간디는 외세가 인도를 착취하였다고 보았다.
⑤ 간디는 서양의 산업문명을 큰 폭력이라고 보았다.

08 다음 글의 중심 내용으로 가장 적절한 것은?

> 책 없이도 인간은 기억하고 생각하고 상상하고 표현한다. 그런데 책과 책 읽기는 인간이 이 능력을 키우고 발전시키는 데 중대한 차이를 가져온다. 책을 읽는 문화와 책을 읽지 않는 문화는 기억, 사유, 상상, 표현의 층위에서 상당히 다른 개인들을 만들어 내고, 상당한 질적 차이를 가진 사회적 주체들을 생산한다. 누구도 맹목적인 책 예찬자가 될 필요는 없다. 그러나 중요한 것은 인간을 더욱 인간적이게 하는 소중한 능력들을 지키고 발전시키기 위해서는 책은 결코 희생할 수 없는 매체라는 사실이다. 그 능력의 지속적 발전에 드는 비용은 싸지 않다. 무엇보다도 책 읽기는 손쉬운 일이 아니다. 거기에는 상당량의 정신 에너지가 투입돼야 하고, 훈련이 요구되고, 읽기의 즐거움을 경험하는 정신 습관의 형성이 필요하다.

① 인간의 기억과 상상
② 독서의 필요성과 어려움
③ 맹목적인 책 예찬론의 위험성
④ 책 읽기 능력 개발에 드는 비용
⑤ 책을 뛰어넘는 인간의 능력

09 다음 중 ㉠~㉢의 예를 바르게 연결한 것은?

> 국어 단어는 그 형성 방식에 따라 크게 두 가지로 구성된다. 하나는 '바다, 겨우'처럼 단일한 요소가 곧 한 단어가 되는 경우이다. '바다, 겨우'와 같은 단어들은 더 이상 나뉠 수 없는 단일한 구성을 보이는 예들로서 이들은 ㉠ 단일어라고 한다.
>
> 다른 하나는 다양한 요소들이 결합하여 한 단어가 되는 경우이다. 이들은 단일어와 구별하여 복합어라고 한다. 복합어는 다시 두 가지 종류로 나뉜다. '샛노랗다, 잠'은 어휘 형태소인 '노랗다, 자-'에 각각 '샛-, -ㅁ'과 같은 접사가 덧붙어서 파생된 단어들이다. 이처럼 어휘 형태소에 접사가 결합하여 형성된 단어들을 ㉡ 파생어라고 한다. '손목, 날짐승'과 같은 단어는 각각 '손-목, 날-짐승'으로 분석된다. 이들은 각각 어근인 어휘 형태소끼리 결합하여 한 단어가 된 경우로 이를 ㉢ 합성어라고 한다.

	㉠	㉡	㉢
①	구름	무덤	빛나다
②	지우개	헛웃음	덮밥
③	맑다	고무신	선생님
④	웃음	곁눈	시나브로
⑤	맨손	믿음	다리

10 다음 글에 이어질 내용으로 적절하지 않은 것은?

> 인간은 흔히 자기 뇌의 10%도 쓰지 못하고 죽는다고 한다. 또 사람들은 천재 과학자인 아인슈타인조차 자기 뇌의 15% 이상을 쓰지 못했다는 말을 덧붙임으로써 이 말에 신빙성을 더한다. 이 주장을 처음 제기한 사람은 19세기 심리학자인 윌리엄 제임스로 추정된다. 그는 "보통 사람은 뇌의 10%를 사용하는데 천재는 15~20%를 사용한다."라고 말한 바 있다. 인류학자 마가렛 미드는 한발 더 나아가 그 비율이 10%가 아니라 6%라고 수정했다. 그러던 것이 1990년대에 와서는 인간이 두뇌를 단지 1% 이하로 활용하고 있다고 했다. 최근에는 인간의 두뇌 활용도가 단지 0.1%에 불과해서 자신의 재능을 사장시키고 있다는 연구 결과도 제기됐다.

① 인간의 두뇌가 가진 능력을 제대로 발휘하지 못하도록 하는 요소가 무엇인지 연구해야 한다.
② 어른들도 계속적인 연구와 노력을 통하여 자신의 능력을 충분히 발휘할 수 있도록 해야 한다.
③ 학교는 자라나는 학생이 재능을 발휘할 수 있도록 여건을 조성해 주어야 한다.
④ 인간의 두뇌 개발을 촉진시킬 수 있는 프로그램을 개발해야 한다.
⑤ 어린 시절부터 개성적인 인간으로 성장할 수 있도록 조기 교육을 실시해야 한다.

11 글의 흐름으로 보아 빈칸에 들어가기에 가장 적절한 문장은?

> 멋이라는 것도 일상 생활의 단조로움이나 생활의 압박에서 해방되려는 노력의 하나일 것이다. 일상의 복장, 그 복장이 주는 압박감으로부터 벗어나기 위해 옷을 잘 차려 입는 사람은 그래서 멋쟁이다. 또는 삶을 공리적 계산으로서가 아니라 즐김의 대상으로 볼 수 있게 해주는 활동, 가령 서도(書道)라든가 다도(茶道)라든가 꽃꽂이라든가 하는 일을 과외로 즐길 줄 아는 사람을 우리는 생활의 멋을 아는 사람이라고 말한다. 그러나 그렇다고 해서 값비싸고 화려한 복장, 어떠한 종류의 스타일과 수련을 전제하는 활동만이 멋을 나타내는 것이 아니다. 경우에 따라서는 털털한 옷차림, 겉으로 내세울 것이 없는 툭툭한 생활 태도가 멋있게 생각될 수도 있다. 기준적인 것에 변화를 더하는 것이 중요한 것이다.
>
> 그러나 기준으로부터의 편차가 너무 커서는 안 된다. 혐오감을 불러일으킬 정도의 몸가짐, 몸짓 또는 생활 태도는 멋이 있는 것으로 생각되지 않는다. 편차는 어디까지나 기준에 의해서만 존재하는 것이다. 따라서 ______________________

① 멋은 개성적인 것이므로 자신의 고유한 멋을 찾으려는 노력이 소중한 것이다.
② 멋은 일상적인 것을 뛰어넘는 비범성을 가장 본질적인 특징으로 삼는 것이다.
③ 멋은 어떤 의도가 결부되지 않았을 때 자연스럽게 창조되는 것이다.
④ 멋은 나와 남의 눈이 부딪치는 사회적 공간에서 형성되는 것이라고 할 수 있다.
⑤ 멋은 다른 사람의 관점을 존중하여 사회적 관습에 맞게 창조해야 한다.

12 다음 글의 밑줄 친 부분을 한자성어로 바꾸었을 때 적절하지 않은 것은?

> 무릇 지도자는 항상 귀를 열어 두어야 한다. 만약 정치를 행하는데 ㉠ 문제가 있는데도 주위의 충고를 귀기울여 듣지 않는다면 아집의 정치를 행하는 잘못을 저지를 수 있다. 만약 자신의 아집으로 잘못을 저지르게 된다면 자신의 과오를 인정하고 이를 바로잡도록 노력해야 한다. 왜냐하면 ㉡ 진실은 숨길 수 없고 거짓은 드러나기 마련이기 때문이다. 자신의 과오를 인정하지 않고 주변의 충고를 듣지 않는 지도자는 결국 ㉢ 순리와 정도에서 벗어나 잘못된 판단을 내리거나 시대착오적인 결정을 강행하는 우를 범하기가 쉽다. 대개 이런 지도자 주변에는 충직한 사람이 별로 없고, ㉣ 지도자의 눈을 가린 채 지도자에게 제멋대로 조작되거나 잘못된 내용을 전달하고 지도자의 힘을 빌려 권세를 휘두르려고만 하는 무리만이 판을 칠 뿐이다. 만약 이런 상태가 지속된 다면 결국 그 나라는 ㉤ 혼란과 무질서와 불의만이 판을 치는 혼탁한 상태가 될 것임이 자명하다.

① ㉠ : 호질기의(護疾忌醫)
② ㉡ : 장두노미(藏頭露尾)
③ ㉢ : 도행역시(倒行逆施)
④ ㉣ : 지록위마(指鹿爲馬)
⑤ ㉤ : 파사현정(破邪顯正)

13 다음 중 밑줄 친 오류의 예를 추가할 때 가장 적절한 것은?

> 논리학에서 비형식적 오류 유형에는 우연의 오류, 애매어의 오류, 결합의 오류, 분해의 오류 등이 있다. 우선 우연의 오류란 거의 대부분의 경우에 적용되는 일반적인 원리나 규칙을 우연적인 상황으로 인해 생긴 예외적인 특수한 경우에까지도 무차별적으로 적용할 때 생기는 오류이다. 그 예로 "인간은 이성적인 동물이다. 중증 정신 질환자는 인간이다. 그러므로 중증 정신 질환자는 이성적인 동물이다."를 들 수 있다.
>
> 애매어의 오류는 동일한 한 단어가 한 논증에서 맥락마다 서로 다른 의미를 지니는 것으로 사용될 때 생기는 오류를 말한다. "김 씨는 성격이 직선적이다. 직선적인 모든 것들은 길이를 지닌다. 고로 김 씨의 성격은 길이를 지닌다."가 그 예이다.
>
> 한편 각각의 원소들이 개별적으로 어떤 성질을 지니고 있다는 내용의 전제로부터 그 원소들을 결합한 집합 전체도 역시 그 성질을 지니고 있다는 결론을 도출하는 경우가 결합의 오류이고, 반대로 집합이 어떤 성질을 지니고 있다는 내용의 전제로부터 그 집합의 각각의 원소들 역시 개별적으로 그 성질을 지니고 있다는 결론을 도출하는 경우가 분해의 오류이다. 전자의 예로는 "그 연극단 단원들 하나하나가 다 훌륭하다. 고로 그 연극단은 훌륭하다."를, 후자의 예로는 "그 연극단은 일류급이다. 박 씨는 그 연극단 일원이다. 그러므로 박 씨는 일류급이다."를 들 수 있다.

① 모든 사람은 죽는다. 소크라테스는 사람이다. 그러므로 소크라테스는 죽는다.
② 그 학생의 논술 시험 답안은 탁월하다. 그의 답안에 있는 문장 하나하나가 탁월하기 때문이다.
③ 부패하기 쉬운 것들은 냉동 보관해야 한다. 세상은 부패하기 쉽다. 고로 세상은 냉동 보관해야 한다.
④ 미국 아이스하키 선수단이 이번 올림픽에서 금메달을 차지했다. 그러므로 미국 선수 각자는 세계 최고 기량을 갖고 있다.
⑤ 분열은 화합으로 극복할 수 있다. 화합한 사회에서는 분열이 일어나지 않는다.

14 다음 글을 통해 추론할 수 없는 것은?

> 자신의 신념과 일치하는 정보는 받아들이고 그렇지 않은 정보는 무시하는 경향을 확증 편향(Confirmation bias)이라 한다. 자신의 믿음이나 견해와 일치하는 정보는 수용하고 그에 반대되는 정보는 무시하거나 부정하는 심리 경향이다. 사회 심리학자인 로버트 치알디니는 자신이 가진 기존의 견해와 일치하는 정보는 두 가지 이점을 가지고 있다고 한다. 첫째, 그러한 정보는 어떤 문제에 대해 더 이상 고민하지 않고 마음의 휴식을 취할 수 있게 해 준다. 둘째, 그러한 정보는 우리를 추론의 결과에서 자유롭게 해 준다. 즉, 추론의 결과 때문에 행동을 바꿔야 할 필요가 없다. 첫째는 생각하지 않게 하고, 둘째는 행동하지 않게 함을 말한다.
>
> 일례로 특정 정치 성향을 가진 사람들을 대상으로 조사했을 때, 사람들은 반대당 후보의 주장에서는 모순을 거의 완벽하게 찾은 반면, 지지하는 당 후보의 주장에서는 모순을 절반 정도만 찾아냈다. 이 판단의 과정을 자기 공명 영상 장치로도 촬영했다. 그 결과, 자신이 동의하지 않는 정보를 접했을 때는 뇌 회로가 활성화되지 않았고, 자신이 동의하는 주장을 접했을 때는 긍정적인 반응을 보이면서 뇌 회로가 활성화되는 것을 확인할 수 있었다.

① 사람에게는 자신의 신념이나 행동을 바꾸려 하지 않는 경향이 있다.
② 사람에게는 정보를 객관적으로 판단하지 못하는 심리적 특성이 있다.
③ 사람에게는 지지자들의 말만을 듣고 자기 신념을 강화하는 경향이 있다.
④ 사람에게는 새로운 정보를 접했을 때 심리적 불안을 느끼는 특성이 있다.
⑤ 사람에게는 자신이 가진 기존 견해와 일치하는 정보를 접했을 때 생각하지 않고, 행동하지 않는 경향이 있다.

15 다음 글의 제목으로 가장 적절한 것은?

계몽주의 사상가들은 명백히 모순되는 두 개의 견해를 취했다. 그들은 인간의 위치를 자연계 안에서 해명하려고 애썼다. 역사의 법칙이란 것을 자연의 법칙과 동일한 것으로 여겼다. 다른 한편, 그들은 진보를 믿었다. 그렇다면 그들이 자연을 진보하는 것으로, 다시 말해 끊임없이 어떤 목적을 향해서 전진하는 것으로 받아들인 데에는 어떤 근거가 있었던가? 헤겔은 역사는 진보하는 것이고 자연은 진보하지 않는 것이라고 뚜렷이 구분했다. 반면, 다윈은 진화와 진보를 동일한 것으로 주장함으로써 모든 혼란을 정리한 듯했다. 자연도 역사와 마찬가지로 진보하는 것으로 본 것이다. 그러나 이것은 진화의 원천인 생물학적인 유전(Biological inheritance)을 역사에서의 진보의 원천인 사회적인 획득(Social acquisition)과 혼동함으로써 훨씬 더 심각한 오해에 이를 수 있는 길을 열어 놓았다. 오늘날 그 둘이 분명히 구별된다는 것은 익히 알려진 것이다.

① 자연의 진보에 대한 증거
② 인간 유전의 사회적 의미
③ 역사의 법칙과 자연의 법칙
④ 진보와 진화에 관한 견해들
⑤ 계몽주의 사상가들의 모순과 견해

16 다음 글의 내용이 참일 때, 반드시 참인 것만을 〈보기〉에서 모두 고르면?

모든 섬의 주민들은 항상 진실만을 말하는 기사이거나, 항상 거짓만을 말하는 건달이다.

• 첫 번째 섬
갑 : 을이 기사이거나, 이 섬은 마야섬이다.
을 : 갑이 건달이거나, 이 섬은 마야섬이다.

• 두 번째 섬
갑 : 우리 둘은 모두 건달이고, 이 섬은 마야섬이다.
을 : 갑의 말은 옳다.

• 세 번째 섬
갑 : 우리 둘은 모두 건달이고, 이 섬은 마야섬이다.
을 : 우리 둘 가운데 적어도 한 사람은 건달이고, 이 섬은 마야섬이 아니다.
※ 단, 갑과 을은 각 섬의 주민이며, 갑과 을 이외의 주민은 없다.

〈보 기〉

㉠ 첫 번째 섬에서 갑과 을은 모두 건달이며, 첫 번째 섬은 마야섬이 아니다.
㉡ 두 번째 섬에서 갑과 을은 모두 건달이며, 두 번째 섬은 마야섬이 아니다.
㉢ 세 번째 섬에서 갑과 을 중 적어도 한 사람은 건달이며, 세 번째 섬은 마야섬이 아니다.

① ㉠
② ㉡
③ ㉠, ㉡
④ ㉠, ㉢
⑤ ㉡, ㉢

17 다음 글에 대한 설명으로 옳지 않은 것은?

모든 수는 두 정수의 조화로운 비로 표현될 수 있다고 믿었던 피타고라스는 음악에도 이런 사고를 반영하여 '순정율(Pure temperament)'이라는 음계를 만들어냈다. 진동수는 현의 길이에 반비례하므로, 현의 길이가 짧아지면 진동수가 많아지고 높은 음을 얻게 된다. 피타고라스는 주어진 현의 길이를 1/2로 하면 8도 음정을 얻을 수 있고 현의 길이를 2/3와 3/4으로 할 때는 각각 5도 음정과 4도 음정을 얻을 수 있음을 알아냈다.

현악기에서 광범위하게 쓰이는 순정율에서는 2도 음정 사이의 진동수의 비가 일정하지 않은 단점이 있다. 예를 들어 똑같은 2도 음정이라도 진동수의 비가 9 : 8, 10 : 9, 16 : 15 등으로 달라진다. 이때 9 : 8이나 10 : 9를 온음이라 하고, 16 : 15를 반음이라 하는데, 두 개의 반음을 합친다고 온음이 되는 것이 아니다. 이 점은 보통 때는 별 상관이 없지만 조바꿈을 할 때는 큰 문제가 된다. 이를 보완하여 진동수의 비가 일정하도록 정한 것이 건반악기에서 이용되는 '평균율(Equal temperament)'이다. 평균율도 순정율과 마찬가지로 진동수를 2배 하면 한 옥타브의 높은 음이 된다. 기준이 되는 '도'에서부터 한 옥타브 위의 '도'까지는 12단계의 음이 있으므로 인접한 두 음 사이의 진동수의 비를 12번 곱하면 한 옥타브 높은 음의 진동수의 비인 2가 되어야 한다. 즉, 두 음 사이의 진동수의 비는 약 1.0595가 된다. 순정율과 평균율은 결과적으로는 비슷한 진동수들을 갖게 되며, 악기의 특성에 따라 다양하게 사용된다.

① 평균율에서 진동수의 비는 두 정수의 비율로 표현될 수 없다.
② 순정율이 평균율보다 오래되었다.
③ 현악기에서는 순정율이, 건반악기에서는 평균율이 주로 사용된다.
④ 조바꿈을 여러 번 하는 음악을 연주할 때는 순정율을 사용하는 것이 좋다.
⑤ 순정율에서 진동수를 2배 하면 한 옥타브 높은 음이 된다.

18 다음 중 ㉠~㉤에 대한 수정으로 가장 적절한 것은?

소아시아 지역에 위치한 비잔틴 제국의 수도 콘스탄티노플이 이슬람교를 신봉하는 오스만인들에 의해 함락되었다는 소식이 인접해 있는 유럽 지역에까지 전해졌다. 그 지역 교회의 한 수도원 서기는 이에 대해 "㉠ 지금까지 이보다 더 끔찍했던 사건은 없었으며, 앞으로도 결코 없을 것이다."라고 기록했다.

1453년 5월 29일 화요일, 해가 뜨자마자 오스만 제국의 군대는 난공불락으로 유명한 케르코포르타 성벽의 작은 문을 뚫고 진군하기 시작했다. 해가 질 무렵, 약탈당한 도시에 남아 있는 모든 것은 그들의 차지가 되었다. 비잔틴 제국의 86번째 황제였던 콘스탄티누스 11세는 서쪽 성벽 아래에 있는 좁은 골목에서 전사하였다. 이것으로 ㉡ 1,100년 이상 존재했던 소아시아 지역의 기독교도 황제가 사라졌다. 잿빛 말을 타고 화요일 오후 늦게 콘스탄티노플에 입성한 술탄 메흐메드 2세는 우선 성소피아 대성당으로 갔다. 그는 이 성당을 파괴하는 대신 이슬람 사원으로 개조하라는 명령을 내렸고, 우선 그 성당을 철저하게 자신의 보호하에 두었다. 또한 학식이 풍부한 그리스 정교회 수사에게 격식을 갖추어 공석 중인 총대주교직을 수여하고자 했다. 그는 이슬람 세계를 위해 ㉢ 기독교의 제단뿐만 아니라 그 이상의 것들도 활용했다. 역대 비잔틴 황제들이 제정한 법을 그가 주도하고 있던 법제화의 모델로 이용하였던 것이다. 이러한 행위들은 ㉣ 단절을 추구하는 정복왕 메흐메드 2세의 의도에서 비롯된 것이라고 할 수 있다.

그는 자신이야말로 지중해를 '우리의 바다'라고 불렀던 로마 제국의 진정한 계승자임을 선언하고 싶었던 것이다. 일례로 그는 한때 유럽과 아시아를 포함한 지중해 전역을 지배했던 제국의 정통 상속자임을 선언하면서, 의미심장하게도 자신의 직함에 '룸 카이세리', 즉 로마의 황제라는 칭호를 추가했다. 또한 그는 패권 국가였던 로마의 옛 명성을 다시 찾기 위한 노력의 일환으로 로마 사람의 땅이라는 뜻을 지닌 루멜리아에 새로 수도를 정했다. 이렇게 함으로써 그는 ㉤ 오스만 제국이 유럽으로 확대될 것이라는 자신의 확신을 보여주었다.

① ㉠을 '지금까지 이보다 더 영광스러운 사건은 없었으며'로 고친다.
② ㉡을 '1,100년 이상 존재했던 소아시아 지역의 이슬람 황제가 사라졌다'로 고친다.
③ ㉢을 '기독교의 제단뿐만 아니라 그 이상의 것들도 파괴했다'로 고친다.
④ ㉣을 '연속성을 추구하는 정복왕 메흐메드 2세의 의도에서 비롯된 것'으로 고친다.
⑤ ㉤을 '오스만 제국이 아시아로 확대될 것이라는 자신의 확신을 보여주었다'로 고친다.

19 다음 중 글쓴이의 견해와 일치하지 않는 것은?

세상에서는, 흔히 학문밖에 모르는 상아탑(象牙塔) 속의 연구 생활이 현실을 도피한 것이라고 비난하기가 일쑤지만, 상아탑의 덕택이 큰 것임을 알아야 한다. 모든 점에서 편리해진 생활을 향락하고 있는 소위 현대인이 있기 전에, 그런 것이 가능하기 위해서 오히려 그런 향락과는 담을 쌓고 진리 탐구에 몰두한 학자들의 상아탑 속에서의 노고가 앞서 있었던 것이다. 그렇다고 남의 향락을 위하여 스스로는 고난의 길을 일부러 걷는 것이 학자는 아니다. 학자는 그저 진리를 탐구하기 위하여 학문을 하는 것뿐이다. 상아탑이 나쁜 것이 아니라, 진리를 탐구해야 할 상아탑이 제 구실을 옳게 다하지 못하는 것이 탈이다. 학문에 진리 탐구 이외의 다른 목적이 섣불리 앞장을 설 때, 그 학문은 자유를 잃고 왜곡(歪曲)될 염려조차 있다. 학문을 악용하기 때문에 오히려 좋지 못한 일을 하는 경우가 얼마나 많은가? 진리 이외의 것을 목적으로 할 때, 그 학문은 한때의 신기루와도 같아, 우선은 찬연함을 자랑할 수 있을지 모르나, 과연 학문이라고 할 수 있을까부터가 문제다.

진리의 탐구가 학문의 유일한 목적일 때, 그리고 그 길로 매진(邁進)할 때, 그 무엇에도 속박(束縛)됨이 없는 숭고한 학적인 정신이 만난(萬難)을 극복하는 기백(氣魄)을 길러 줄 것이요, 또 그것대로 우리의 인격 완성의 길로 통하게도 되는 것이다.

① 진리를 탐구하다 보면 생활에 유용한 것도 얻을 수 있다.
② 진리 탐구를 위해 학문을 하면 인격 완성에도 이를 수 있다.
③ 학문이 진리 탐구 이외의 것을 목적으로 하면 왜곡될 위험이 있다.
④ 학자들은 인간의 생활을 향상시킨다는 목적의식을 가져야 한다.
⑤ 학문하는 사람이라고 해서 사명감으로 괴로움을 참고 나가야 하는 것은 아니다.

20 다음 글에서 <보기>가 들어가기에 가장 알맞은 곳은?

(가) 생물학에 있어서의 이기주의와 이타주의에 대한 문제는 학문적으로 흥미로울 뿐 아니라 인간사 일반에서도 중요한 의미를 갖는다. 예를 들어 사랑과 증오, 다툼과 도움, 주는 것과 훔치는 것 그리고 욕심과 자비심 등이 모두 이 문제와 밀접히 연관되어 있다.

(나) 만약 인간 사회를 지배하는 유일한 원리가 인간 유전자의 철저한 이기주의라면 이 세상은 매우 삭막한 곳이 될 것이다. 그럼에도 불구하고 우리가 원한다고 해서 인간 유전자의 철저한 이기성이 사라지는 것도 아니다. 인간이나 원숭이나 모두 자연의 선택 과정을 거쳐 진화해 왔다. 그리고 자연이 제공하는 선택 과정의 살벌함을 이해한다면 그 과정을 통해서 살아남은 모든 개체는 이기적일 수밖에 없음을 알게 될 것이다.

(다) 따라서 만약 우리가 인간, 원숭이 혹은 어떤 살아있는 개체를 자세히 들여다보면 그들의 행동양식이 매우 이기적일 것이라고 예상할 수 있다. 우리의 이런 예상과 달리, 인간의 행동양식이 진정한 이타주의를 보여준다면 이는 상당히 놀라운 일이며 뭔가 새로운 설명을 필요로 한다.

(라) 이 문제에 대해서는 이미 많은 연구와 저서가 있었다. 그러나 이 연구들은 대부분 진화의 원리를 정확히 이해하지 못해서 잘못된 결론에 도달했다. 즉, 기존의 이기주의–이타주의 연구에서는 진화에 있어서 가장 중요한 것이 '개체'의 살아남음이 아니라 '종' 전체 혹은 어떤 종에 속하는 한 그룹의 살아남음이라고 가정했다.

(마) 진화론의 관점에서 이기주의–이타주의의 문제를 들여다보는 가장 타당한 견해는 자연의 선택이 유전의 가장 기본적인 단위에서 일어난다고 생각하는 것이다. 즉, 나는 자연의 선택이 일어나는 근본 단위는 혹은 생물의 이기주의가 작동하는 기본 단위는, 종이나 종에 속하는 한 그룹 혹은 개체가 아니며 바로 유전자라고 주장한다.

<보 기>

나는 성공적인 유전자가 갖는 가장 중요한 특성은 이기주의이며 이러한 유전자의 이기성은 개체의 행동양식에 철저한 이기주의를 심어주었다고 주장한다. 물론 어떤 특별한 경우에 유전자는 그 이기적 목적을 달성하기 위해서 개체로 하여금 제한된 형태의 이타적 행태를 보이도록 하기도 한다. 그럼에도 불구하고 조건 없는 사랑이나 종 전체의 이익이라는 개념은, 우리에게 그런 개념들이 아무리 좋아 보이더라도, 진화론과는 상충되는 생각들이다.

① (가) 문단의 뒤
② (나) 문단의 뒤
③ (다) 문단의 뒤
④ (라) 문단의 뒤
⑤ (마) 문단의 뒤

[21~22] 다음 글을 읽고 물음에 답하시오.

미술 작품은 사용된 재료의 자연적 노화 현상이나 예기치 않은 사고, 재해 등으로 작품의 일부가 손상되기도 하는데, 손상된 작품을 작가의 의도를 살려 원래의 모습으로 되돌려 놓는 것을 미술품 복원 작업이라고 한다. 복원 작업을 할 때에는 미관적인 면보다는 작가가 표현하고자 하는 의도에 초점을 맞추어 인위적인 처리를 가급적 최소화하여야 한다.

미술품 복원 작업은 목적에 따라 예방 보존 작업과 긴급 보존 처리 작업, 보존 복원 처리 작업으로 ㉠ 나눌 수 있다. 먼저 예방 보존 작업은 작품의 손상을 사전에 방지하는 작업으로, 작품 보존에 적합한 온도 및 습도를 제공하고, 사고 예방 안전 장비를 설치하는 등 작품 전시에 필요한 최적의 환경을 제공하여 작품의 수명을 오래 지속시키기 위한 모든 활동이 해당된다.

긴급 보존 처리 작업은 작품의 손상이 매우 심해서 빠른 시일 내에 보존 처리를 하지 않으면 안 되는 작품들을 선별하여 위험 요소를 제거하거나 철거하는 작업으로, 허물어져 가는 벽화를 보강하거나, 모자이크 형식의 작품 사이에 생긴 잡초를 제거하는 일 등이 해당된다.

그리고 작품의 깨진 조각을 재배열하여 조합하는 경우처럼 작품의 일부가 심하게 없어지거나, 파손되었을 때에는 보존 복원 처리 작업을 실시한다. 이 작업을 진행할 때에는 작품이 만들어진 목적과 작가의 의도를 살려야 하기 때문에, 작품의 원본과 작품에 대한 완전한 이해와 존중이 요구된다.

21 윗글의 내용과 일치하지 않는 것은?

① 작품 보존에 필요한 최적의 환경을 제공하는 것은 예방 보존 작업에 해당한다.
② 작품에 사용된 재료의 자연적 노화로 인해 발생한 작품의 손상은 복원 작업에서 제외된다.
③ 손상이 매우 심해서 빠르게 위험 요소를 제거하는 작업은 긴급 보존 처리 작업이다.
④ 보존 복원 처리는 작품이 일부 사라지거나 파손됐을 때 실시한다.
⑤ 미술 작품의 보존 작업은 작품 원본에 대한 이해를 바탕으로 작가의 의도에 초점을 두어야 한다.

22 밑줄 친 ㉠과 문맥적 의미가 가장 유사한 것은?

① 이 사과를 세 조각으로 나누자.
② 나는 물건들을 색깔별로 나누는 작업을 한다.
③ 형제란 한 부모의 피를 나눈 사람들을 말한다.
④ 우리 차라도 한 잔 나누면서 이야기를 해 봅시다.
⑤ 상금을 모두에게 공정하게 나누어야 불만이 생기지 않는다.

23 다음은 세계화 시대의 한국어 발전 방안에 대한 보고서의 목차이다. ㉠과 ㉡에 들어갈 내용으로 적절한 것은?

> **〈세계화 시대의 한국어 발전 방안〉**
>
> Ⅰ. 세계화의 개념 및 사업의 배경
> 1. 세계화의 정의 및 유관 개념
> 2. 한국어 세계화 사업의 필요성
>
> Ⅱ. 한국어 세계화 사업의 실태
> 1. 정부 기관에 의한 세계화 사업
> 2. 민간 기관에 의한 세계화 사업
>
> Ⅲ. 기존 사례들의 문제점 검토
> 1. 예산의 부족과 전문가 확보의 미비
> 2. ______㉠______
> 3. 장기적 전망이 결여된 사업 진행
>
> Ⅳ. ______㉡______
> 1. 예산 증진과 전문가 확보 추진
> 2. 다양한 분야의 한국어 세계화 사업 계획 모집
> 3. 장기적 전망이 결여된 사업 진행 유보 및 변경
>
> Ⅶ. 결론

① ㉠ : 획일화된 한국어 교육과정
  ㉡ : 한국어 세계화 사업의 장점
② ㉠ : 획일화된 한국어 교육과정
  ㉡ : 한국어 세계화 사업의 단점
③ ㉠ : 한류 중심의 편향적 사업 계획
  ㉡ : 세계 문자사와 한글의 창제 원리
④ ㉠ : 한국어 교재 다양성 부족
  ㉡ : 한국어 세계화와 한류의 관계
⑤ ㉠ : 한류 중심의 편향적 사업 계획
  ㉡ : 한국어 세계화를 위한 개선 방안

[24~25] 다음 글을 읽고 물음에 답하시오.

A회사의 온라인 취업 사이트에 갑을 비롯한 수만 명의 가입자가 개인 정보를 제공하였다. 누군가 A회사의 시스템 관리가 허술한 것을 알고 링크 파일을 만들어 자신의 블로그에 올렸다. 이를 통해 많은 이들이 가입자들의 정보를 자유롭게 열람하였다. 이 사실을 알게 된 갑은 A회사에 사이트 운영의 중지와 배상을 요구하였지만, A회사는 거부하였다. 갑은 소송을 검토하였는데, 받게 될 배상액에 비해 들어갈 비용이 적지 않다는 생각에 망설였다. 갑은 온라인 카페를 통해 소송할 사람들을 모았고 마침내 100명이 넘는 가입자들이 동참하게 되었다. 갑은 이들과 함께 공동 소송을 하여 A회사에 사이트 운영의 중지와 피해의 배상을 청구하였다.

공동 소송은 소송 당사자의 수가 여럿이 되는 소송을 말한다. 이는 저마다 개별적으로 수행할 수 있는 소송들을 하나의 절차에서 한꺼번에 심리하고 진행할 수 있도록 배려하는 것으로서, 경제적이고 효율적으로 일괄 구제할 수 있다는 장점이 있다. 하지만 당사자의 수가 지나치게 많으면 한꺼번에 소송을 진행하기에 번거롭다. 그래서 실제로는 대개 공동으로 변호사를 선임하여 그가 소송을 하도록 한다. 또한 선정 당사자 제도를 이용할 수도 있는데, 이는 갑과 같은 이를 선정 당사자로 삼아 그에게 모두의 소송을 맡기는 것이다. 위 사건에서 수만 명의 가입자가 손해를 입었지만, 배상받을 금액이 적은 탓에 대부분은 소송에 참여하지 않았다. 그리하여 전체 피해 규모가 엄청난 데 비하면, 승소해서 받게 될 배상금의 총액은 매우 적을 것이다. 이래서는 피해 구제도 미흡하고, 기업에 시스템을 개선하도록 하는 동기를 부여하지 못한다. 이를 해결할 방안으로 다른 나라에서 시행되는 집단 소송과 단체 소송 제도의 도입이 논의됐다.

집단 소송은 피해자들의 일부가 전체 피해자들의 이익을 대변하는 대표 당사자가 되어, 기업을 상대로 손해 배상 청구 등의 소를 제기할 수 있도록 하는 방식이다. 만일 갑을 비롯한 피해자들이 공동 소송을 하여 승소한다면 이들만 배상을 받게 된다. 그러나 집단 소송에서 대표 당사자가 수행하여 이루어진 판결은 원칙적으로 소송에 참가하지 않은 사람들에게도 그 효력이 미친다. 그러나 대표 당사자는 초기에 고액의 소송비용을 내야 하는 등의 부담이 있어 소송의 개시가 쉽지만은 않다.

단체 소송은 법률이 정한, 전문성과 경험을 갖춘 단체가 기업을 상대로 침해 행위의 중지를 청구하는 소를 제기할 수 있도록 하는 제도이다. 위의 사례에서도 IT 관련 협회와 같은 전문 단체가 소송한다면 더 효과적일 수 있을 것이다. 하지만 단체 소송은 공익적 이유에서 인정되는 것이어서, 이를 통해 개인 피해자들을 위한 손해 배상 청구는 하지 못한다.

최근에 ㉠ 우리나라도 집단 소송과 단체 소송을 제한적으로 도입하였다. 먼저 증권 관련 집단소송법이 제정되어, 기업이 회계 내용을 허위로 공시하거나 조작하는 등의 사유로 주식 투자에서 피해를 당한 사람들은 집단 소송을 할 수 있게 되었다. 이후에 단체 소송도 도입되었는데, 소비자 분쟁과 개인 정보 피해에 한하여 소비자기본법과 개인정보 보호법에 규정되었다.

24 다음 중 윗글에 대한 이해로 적절하지 않은 것은?

① 선정 당사자 제도는 소송 당사자들이 한꺼번에 절차를 진행해야 하는 부담을 덜어줄 수 있다.
② 공동 소송은 다수의 피해자를 대신하여 대표 당사자가 소송을 한다는 점에서 공익적 성격을 지닌다.
③ 단체 소송에서 기업이 일으키는 피해를 중지시키려고 소를 제기할 수 있는 단체의 자격은 법률이 정한다.
④ 다수의 소액 피해가 발생한 사건이라도 피해자들은 공동 소송을 하지 않고 개별적으로 소송을 할 수 있다.
⑤ 일부 피해자들이 집단 소송을 수행하여 승소하면 그런 소송이 진행되는지 몰랐던 피해자들도 배상받을 수 있다.

25 다음 중 ㉠의 결과로 볼 수 있는 것은?

① 포털 사이트의 개인 정보 유출로 피해를 당한 가입자들이 소를 제기하여 단체 소송을 할 수 있게 되었다.
② 기업의 허위 공시 때문에 증권 관련 피해를 당한 투자자들이 소를 제기하여 집단 소송을 할 수 있게 되었다.
③ 증권과 관련된 사건에서 피해자들은 중립적인 단체를 대표 당사자로 내세워 집단 소송을 수행할 수 있게 되었다.
④ 대기업이 출시한 제품이 지닌 결함 때문에 피해를 당한 소비자들이 소를 제기하여 집단 소송을 할 수 있게 되었다.
⑤ 소비자들이 기업에 손해 배상 청구의 소를 제기하였을 때 전문성 있는 소비자 협회가 대신 소송을 할 수 있게 되었다.

제2과목 : 자료해석

시험시간 : 25분

01 온라인 쇼핑몰에서 A형, B형 두 유형의 설문조사를 실시하였다. A형 설문조사에서는 2,000명이 응하였고 만족도는 평균 8점이었으며, B형 설문조사에서는 500명이 응하였고 만족도는 평균 6점이었다. A, B형 설문조사 전체 평균 만족도는 몇 점인가?

① 7.6점
② 7.8점
③ 8.0점
④ 8.2점

02 김 병장은 일과 후 소설책 한 권을 읽으면서 독서일지를 아래와 같이 정리하였다. 그렇다면 김 병장이 읽은 소설책의 전체 쪽수는?

- 첫째 날 : 나는 오늘 소설책 전체의 $\frac{1}{3}$을 읽었다.
- 둘째 날 : 오늘은 남은 양의 $\frac{1}{4}$을 읽었다.
- 셋째 날 : 바쁜 하루였던 오늘은 100쪽을 읽었고, 이제 92쪽이 남았다.

① 324쪽
② 354쪽
③ 384쪽
④ 414쪽

03 어떤 두 소행성 간의 거리는 150km이다. 이 두 소행성이 서로를 향하여 각각 초속 10km와 5km로 접근한다면, 두 소행성은 몇 초 후에 충돌하겠는가?

① 5초
② 10초
③ 15초
④ 20초

[04~06] 특허출원 수수료는 다음과 같은 〈계산식〉에 의하여 결정되고, 아래 표는 〈계산식〉에 의하여 산출된 세 가지 사례를 나타낸 것이다. 이어지는 물음에 답하시오.

〈계산식〉

- (특허출원 수수료)=(출원료)*+(심사청구료)

* (출원료)=(기본료)+{(면당 추가료)×(전체 면수)}

- (심사청구료)=(청구항당 심사청구료)×(청구항 수)

※ 특허출원 수수료는 개인은 70%가 감면되고 중소기업은 50%가 감면되지만, 대기업은 감면되지 않음

〈특허출원 수수료 사례〉

구 분	사례 A	사례 B	사례 C
	대기업	중소기업	개인
전체 면수(장)	20	20	40
청구항 수(개)	2	3	2
감면 후 수수료(원)	70,000	45,000	27,000

04 청구항당 심사청구료는?

① 10,000원
② 15,000원
③ 20,000원
④ 25,000원

05 면당 추가료는?

① 1,000원
② 1,500원
③ 2,000원
④ 2,500원

06 출원 시 기본료는?

① 10,000원
② 12,000원
③ 15,000원
④ 18,000원

07 다음은 철수네 반 학생들의 윗몸 일으키기 현황을 나타낸 그래프이다. 이에 대한 설명으로 옳지 않은 것은?

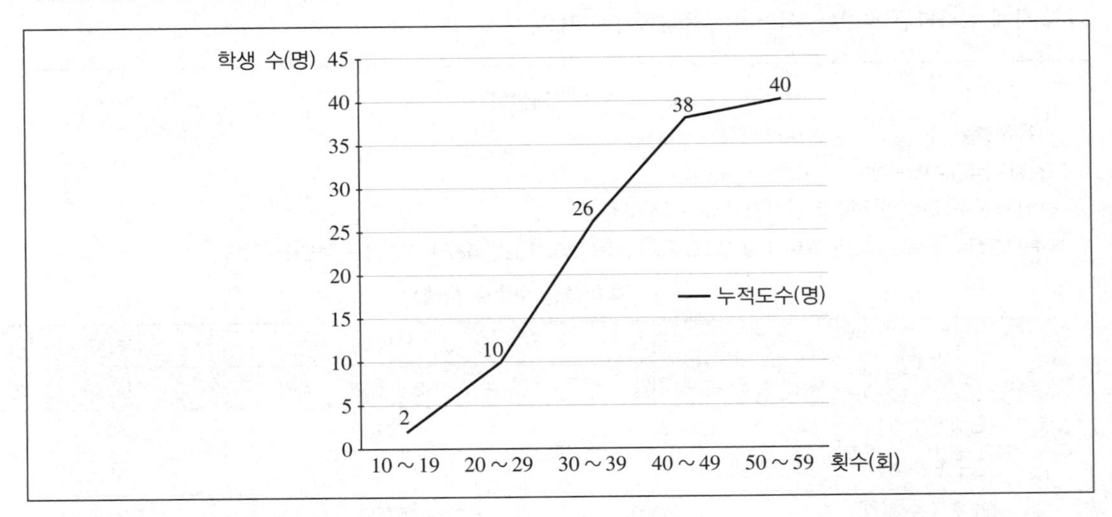

① 윗몸 일으키기를 20회 이상 30회 미만으로 한 학생 수는 8명이다.

② 철수네 반의 학생 수는 40명이다.

③ 30 이상 40 미만 계급의 상대도수는 0.45이다.

④ 40 이상 50 미만 계급의 상대도수는 0.3이다.

08 다음은 4개 고등학교의 대학진학 희망자의 학과별 비율(상단)과 그중 희망대로 진학한 학생의 비율(하단)을 나타낸 표이다. 이 표를 보고 추론한 내용으로 옳은 것은?

고등학교	국문학과	경제학과	법학과	기 타	진학 희망자 수
A	(60%) 20%	(10%) 10%	(20%) 30%	(10%) 40%	700명
B	(50%) 10%	(20%) 30%	(40%) 30%	(20%) 30%	500명
C	(20%) 35%	(50%) 40%	(40%) 15%	(60%) 10%	300명
D	(5%) 30%	(25%) 25%	(80%) 20%	(30%) 25%	400명

※ (합격자 수)=(진학 희망자 수)×(학과별 비율)×(합격한 비율)

가. B고와 D고 중에서 경제학과에 합격한 학생은 D고가 많다.
나. A고에서 법학과에 합격한 학생은 40명보다 많고, C고에서 국문학과에 합격한 학생은 20명보다 적다.
다. 국문학과에 진학한 학생들이 많은 순서대로 세우면, A고 → B고 → C고 → D고의 순서이다.

① 가
② 나
③ 다
④ 가, 나

09 P회사에서는 업무효율을 높이기 위해 근무여건 개선방안에 대하여 논의하고자 한다. 귀하는 논의 자료를 위하여 전 사원의 야간근무 현황을 조사하였다. 다음 중 조사 내용으로 옳지 않은 것은?

〈야간근무 현황(주 단위)〉

(단위 : 일, 시간)

구 분	임 원	부 장	과 장	대 리	사 원
평균 야근 빈도	1.2	2.2	2.4	1.8	1.4
평균 야근 시간	1.8	3.3	4.8	6.3	4.2

※ 60분의 3분의 2 이상을 채울 시 1시간으로 야근수당을 계산함

① 과장급 사원은 한 주에 평균적으로 2.4일 정도 야간근무를 한다.
② 전 사원의 주 평균 야근 빈도는 1.8일이다.
③ 평사원은 한 주 동안 평균 4시간 12분 정도 야간근무를 하고 있다.
④ 1회 야간근무 시 평균적으로 가장 긴 시간 동안 일하는 사원은 대리급 사원이다.

10 다음은 A 대학 재학생 교육 만족도 조사 결과에 대한 자료이다. 이에 대한 〈보기〉의 설명 중 옳은 것만을 고르면?

학 년	항 목					
	응답인원(명)	전 공	교 양	시 설	기자재	행 정
1	2,374	3.90	3.70	3.78	3.73	3.63
2	2,349	3.95	3.75	3.76	3.71	3.64
3	2,615	3.96	3.74	3.74	3.69	3.66
4	2,781	3.94	3.77	3.75	3.70	3.65

〈보 기〉

㉠ '시설'과 '기자재' 항목은 응답인원이 많은 학년일수록 항목별 교육 만족도가 높다.
㉡ 항목별로 교육 만족도가 높은 순서대로 학년을 나열할 때, 순서가 일치하는 항목들이 있다.
㉢ 학년이 높아질수록 항목별 교육 만족도가 균일하게 높아지는 항목은 1개이다.
㉣ 각 학년에서 교육 만족도가 가장 높은 항목은 모두 '전공'이다.

① ㉠, ㉡
② ㉠, ㉢
③ ㉡, ㉢
④ ㉡, ㉣

11 연구결과(아래 자료)에 따르면 아이스크림을 제조 · 판매하는 회사는 연간 아이스크림 판매량이 그해 여름의 평균 기온에 크게 좌우된다는 사실을 발견했다. 일기예보에 따르면 내년 여름의 평균 기온이 예년보다 높을 확률이 0.5, 예년과 비슷할 확률이 0.3, 예년보다 낮을 확률이 0.2라고 할 때, 내년 목표액을 달성할 확률은?

〈기온에 따른 판매 목표액을 달성할 확률〉

예년 기준 기온	높을 경우	비슷할 경우	낮을 경우
확 률	0.85	0.6	0.2

① 0.565
② 0.585
③ 0.625
④ 0.645

12 다음은 2017~2021년 동안 발행된 우표의 현황을 나타낸 자료이다. 이 자료를 보고 해석한 내용으로 가장 적절한 것은?

〈우표 발행 현황〉

(단위 : 천 장)

구 분	2017년	2018년	2019년	2020년	2021년
보통우표	163,000	164,000	69,000	111,000	105,200
기념우표	47,180	58,050	43,900	35,560	33,630
나만의 우표	7,700	2,368	1,000	2,380	1,908
합 계	217,880	224,418	113,900	148,940	140,738

① 국가의 업적을 기념하기 위해 발행하는 기념우표의 발행 수효가 나만의 우표 발행 수효와 등락 폭이 같다는 점에서 국가적 기념업적은 개인의 기념사안과도 일치한다고 볼 수 있다.

② 모든 종류의 우표 발행 수가 가장 낮은 년도는 2019년이다.

③ 보통우표와 기념우표 발행 수가 가장 큰 차를 보이는 해는 2017년이다.

④ 2019년 전체 발행 수에 비해 나만의 우표가 차지하고 있는 비율은 1% 이상이다.

13 다음은 2017~2021년 총 수출액 중 10대 수출 품목 비중 변화추이를 나타낸 그래프이다. 다음 중 총 수출액이 두 번째로 적은 해는?

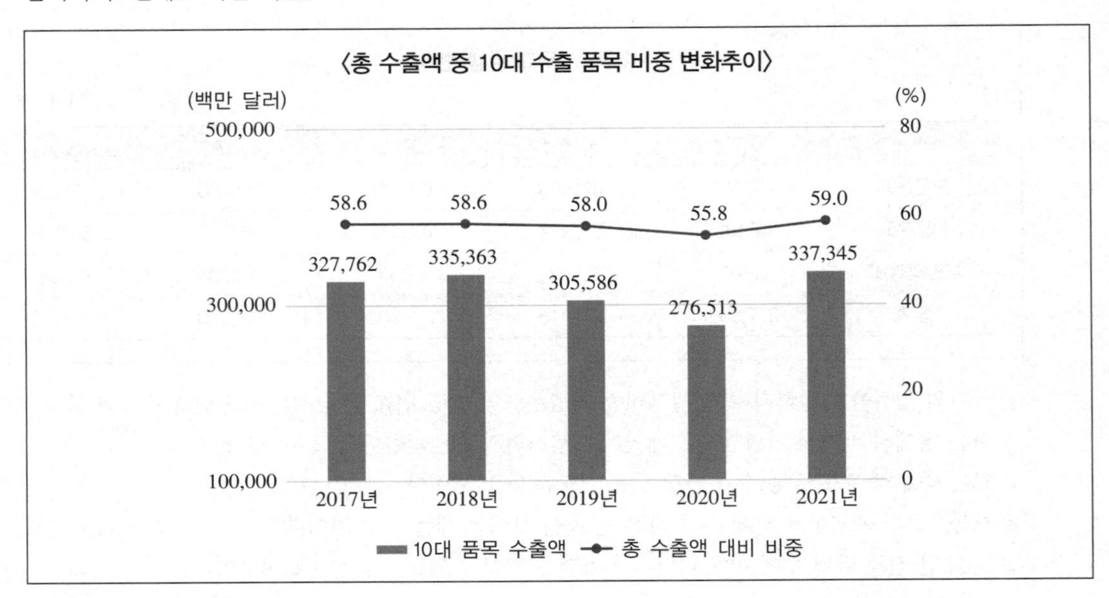

① 2017년
② 2018년
③ 2019년
④ 2020년

14 다음은 2022년도 경기전망을 나타낸 표이다. 표에서 제시된 경제성장률이 각각 0.5%씩 하락하는 경우 2022년도 경제성장률의 기댓값은 몇 %인가?

구 분	경제성장률(확률변수)	확 률
불 황	2.1%	0.4
정 상	3.8%	0.4
호 황	4.6%	0.2

※ 경제성장률 기댓값은 불황 · 정상 · 호황 각각의 {(확률변수)×(확률)}의 합이다.

① 2.56%
② 2.78%
③ 3.02%
④ 3.28%

15 다음은 2021년 1월부터 8월까지 유럽에서 판매된 자동차의 회사별 판매 대수와 전년 동기간에 대한 변동 지수를 보여주는 표이다. 전년 동기간 동안 판매된 G사 자동차는 몇 대인가?

자동차 회사	판매 대수(대)	변동지수(전년 동기간=100)
A 사	1,752,369	99.5
B 사	1,474,173	96.5
C 사	1,072,958	103.6
D 사	1,001,763	100.3
E 사	950,832	99.8
F 사	723,627	103.0
G 사	630,912	95.9
H 사	459,063	109.0
I 사	413,977	107.9
J 사	292,675	120.6
K 사	137,294	124.6
L 사	130,932	111.1
합 계	9,040,575	102.0

① 약 657,885대
② 약 665,921대
③ 약 672,654대
④ 약 681,345대

[16~17] 다음은 아시아 국가별 평균 교육기간을 나타낸 그래프이다. 이어지는 물음에 답하시오.

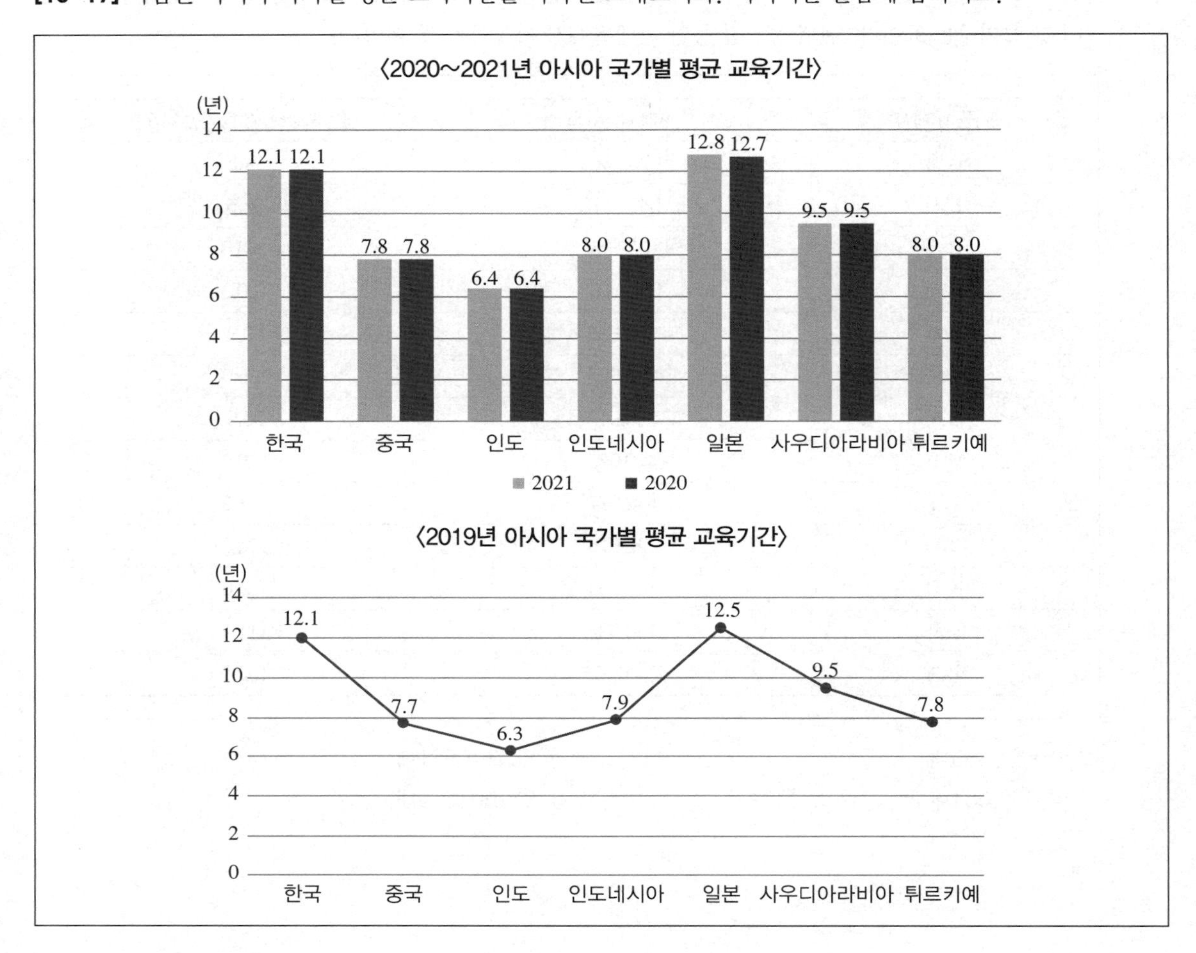

16 위 자료에 대한 설명 중 옳지 않은 것은?

① 한국은 2019~2021년까지의 평균 교육기간은 동일하다.

② 2019년보다 2020년의 평균 교육기간이 높아진 국가는 5개국이다.

③ 2020년과 2021년의 아시아 각 국가의 평균 교육기간은 동일하다.

④ 2019~2021년 동안 매년 평균 교육기간이 8년 이하인 국가는 4개국이다.

17 2019년에 평균 교육기간이 8년 이하인 국가들의 평균 교육기간의 평균은 몇 년인가?

① 7.105년 ② 7.265년

③ 7.425년 ④ 7.595년

18 다음은 음주 빈도에 관한 설문조사 결과이다. 이에 대한 설명으로 옳은 것은?

〈연도별 · 성별에 따른 음주 빈도〉

(단위 : %)

항목 \ 연도	2018년	2019년	2020년	2021년		
				전 체	남 성	여 성
안 마신다	31.7	30.8	35.6	33.1	20.9	47.7
월 평균 1회 이하	18.9	20.0	17.3	16.6	12.9	21.0
월 평균 2~3회	21.4	20.4	18.7	19.7	22.1	16.9
주평균 1~2회	18.2	17.7	18.2	19.2	( )	10.9
주평균 3~4회	6.9	7.3	7.0	8.0	12.2	2.8
거의 매일	2.9	3.8	3.2	3.5	5.8	( )

※ 각 응답자는 위에 제시된 6개의 항목 중 하나에 대답하였음
※ 응답 비율이란 당해 연도 전체 응답자 가운데 해당 항목을 선택한 응답자의 비율을 의미함

① 2021년 음주 빈도가 '월 평균 1회 이하'라고 대답한 응답자 수는 '거의 매일'이라고 대답한 응답자 수의 6배보다 크다.
② '거의 매일' 술을 마신다고 대답한 응답자의 비율은 2018년 대비 2020년에 1.2배보다 크게 증가하였다.
③ 2021년에 설문조사에 참여한 여성 응답자 수는 남성 응답자 수보다 많다.
④ 2018년 대비 2019년에 응답 비율이 증가한 항목은 3개이다.

19 다음은 디지털기기별 접근성에 대한 자료이다. 이에 대한 설명으로 옳지 않은 것은?

구 분	A 국			OECD 평균		
	2019년	2020년	2021년	2019년	2020년	2021년
데스크톱	83.9	72.4	63.7	79.6	68.6	60.1
노트북	22.6	31.5	45.0	53.1	71.2	74.5
TV	96.1	90.8	89.1	89.0	91.2	94.3
비디오 콘솔	31.8	23.9	22.1	51.1	53.7	49.3
MP3 플레이어	81.1	74.1	50.4	82.9	75.3	57.6
프린터	75.7	72.6	62.1	75.9	72.8	66.7
USB	75.9	72.6	61.7	77.2	83.7	77.9
태블릿PC	11.8	13.6	26.3	21.1	23.5	54.5
휴대전화	86.4	87.0	91.0	69.9	71.8	91.5
PDA	26.3	28.8	29.2	57.0	54.8	30.9
전자책	8.9	9.2	10.3	11.8	12.1	14.8

① 2021년 A국이 OECD 평균보다 높은 항목은 데스크톱밖에 없다.

② 2020년 A국이 OECD 평균보다 높은 항목은 데스크톱과 휴대전화밖에 없다.

③ 각 디지털기기 항목 중 2019년부터 2021년까지 A국과 OECD 평균 접근성 지수가 모두 증가한 항목은 5개이다.

④ 2019년부터 2021년까지 OECD 평균이 매년 감소한 항목은 4개이고, A국이 매년 증가한 항목은 5개이다.

20 다음은 조선시대 태조~선조 대에 과거 급제자 및 '출신 신분이 낮은 급제자' 중 '본관이 없는 자', '3품 이상 오른 자'에 대한 자료이다. 이에 대한 〈보기〉의 설명 중 옳은 것만을 모두 고르면?

왕	전체 급제자	출신 신분이 낮은 급제자	출신 신분이 낮은 급제자	
			본관이 없는 자	3품 이상 오른자
태조 · 정종	101	40	28	13
태 종	266	133	75	33
세 종	463	155	99	40
문종 · 단종	179	62	35	16
세 조	309	94	53	23
예종 · 성종	478	106	71	33
연산군	251	43	21	13
중 종	900	188	39	69
인종 · 명종	470	93	10	26
선 조	1,112	189	11	40

※ 급제자는 1회만 급제한 것으로 가정함

〈보 기〉

㉠ 태조 · 정종 대에 '출신신분이 낮은 급제자' 중 '본관이 없는 자'의 비율은 70%이지만, 선조 대에는 그 비율이 10% 미만이다.

㉡ 태조 · 정종 대의 '출신신분이 낮은 급제자' 가운데 '본관이 없는 자'이면서 '3품 이상 오른 자'는 한 명 이상이다.

㉢ '전체 급제자'가 가장 많은 왕 대에 '출신신분이 낮은 급제자'도 가장 많다.

㉣ 중종 대의 '전체 급제자' 중에서 '출신신분이 낮은 급제자'가 차지하는 비율은 20% 미만이다.

① ㉠, ㉡　　② ㉠, ㉢

③ ㉡, ㉢　　④ ㉡, ㉣

제3과목 : 공간능력

시험시간 : 10분

[01~05] 다음에 이어지는 물음에 답하시오.

- 입체도형을 펼쳐 전개도를 만들 때, 전개도에 표시된 그림(예 : ◧, ◪ 등)은 회전의 효과를 반영함. 즉, 본 문제의 풀이과정에서 보기의 전개도상에 표시된 "◧"와 "⊟"은 서로 다른 것으로 취급함.
- 단, 기호 및 문자(예 : ☎, ♤, ♨, K, H 등)의 회전에 의한 효과는 본 문제의 풀이과정에 반영하지 않음. 즉, 입체도형을 펼쳐 전개도를 만들 때, "☎"의 방향으로 나타나는 기호 및 문자도 보기에서는 "☎"의 방향으로 표시하며 동일한 것으로 취급함.

01 다음 입체도형의 전개도로 알맞은 것은?

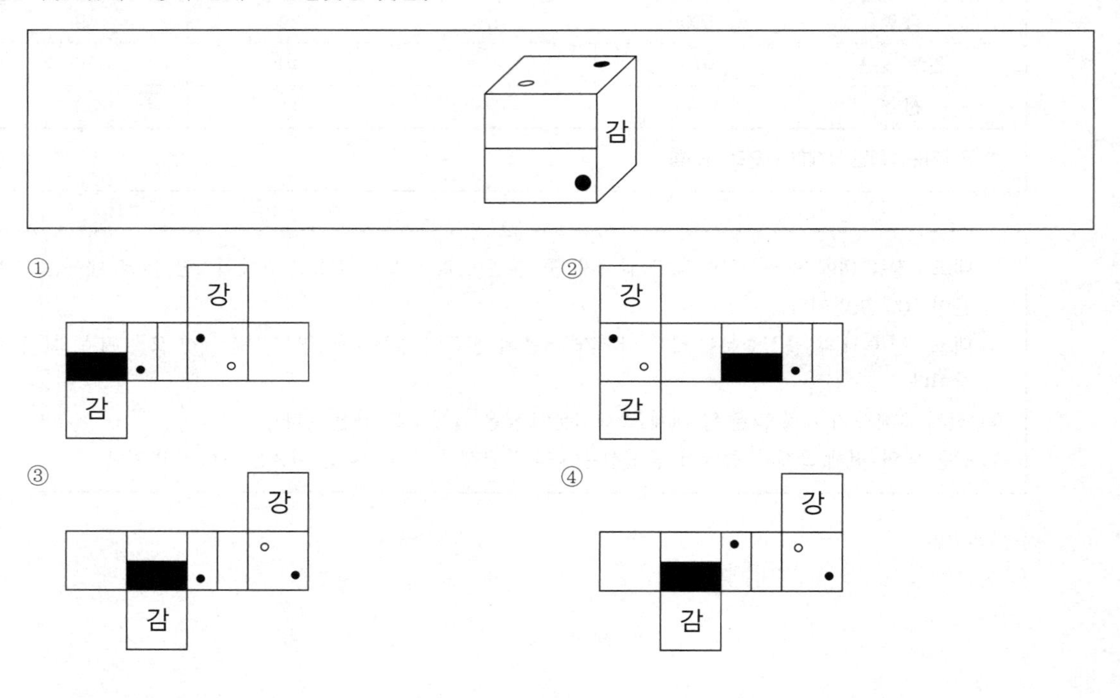

02 다음 입체도형의 전개도로 알맞은 것은?

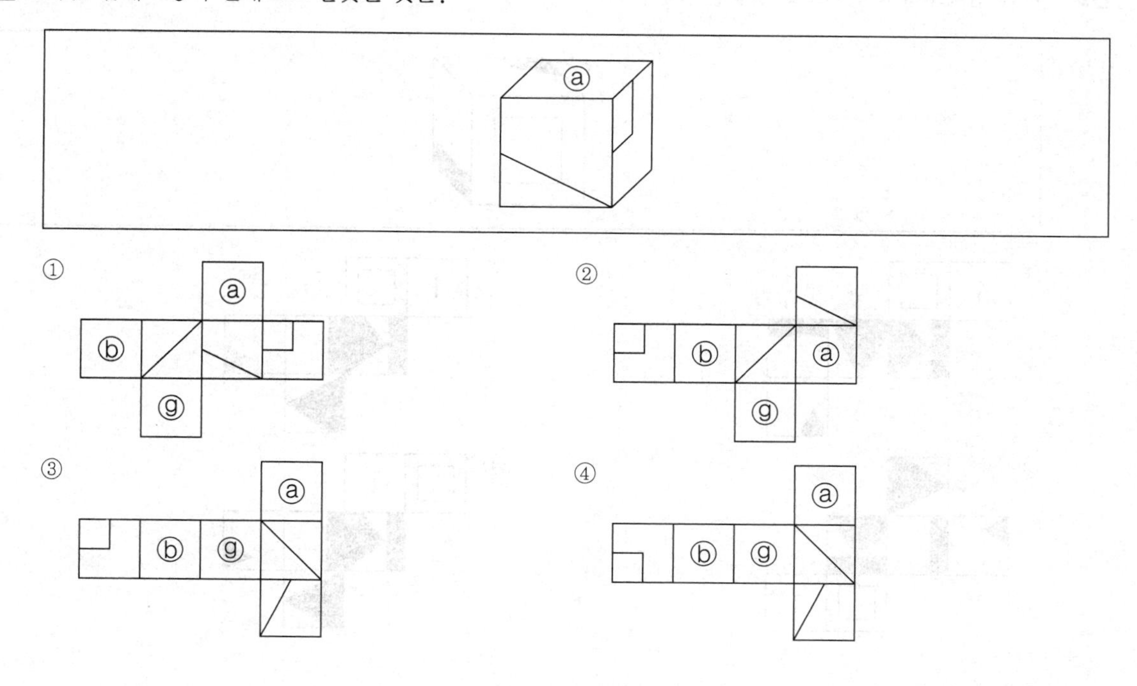

03 다음 입체도형의 전개도로 알맞은 것은?

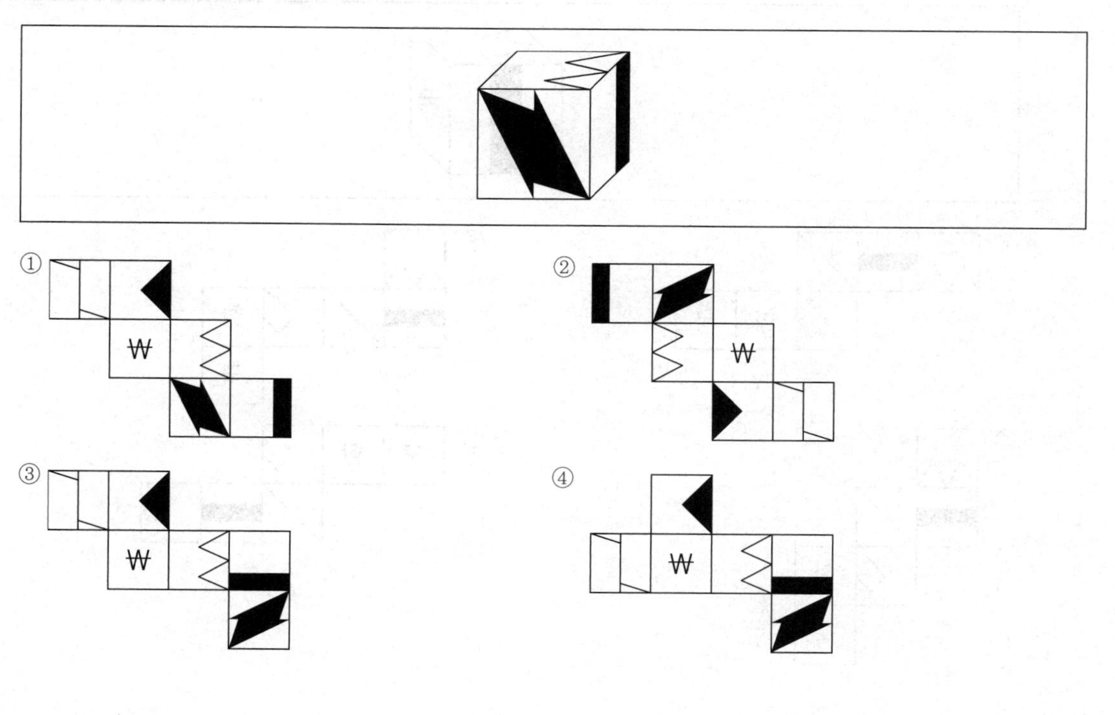

04 다음 입체도형의 전개도로 알맞은 것은?

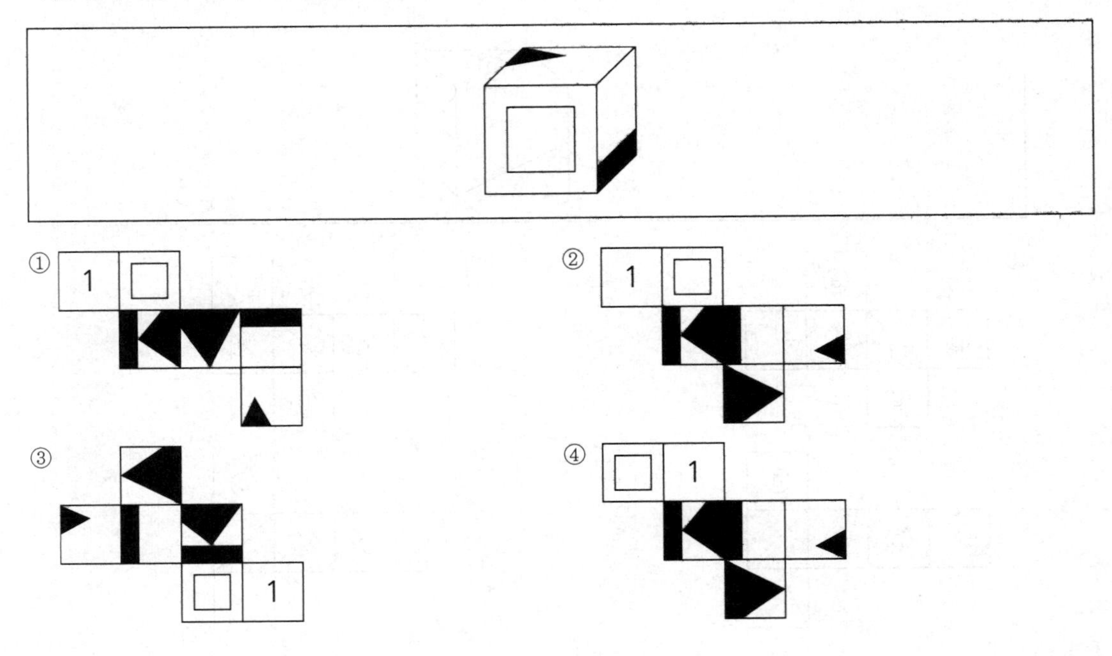

05 다음 입체도형의 전개도로 알맞은 것은?

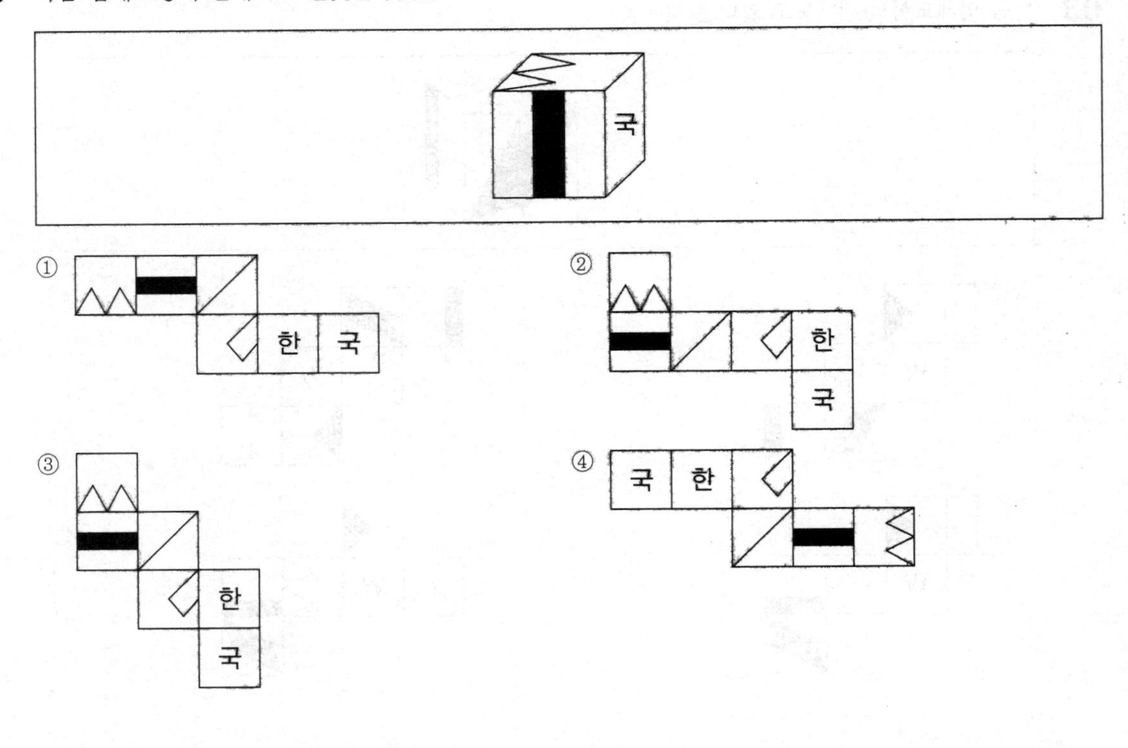

[06~10] 다음에 이어지는 물음에 답하시오.

- 전개도를 접을 때 전개도상의 그림, 기호, 문자가 입체도형의 겉면에 표시되는 방향으로 접음.
- 전개도를 접어 입체도형을 만들 때, 전개도에 표시된 그림(예 : ▮, ◪ 등)은 회전의 효과를 반영함. 즉, 본 문제의 풀이과정에서 보기의 전개도상에 표시된 "▮"와 "▬"은 서로 다른 것으로 취급함.
- 단, 기호 및 문자(예 : ☎, ♤, ♨, K, H)의 회전에 의한 효과는 본 문제의 풀이과정에 반영하지 않음. 즉, 전개도를 접어 입체도형을 만들 때, "☎"의 방향으로 나타나는 기호 및 문자도 보기에서는 "☎"의 방향으로 표시하며 동일한 것으로 취급함.

06 다음 전개도의 입체도형으로 알맞은 것은?

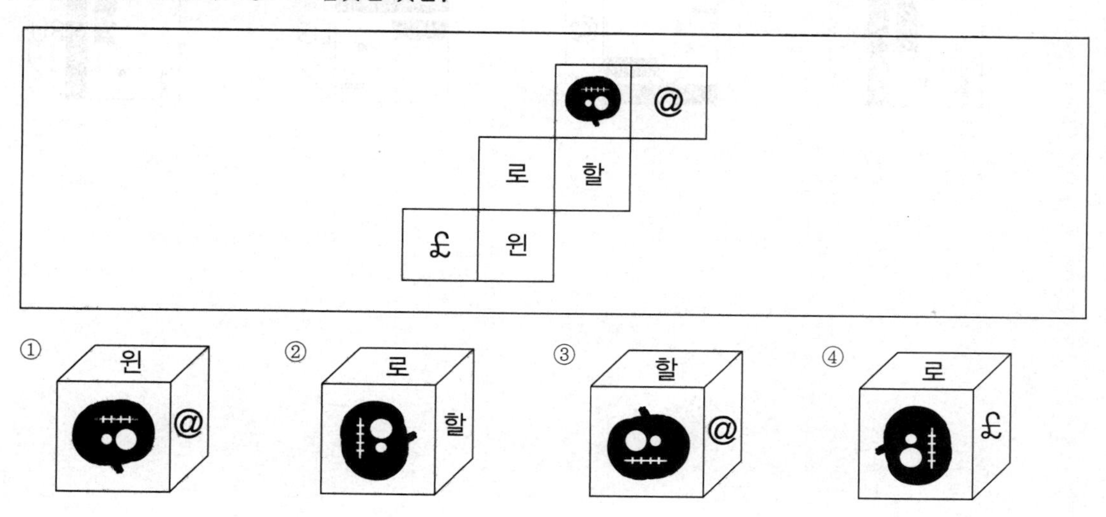

07 다음 전개도의 입체도형으로 알맞은 것은?

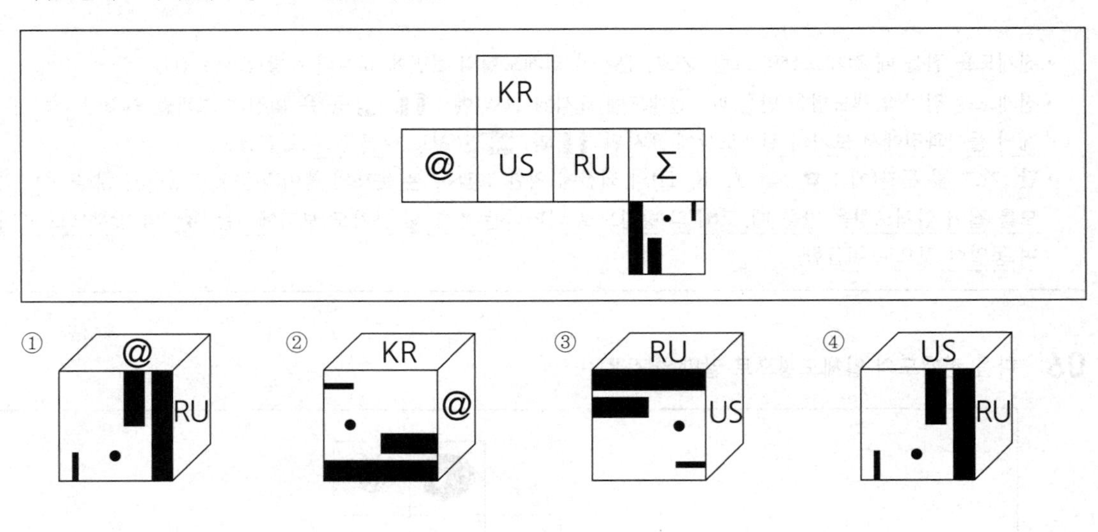

08 다음 전개도의 입체도형으로 알맞은 것은?

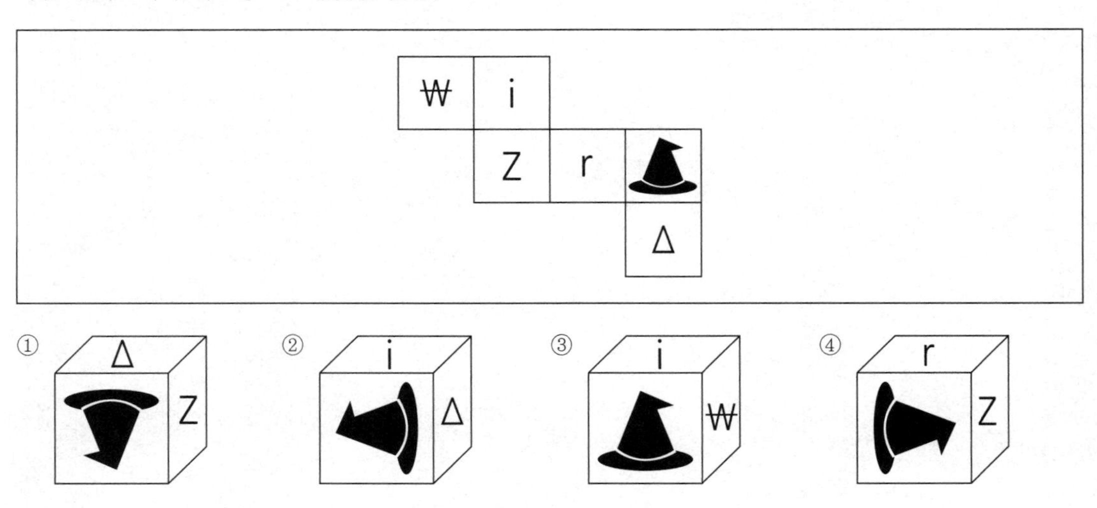

09 다음 전개도의 입체도형으로 알맞은 것은?

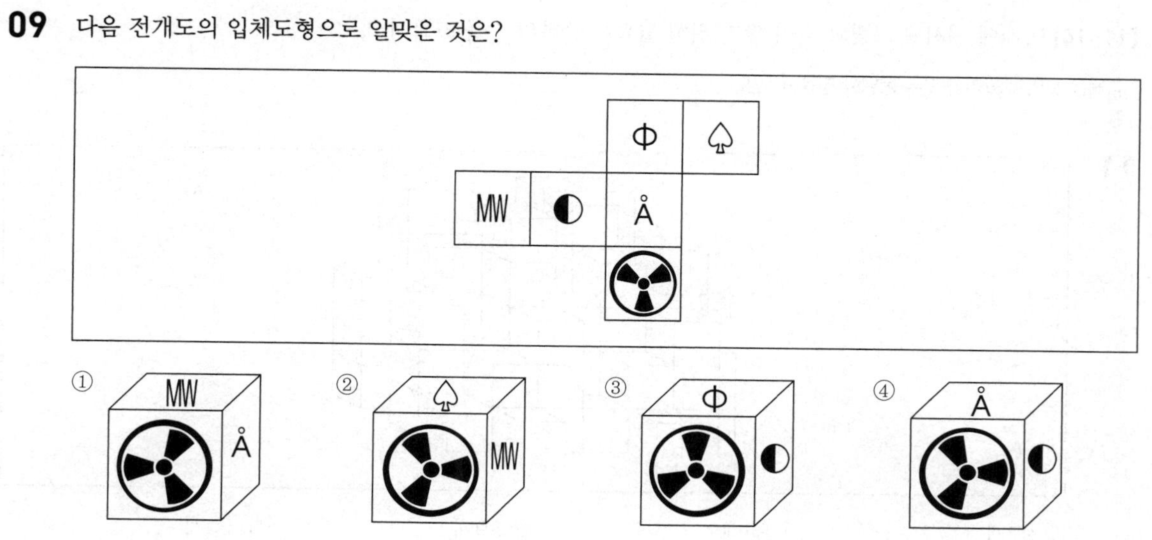

10 다음 전개도의 입체도형으로 알맞은 것은?

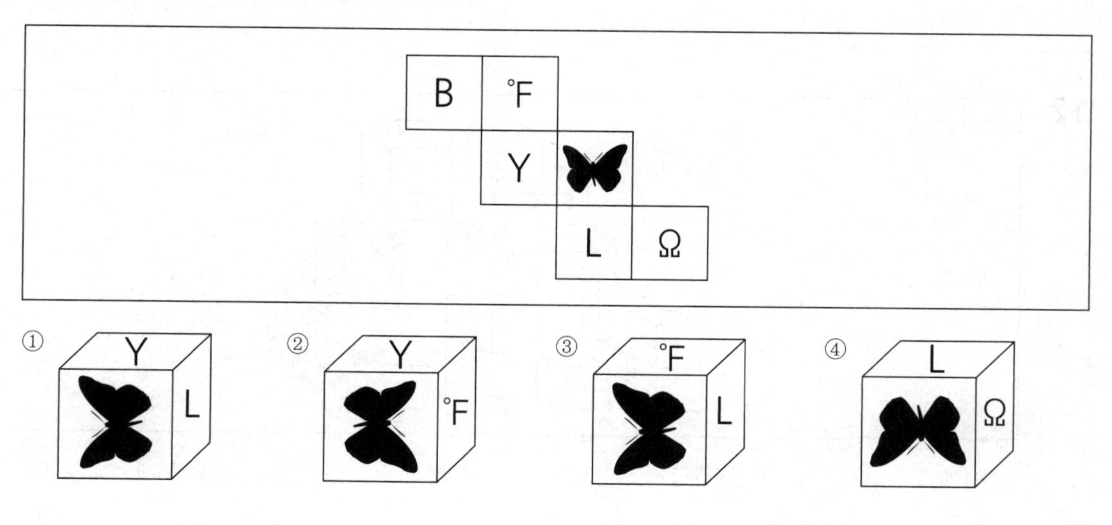

[11~14] 아래에 제시된 그림과 같이 쌓기 위해 필요한 블록의 수를 고르시오.

* 블록은 모양과 크기가 모두 동일한 정육면체임

11

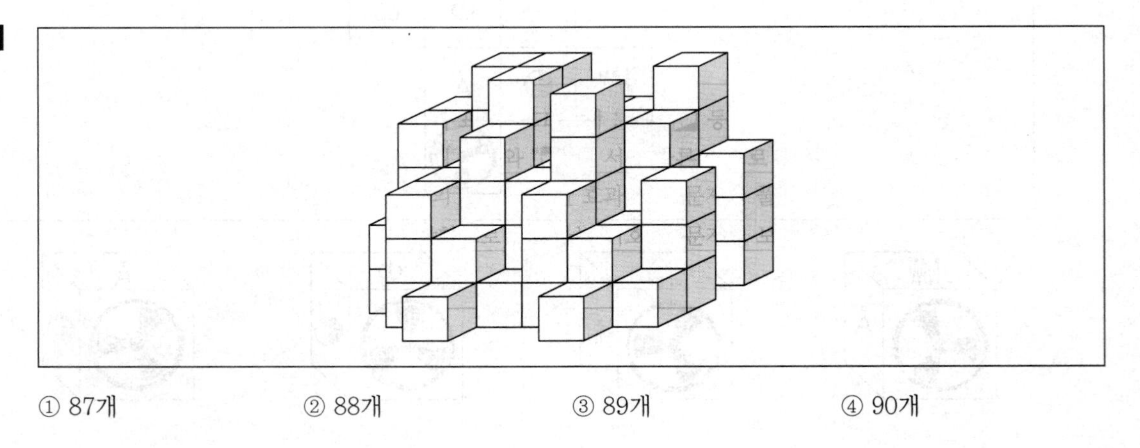

① 87개 ② 88개 ③ 89개 ④ 90개

12

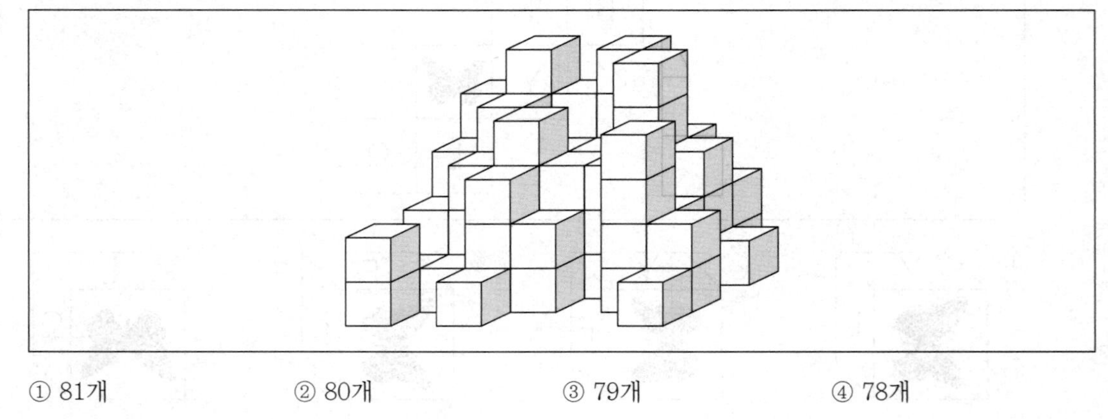

① 81개 ② 80개 ③ 79개 ④ 78개

13

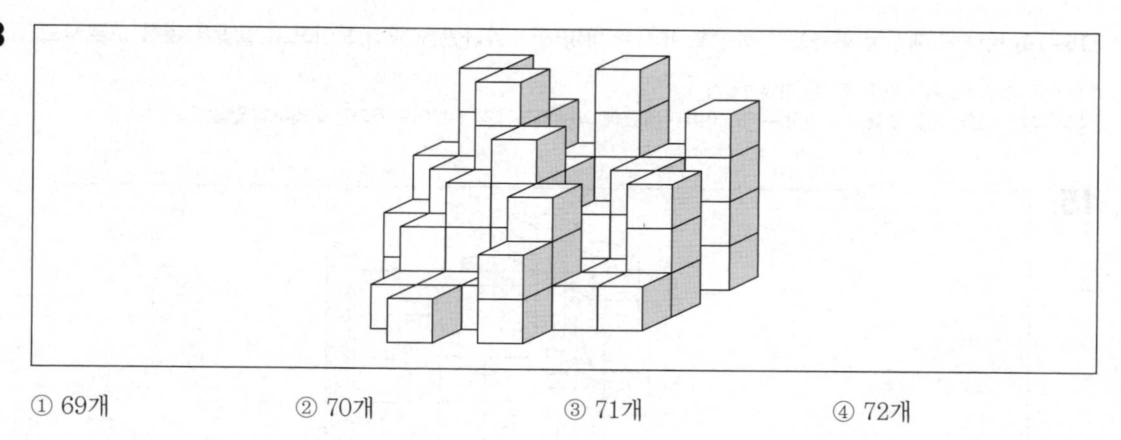

① 69개 ② 70개 ③ 71개 ④ 72개

14

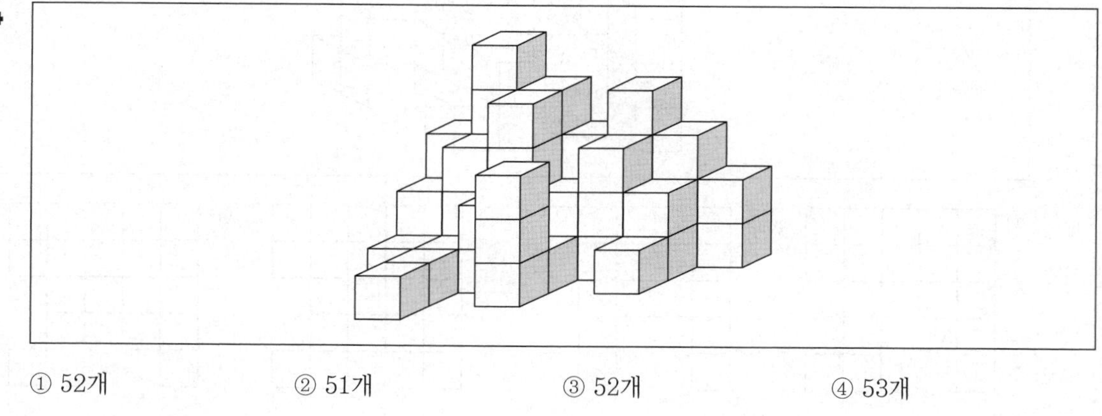

① 52개 ② 51개 ③ 52개 ④ 53개

[15~18] 아래에 제시된 블록들을 화살표 표시한 방향에서 바라봤을 때의 모양으로 알맞은 것을 고르시오.

* 블록은 모양과 크기가 모두 동일한 정육면체임
* 바라보는 시선의 방향은 블록의 면과 수직을 이루며 원근에 의해 블록이 작게 보이는 효과는 고려하지 않음

15

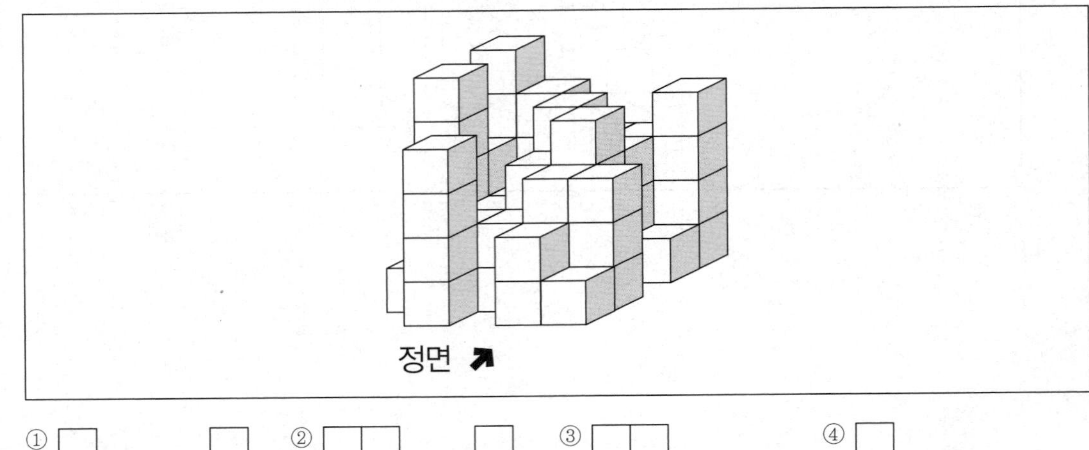

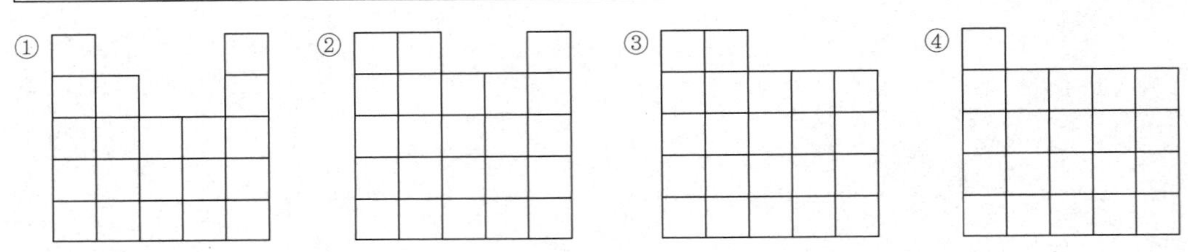

16

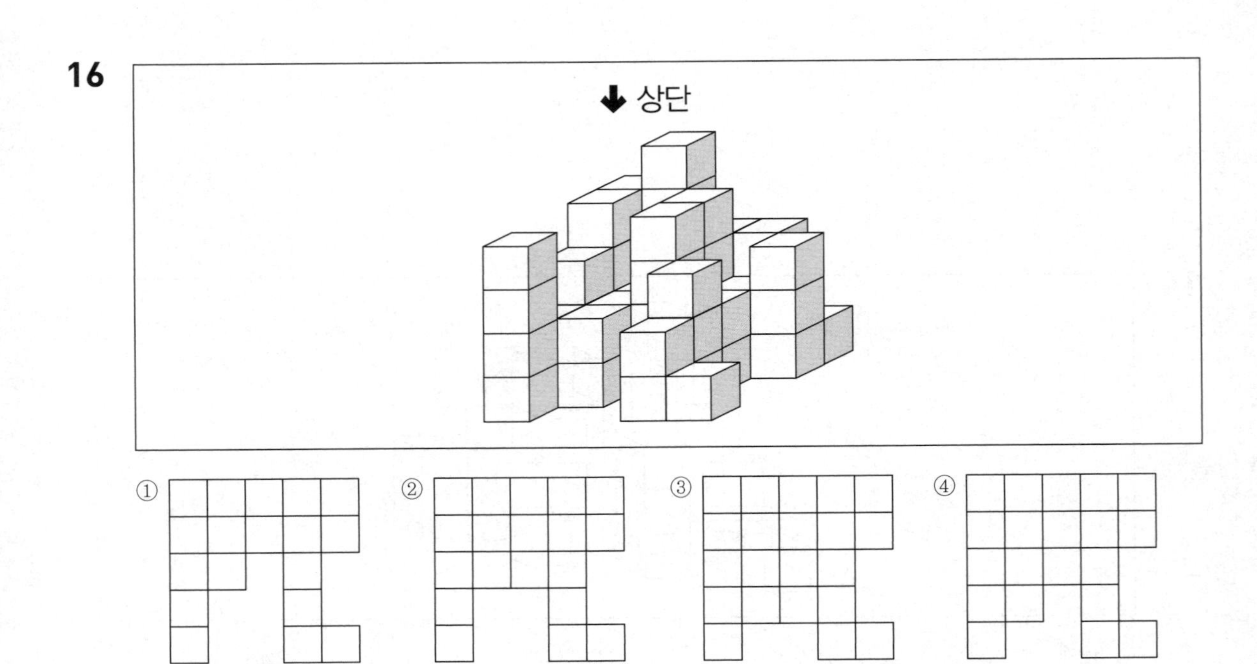

17

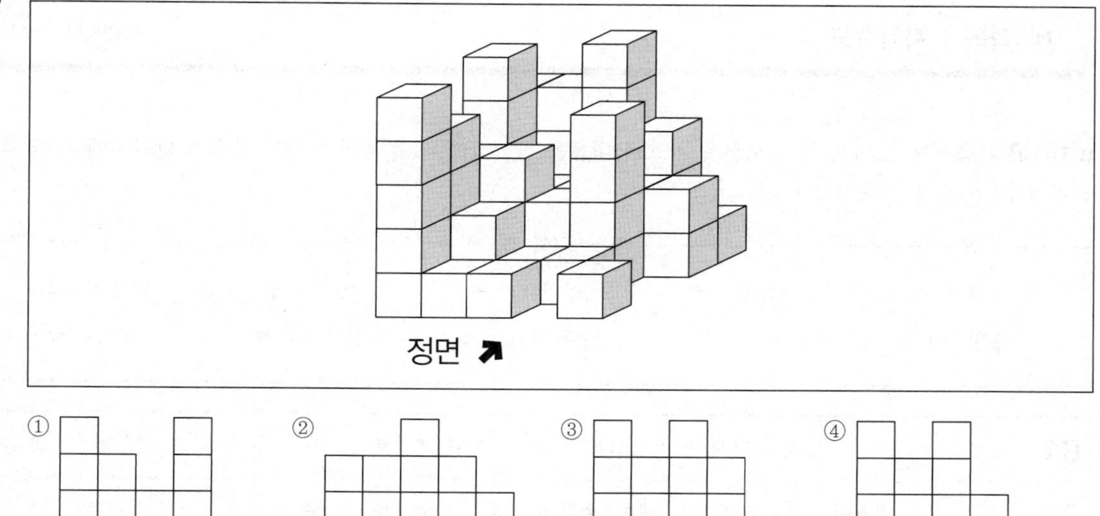

18

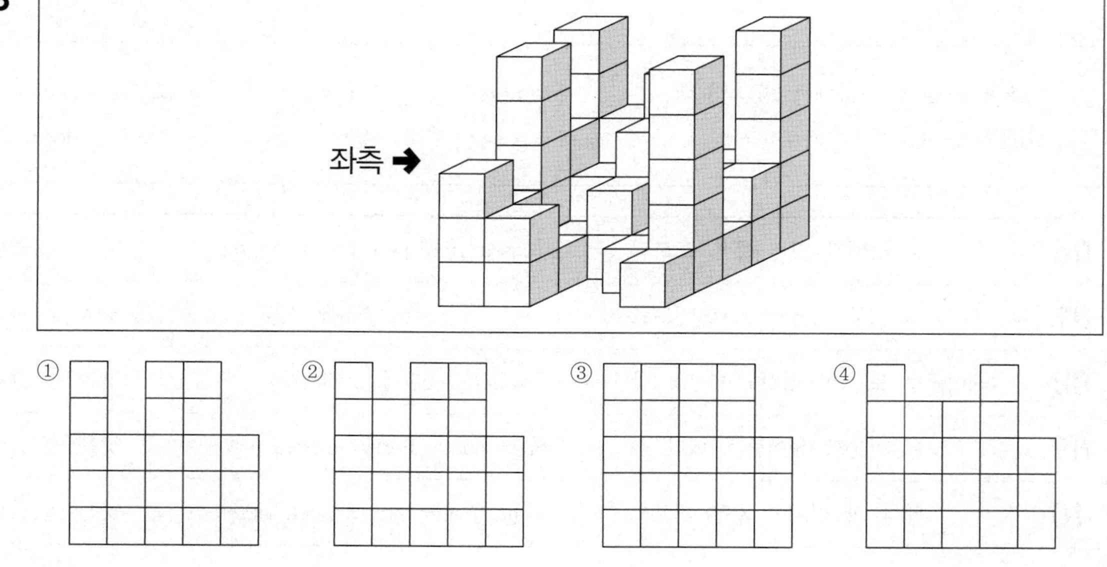

제4과목 : 지각속도 　　　　　　　　　　　　　　　　　시험시간 : 3분

[01~10] 다음 〈보기〉의 왼쪽과 오른쪽 기호의 대응을 참고하여 각 문제의 대응이 같으면 답안지에 '① 맞음'을, 틀리면 '② 틀림'을 선택하시오.

〈보 기〉

멸치 = ☀	소라게 = ☂	대벌레 = ☨	매미 = ♧	베짱이 = ♡
홍합 = ∝	소라 = ♨	귀뚜라미 = ☆	풀무치 = ♥	여치 = ☎

01	멸치 소라게 여치 소라 홍합 － ☀ ☂ ♥ ♨ ∝	① 맞음 ② 틀림
02	베짱이 여치 귀뚜라미 매미 풀무치 － ♡ ☎ ☆ ♧ ♥	① 맞음 ② 틀림
03	귀뚜라미 소라게 매미 여치 홍합 － ☆ ☂ ♧ ☎ ∝	① 맞음 ② 틀림
04	여치 소라게 멸치 홍합 풀무치 － ☎ ☂ ☀ ∝ ♥	① 맞음 ② 틀림
05	소라 매미 소라게 여치 홍합 － ☀ ♧ ☂ ☨ ∝	① 맞음 ② 틀림

〈보 기〉

아로마 = berry	헤이즐넛 = desk	호두 = note	잣 = pen	도토리 = shop
베리 = aroma	캐슈넛 = duck	노트 = paper	아몬드 = pasta	건포도 = door

06	아로마 베리 잣 아몬드 도토리 － berry aroma pen paper shop	① 맞음 ② 틀림
07	잣 호두 아몬드 노트 건포도 － pen note pasta paper door	① 맞음 ② 틀림
08	헤이즐넛 도토리 아로마 캐슈넛 잣 － desk shop berry duck pen	① 맞음 ② 틀림
09	노트 아몬드 헤이즐넛 베리 잣 － paper pasta berry aroma pen	① 맞음 ② 틀림
10	베리 잣 아로마 호두 건포도 － aroma paper berry duck door	① 맞음 ② 틀림

[11~20] 다음 〈보기〉의 왼쪽과 오른쪽 기호의 대응을 참고하여 각 문제의 대응이 같으면 답안지에 '① 맞음'을, 틀리면 '② 틀림'을 선택하시오.

〈보 기〉

111 = ★	161 = ☗	797 = ⊙	225 = ☂	383 = ☏
11 = ▷	61 = ♨	79 = ▥	25 = ▽	38 = Ͼ

11	797 61 25 383 38 – ⊙ ♨ ▽ ☏ ☗	① 맞음 ② 틀림
12	11 25 161 111 797 – ▷ ▽ ☗ ★ ⊙	① 맞음 ② 틀림
13	225 797 61 25 38 – ☂ ⊙ ♨ ▽ Ͼ	① 맞음 ② 틀림
14	383 11 111 797 161 – ☏ ▷ ★ ⊙ ☗	① 맞음 ② 틀림
15	61 225 79 38 161 – Ͼ ☂ ▥ ⊙ ☗	① 맞음 ② 틀림

〈보 기〉

버스 = 축	여관 = 초	병원 = 차	식당 = 체	회관 = 쳐
책방 = 추	커피숍 = 처	빵집 = 치	학교 = 촉	교회 = 채

16	학교 버스 책방 병원 식당 – 촉 초 추 차 체	① 맞음 ② 틀림
17	교회 책방 커피숍 버스 학교 – 채 추 처 축 촉	① 맞음 ② 틀림
18	회관 병원 책방 커피숍 학교 – 쳐 차 추 처 촉	① 맞음 ② 틀림
19	여관 식당 교회 커피숍 책방 – 초 치 채 처 촉	① 맞음 ② 틀림
20	식당 버스 빵집 책방 학교 – 체 축 치 추 축	① 맞음 ② 틀림

[21~30] 다음의 〈보기〉에서 각 문제의 왼쪽에 표시된 굵은 글씨체의 기호, 문자, 숫자의 개수를 모두 세어 오른쪽에서 찾으시오.

		〈보 기〉	〈개 수〉			
21	2	4256998275851320014565748545284631205882689422	① 6개	② 7개	③ 8개	④ 9개
22	벡	박백벡뱍복뵤벡뷰보백벽복비빅벡뱍빔벼벅벡박벙방벡바봉붕뱅빚빗벡백봇붓뱍벡	① 6개	② 7개	③ 8개	④ 9개
23	9	091549978945798234422596789513204534836591209	① 6개	② 7개	③ 8개	④ 9개
24	t	Let no one ever come to you without leaving better and happier.	① 5개	② 6개	③ 7개	④ 8개
25	ㄹ	오래전 내가 좋아했던 한 여자가 있었다. 지금 무엇을 하며 지낼까. 정말 궁금하다. 그립다.	① 4개	② 5개	③ 6개	④ 7개
26	◑	◐○◑◎●◑♧⊙♤♡◐◎⊙◈◑◎◐○◑●♤◑♡⊙♧◐♧◎⊙	① 5개	② 6개	③ 7개	④ 8개
27	i	If I had to live my life again, I'd make the same mistakes, only sooner.	① 5개	② 6개	③ 7개	④ 8개
28	5	014859756352112548959728519351005246587230212	① 8개	② 9개	③ 10개	④ 11개
29	e	Many of life's failures are people who did not realize how close they were to success when they gave up.	① 13개	② 14개	③ 15개	④ 16개
30	ㅏ	천구백구십년대, 대한민국 음악은 매우 다양했고, 그 속에서 영원히 기억될만한 명곡들이 쏟아져 나왔다.	① 7개	② 8개	③ 9개	④ 10개

대한민국 부사관 봉투모의고사

제4회 모의고사

KIDA 간부선발도구

제1과목	언어논리	제2과목	자료해석
제3과목	공간능력	제4과목	지각속도

수험번호		성　　명	

제4회 모의고사

QR코드 접속을 통해 풀이시간 측정, 자동 채점
그리고 결과 분석까지!

제1과목 : 언어논리 시험시간 : 20분

01 다음 중 밑줄 친 부분이 맞춤법 규정에 어긋나는 것은?

① 그는 목이 메어 한동안 말을 잇지 못했다.
② 어제는 종일 아이를 치다꺼리하느라 잠시도 쉬지 못했다.
③ 왠일로 선물까지 준비했는지 모르겠다.
④ 노루가 나타난 것은 나무꾼이 도끼로 나무를 베고 있을 때였다.
⑤ 그는 입술을 지그시 깨물었다.

02 다음 〈보기〉의 뜻을 모두 가진 단어는 무엇인가?

〈보 기〉

㉠ 바닥에 대고 눌러서 자국을 내다.
㉡ 물건의 끝에 가루나 액체 따위를 묻히다.
㉢ 화장품 따위를 얼굴에 조금 묻히다.
㉣ 어떤 대상을 촬영기로 비추어 그 모양을 옮기다.

① 담다
② 닦다
③ 찍다
④ 적다
⑤ 싸다

03 밑줄 친 부분의 맞춤법이 옳지 않은 것은?

① 남에게 존경 받는 사람이 돼라는 아버지의 유언
② 존경받는 사람이 되었다.
③ 아랫사람에게 존경받는 사람이 돼라.
④ 존경받는 사람이 되고 있다.
⑤ 부사관이 된 큰형

04 다음 중 어휘의 의미 관계가 ㉠ : ㉡과 다른 것은?

> 아침에 볕에 시달려서 마당이 부스럭거리면 그 소리에 잠을 깨입니다. 하루라는 '짐'이 마당에 가득한 가운데 새빨간 잠자리가 병균처럼 활동합니다. 끄지 않고 잔 석유 등잔에 불이 그저 켜진 채 소실된 밤의 흔적이 낡은 조끼 단추처럼 남아 있습니다. ㉠ 작야(昨夜)를 방문할 수 있는 '요비링'입니다. ㉡ 지난밤의 체온을 방 안에 내어던진 채 마당에 나서면 마당 한 모퉁이에는 화단이 있습니다.

① 항용(恒用) : 늘
② 바지 : 옷
③ 간혹 : 이따금
④ 백부 : 큰아버지
⑤ 금일(今日) : 오늘

05 다음 명제에 대한 추론으로 옳지 않은 것은?

> • 많이 먹으면 살이 찐다.
> • 살이 찐 사람은 체내에 수분이 많다.
> • 체내에 수분이 많으면 술에 잘 취하지 않는다.
> • 재호는 정상 몸무게인 진규보다 살이 쪘다.

① 재호는 진규보다 많이 먹는다.
② 많이 먹으면 체내에 수분이 많다.
③ 재호는 진규보다 술에 잘 취하지 않는다.
④ 체내에 수분이 많은 사람은 진규보다 재호이다.
⑤ 체내에 수분이 많지 않으면 살이 안 찐 사람이다.

06 다음 빈칸에 들어갈 단어가 차례대로 연결된 것은?

> • 김치는 우리가 (　　)해야 할 문화유산이다.
> • 싸이는 한국가요를 세계에 (　　)했다.
> • 스파게티는 이탈리아 국수요리가 우리나라에 (　　)된 음식이다.

① 전래 – 전파 – 전승
② 전승 – 전래 – 전파
③ 전파 – 전승 – 전래
④ 전승 – 전파 – 전래
⑤ 전파 – 전래 – 전승

07 다음 중 밑줄 친 부분과 어울리는 한자성어는?

> 초승달이나 보름달은 보는 이가 많지마는, 그믐달은 보는 이가 적어 그만큼 외로운 달이다. 객창한등에 정든 임 그리워 잠 못 들어 하는 분이나, 못 견디게 쓰린 가슴을 움켜잡은 무슨 한 있는 사람 아니면, 그 달을 보아 주는 이가 별로 없는 것이다.

① 동병상련(同病相憐)
② 불립문자(不立文字)
③ 각골난망(刻骨難忘)
④ 오매불망(寤寐不忘)
⑤ 감탄고토(甘呑苦吐)

08 다음 글의 내용과 일치하는 것은?

> 우리는 선인들이 남긴 훌륭한 문화유산이나 정신 자산을 언어(특히, 문자 언어)를 통해 얻는다. 언어가 시대를 넘어 문명을 전수하는 역할을 하는 것이다. 언어를 통해 전해진 선인들의 훌륭한 문화유산이나 정신 자산은 당대의 문화나 정신을 살찌우는 밑거름이 된다. 만약 언어가 없다면 선인들과 대화하는 일은 불가능할 것이다. 그렇게 되면 인류 사회는 앞선 시대와 단절되어 더 이상의 발전을 기대할 수 없게 된다. 인류가 지금과 같은 고도의 문명 사회를 이룩할 수 있었던 것도 언어를 통해 선인들과 끊임없이 대화하며 그들에게서 지혜를 얻고 그들의 훌륭한 정신을 이어받았기 때문이다.

① 언어는 인간에게 유일한 의사소통의 도구이다.
② 과거의 문화유산은 남김없이 계승되어야 한다.
③ 문자 언어는 음성 언어보다 우월한 가치를 가진다.
④ 문명의 발달은 언어의 진화와 더불어 이루어져 왔다.
⑤ 언어는 시간에 구애받지 않고 정보를 전달할 수 있다.

09 다음 내용과 가장 비슷한 의미를 가진 속담은?

> 말을 마치지 못하여서 구름이 걷히니 호승이 간 곳이 없고, 좌우를 돌아보니 팔 낭자가 또한 간 곳이 없는지라 정히 경황(驚惶)하여 하더니, 그런 높은 대와 많은 집이 일시에 없어지고 제 몸이 한 작은 암자 중의 한 포단 위에 앉았으되, 향로(香爐)에 불이 이미 사라지고, 지는 달이 창에 이미 비치었더라.

① 공든 탑이 무너지랴
② 산 까마귀 염불한다
③ 열흘 붉은 꽃이 없다
④ 고양이가 쥐 생각해 준다
⑤ 소 잃고 외양간 고친다

10 다음 문장의 밑줄 친 '이'와 같은 의미의 글자는?

> 하근찬의 단편소설 『수난이대』에는 일제 말기의 수탈과 6 · 25 전쟁의 비극적 체험이 형상화되어 있다.

① 나라를 잃고 이국땅을 떠돌았던 그는 결국 향수병에 걸렸다.
② 지금 하는 말은 네가 조금 전에 했던 말과 이율배반이 아니니?
③ 이열치열이라고, 복날에는 삼계탕이 최고지!
④ 전셋값이 폭등을 해서 이사를 할 수 밖에 없다.
⑤ 이승의 개념이 있다는 것은 저승의 존재를 인정하는 것과 같다.

11 다음 글에서 〈보기〉가 들어갈 위치로 가장 적절한 곳은?

(가) 자연계는 무기적인 환경과 생물적인 환경이 상호 연관되어 있으며 그것은 생태계로 불리는 한 시스템을 이루고 있음이 밝혀진 이래, 이 이론은 자연을 이해하기 위한 가장 기본이 되는 것으로 받아들여지고 있다. (나) 그동안 인류는 더 윤택한 삶을 누리기 위하여 산업을 일으키고 도시를 건설하며 문명을 이룩해 왔다. (다) 이로써 우리의 삶은 매우 윤택해졌으나 우리의 생활환경은 오히려 훼손되고 있으며 환경오염으로 인한 공해가 누적되고 있고, 우리 생활에서 없어서는 안 될 각종 자원도 바닥이 날 위기에 놓이게 되었다. (라) 따라서 우리는 낭비되는 자원, 그리고 날로 황폐해져 가는 자연에 대하여 우리가 해야 할 시급한 임무가 무엇인지를 깨닫고, 이를 실천하기 위해 우리 모두의 지혜와 노력을 모아야만 한다. (마)

〈보 기〉

만약 우리가 이 위기를 슬기롭게 극복해내지 못한다면 인류는 머지않아 파멸에 이르게 될 것이다.

① (가)
② (나)
③ (다)
④ (라)
⑤ (마)

12 다음 글의 내용과 일치하는 것은?

1899년 베이징의 한 금석학자는 만병통치약으로 알려진 '용골'을 살펴보다가 소스라치게 놀랐다. 용골의 표면에 암호처럼 알 듯 모를 듯한 글자들이 빼곡히 들어차 있었던 것이다. 흥분이 가신 후에 알아보니, 용골은 은 왕조의 옛 도읍지였던 허난성 안양현 샤오툰(小屯)촌 부근에서 나온 것이었다. 바로 갑골문자가 발견되는 순간이었다. 현재 갑골문자는 4천여 자가 확인되었고, 그중 약 절반 정도가 해독되었다. 사마천의 『사기』에는 은 왕조에 대해서 자세히 기록되어 있었으나, 사마천이 살던 시대보다 1천 수백 년 전의 사실이 너무도 생생하게 표현되어 있어 마치 '소설'처럼 생각되었다. 그런데 갑골문자를 연구한 결과, 거기에는 반경(般庚) 때부터 은 말까지 약 2백여 년에 걸친 내용이 적혀 있었는데, 이를 통하여 『사기』에 나오는 은나라의 왕위 계보도 확인할 수 있었다.

① 베이징은 은 왕조의 도읍지였다.
② 용골에는 당대의 소설이 생생하게 표현되었다.
③ 사마천의 『사기』에 갑골문자에 관한 기록이 나타난다.
④ 현재 갑골문자는 2천여 자가 해독되었다.
⑤ 사마천의 『사기』는 1천 수백 년 전의 사람이 만들었다.

13 다음 〈보기〉의 문장이 들어갈 위치로 적절한 것은?

> 탄수화물은 사람을 비롯한 동물이 생존하는 데 필수적인 에너지원이다. (가) 탄수화물은 섬유소와 비섬유소로 구분된다. 사람은 체내에서 합성한 효소를 이용하여 곡류의 녹말과 같은 비섬유소를 포도당으로 분해하고 이를 소장에서 흡수하여 에너지원으로 이용한다. (나) 소, 양, 사슴과 같은 반추 동물도 섬유소를 분해하는 효소를 합성하지 못하는 것은 마찬가지이지만, 비섬유소와 섬유소를 모두 에너지원으로 이용하며 살아간다. (다) 위(胃)가 넷으로 나누어진 반추 동물의 첫째 위인 반추위에는 여러 종류의 미생물이 서식하고 있다. 반추 동물의 반추위에는 산소가 없는데, 이 환경에서 왕성하게 생장하는 반추위 미생물들은 다양한 생리적 특성이 있다. (라) 식물체에서 셀룰로스는 그것을 둘러싼 다른 물질과 복잡하게 얽혀 있는데, F가 가진 효소 복합체는 이 구조를 끊어 셀룰로스를 노출시킨 후 이를 포도당으로 분해한다. F는 이 포도당을 자신의 세포 내에서 대사 과정을 거쳐 에너지원으로 이용하여 생존을 유지하고 개체 수를 늘림으로써 생장한다. (마) 이런 대사 과정에서 아세트산, 숙신산 등이 대사산물로 발생하고 이를 자신의 세포 외부로 배출한다. 반추위에서 미생물들이 생성한 아세트산은 반추 동물의 세포로 직접 흡수되어 생존에 필요한 에너지를 생성하는 데 주로 이용되고 체지방을 합성하는 데에도 쓰인다. (바)

〈보 기〉

㉠ 반면, 사람은 풀이나 채소의 주성분인 셀룰로스와 같은 섬유소를 포도당으로 분해하는 효소를 합성하지 못하므로 섬유소를 소장에서 이용하지 못한다.
㉡ 그중 피브로박터 숙시노젠(F)은 섬유소를 분해하는 대표적인 미생물이다.

	㉠	㉡
①	(가)	(라)
②	(가)	(마)
③	(나)	(라)
④	(나)	(마)
⑤	(다)	(바)

14 다음 글에서 불필요한 문장으로 옳은 것은?

> 사람들은 대개 수학 과목이 어렵다고 한다. (가) 하지만 나는 수학 시간이 재미있다. 바로 수업을 재미있게 진행하시는 수학 선생님 덕분이다. (나) 수학 선생님은 유머로 딱딱한 수학 시간을 웃음바다로 만들곤 한다. (다) 졸리는 오후 시간에 뜬금없이 외국으로 수학여행을 가자고 하여 분위기를 부드럽게 만든 후 어려운 수학 문제를 쉽게 설명한 적도 있다. (라) 그래서 우리 학교에서는 수학 선생님의 인기가 시들 줄 모른다. (마) 그리고 수학 선생님의 아들이 수학을 굉장히 잘한다는 소문이 나 있다. 내 수학 성적이 좋아진 것도 수학 선생님의 재미있는 수업 덕택이다.

① (가)
② (나)
③ (다)
④ (라)
⑤ (마)

15 다음 글의 주제로 옳은 것은?

> 싱가포르에서는 1982년부터 자동차에 대한 정기검사 제도가 시행되었는데 그 체계가 우리나라의 검사 제도와 매우 유사하게 운영되고 있다. 단, 국내와는 다르게 재검사에 대해 수수료를 부과하고 있고 금액은 처음 검사 수수료의 절반이다. 자동차 검사에서 특이한 점은 2007년 1월 1일부터 디젤 자동차에 대한 배출가스 정밀검사가 시행되고 있다는 점이다. 또한, 안전도 검사의 검사방법 및 기준은 교통부에서 주관하고 배출가스 검사의 검사방법 및 기준은 환경부에서 주관하고 있다.
>
> 싱가포르는 사실상 자동차 등록 총량제에 의해 관리되고 있다. 우리나라와는 다르게 자동차를 운행할 수 있는 권리증을 자동차 구매와 별도로 구매하여야 하며 그 가격이 매우 높다. 또한, 일정 구간(혼잡구역)에 대한 도로세를 우리나라의 하이패스 시스템과 유사한 시스템인 ERP 시스템을 통하여 징수하고 있다.
>
> 강력한 자동차 안전도 규제, 이륜차에 대한 체계적인 검사와 ERP를 이용한 관리를 통해 검사진로 내에서 사진촬영보다 유용한 시스템을 적용한다. 그리고 분기별 기기 정밀도 검사를 시행하여 국민에게 신뢰받을 수 있는 정기검사 제도를 시행하고 국민의 신고에 의한 수시검사 제도를 통하여 불법자동차 근절에 앞장서고 있다.

① 싱가포르 자동차 관리 시스템
② 싱가포르와 우리나라의 교통규제 시스템
③ 싱가포르의 자동차 정기검사 제도
④ 싱가포르의 불법자동차 근절방법
⑤ 국민에게 신뢰받는 싱가포르의 교통법규

16 다음 주장에 대한 반박으로 가장 적절한 것은?

> 비타민D 결핍은 우리 몸에 심각한 건강 문제를 일으킬 수 있다. 비타민D는 칼슘이 체내에 흡수되어 뼈와 치아에 축적되는 것을 돕고 가슴뼈 뒤쪽에 위치한 흉선에서 면역세포를 생산하는 작용에 관여하는데, 비타민D가 부족할 경우 칼슘과 인의 흡수량이 줄어들고 면역력이 약해져 뼈가 약해지거나 신체 불균형이 일어날 수 있다.
>
> 비타민D는 주로 피부가 중파장 자외선에 노출될 때 형성된다. 중파장 자외선은 피부와 혈류에 포함된 7-디하이드로콜레스테롤을 비타민D로 전환시키는데, 이렇게 전환된 비타민D는 간과 신장을 통해 칼시트리올(Calcitriol)이라는 호르몬으로 활성화된다. 바로 이 칼시트리올을 통해 우리는 혈액과 뼈에 흡수될 칼슘과 인의 흡수를 조절하는 것이다.
>
> 이러한 기능을 담당하는 비타민D를 함유하고 있는 식품은 자연에서 매우 적기 때문에, 우리의 몸은 충분한 비타민D를 생성하기 위해 주기적으로 태양빛에 노출될 필요가 있다.

① 태양빛에 노출될 경우 피부암 등의 질환이 발생하여 도리어 건강이 더 악화될 수 있다.
② 비타민D 결핍으로 인해 생기는 부작용은 주기적인 칼슘과 인의 섭취를 통해 해결할 수 있다.
③ 비타민D 보충제만으로는 체내에 필요한 비타민D를 얻을 수 없다.
④ 태양빛에 직접 노출되지 않거나 자외선 차단제를 사용했음에도 체내 비타민D 수치가 정상을 유지한다는 연구결과가 있다.
⑤ 선크림 등 자외선 차단제를 사용하더라도 비타민D 생성에 충분한 중파장 자외선에 노출될 수 있다.

17 다음 제시된 단락을 읽고, 이어질 단락을 논리적 순서대로 알맞게 배열한 것은?

> 봄에 TV를 켜면 황사를 조심하라는 뉴스를 볼 수 있다. 많은 사람이 알고 있듯이, 황사는 봄에 중국으로부터 바람에 실려 날아오는 모래바람이다. 그러나 황사를 단순한 모래바람으로 치부할 수는 없다.

> (가) 물론 황사도 나름대로 장점은 존재한다. 황사에 실려 오는 물질들이 알칼리성이기 때문에 토양의 산성화를 막을 수 있다. 그러나 이러한 장점만으로 황사를 방지하지 않아도 된다는 것은 아니다.
> (나) 그러므로 황사에는 중국에서 발생하는 매연이나 화학물질 모두 함유되어 있다. TV에서 황사를 조심하라는 것은 단순히 모래바람을 조심하라는 것이 아니라 중국 공업지대의 유해 물질을 조심하라는 것과 같은 말이다.
> (다) 황사는 중국의 내몽골자치구나 고비 사막 등의 모래들이 바람에 실려 중국 전체를 돌고 나서 한국방향으로 넘어오게 된다. 중국 전체를 돈다는 것은, 중국 대기의 물질을 모두 흡수한다는 것이다.
> (라) 개인적으로는 황사 마스크를 쓰고 외출 후에 손발을 청결히 하는 등 황사 피해에 대응할 수 있겠지만, 국가적으로는 쉽지 않다. 국가적으로는 모래바람이 발생하지 않도록 나무를 많이 심고, 공장지대의 매연을 제한하여야 하기 때문이다.

① (다) – (가) – (나) – (라)
② (나) – (다) – (가) – (라)
③ (다) – (나) – (가) – (라)
④ (다) – (나) – (라) – (가)
⑤ (나) – (가) – (다) – (라)

18 다음 글을 읽은 독자의 반응으로 적절하지 않은 것은?

> 우주로 쏘아진 인공위성들은 지구 주위를 돌며 저마다의 임무를 충실히 수행한다. 이들의 수명은 얼마나 될까? 인공위성들은 태양 전지판으로 햇빛을 받아 전기를 발생시키는 태양전지와 재충전용 배터리를 장착하여 지구와의 통신은 물론 인공위성의 온도를 유지하고 자세와 궤도를 조정하는데, 이러한 태양전지와 재충전용 배터리의 수명은 평균 15년 정도이다.
>
> 방송 통신 위성은 원활한 통신을 위해 안테나가 늘 지구의 특정 위치를 향해 있어야 하는데, 안테나 자세 조정을 위해 추력기라는 작은 로켓에서 추진제를 소모한다. 자세 제어용 추진제가 모두 소진되면 인공위성은 자세를 유지할 수 없기 때문에 더 이상의 임무 수행이 불가능해지고 자연스럽게 수명을 다하게 된다.
>
> 첩보 위성의 경우는 임무의 특성상 아주 낮은 궤도를 비행한다. 하지만 낮은 궤도로 비행하게 될 경우 인공위성은 공기의 저항 때문에 마모가 훨씬 빨라지므로 수명이 몇 개월에서 몇 주일까지 짧아진다. 게다가 운석과의 충돌 등 예기치 못한 사고로 인하여 부품이 훼손되어 수명이 다하는 경우도 있다.

① 수명이 다 된 인공위성들은 어떻게 되는 걸까?
② 별도의 충전 없이 오래가는 배터리를 사용한다면 인공위성의 수명을 더 늘릴 수 있지 않을까?
③ 안테나가 특정 위치를 향하지 않더라도 통신이 가능하도록 만든다면 방송 통신 위성의 수명을 늘릴 수 있을지도 모르겠군.
④ 첩보 위성을 높은 궤도로 비행시키면 더욱 오래 임무를 수행할 수 있을 거야.
⑤ 아무런 사고 없이 임무를 수행한 인공위성이라도 15년 정도만 사용할 수 있겠구나.

19 다음 글에 대한 설명으로 적절하지 않은 것은?

> 몽타주는 두 개 이상의 상관성이 없는 장면을 배치함으로써 새로운 의미를 도출하는 것이다. 에이젠슈타인은 몽타주의 개념을 설명하기 위해 상형문자가 합해져서 회의문자가 만들어지는 과정에서 아이디어를 빌려 왔다. 그는 두 개의 묘사 가능한 것을 병치하여 시각적으로 묘사 불가능한 것을 재현하려 했다. 가령 사람의 '눈'과 '물'의 이미지를 충돌시켜 '슬픔'의 의미를 드러내며, '문' 그림 옆에 '귀' 그림을 놓아 '도청'의 이미지를 나타내는 식이다. 의미에 있어서 단일하고, 내용에 있어서 중립적이고 묘사적인 장면을 연결시켜 지적인 의미를 만들어 내는 것이 그가 구현하려 했던 몽타주의 개념이다.

① 몽타주는 상형문자의 형성 원리를 바탕으로 만들어진 기법이다.
② 몽타주는 묘사 가능한 대상을 병치하여 묘사 불가능한 것을 재현한다.
③ '눈'과 '물'의 이미지가 한 장면에 배치되어 '슬픔'이 표현된다.
④ '문'과 '귀'의 이미지가 결합하여 '도청'이라는 의미를 나타낸다.
⑤ 단일한 의미와 중립적이고 묘사적인 장면을 연결하여 지적 의미를 구현하는 것이 몽타주이다.

20 다음 글의 제목으로 가장 알맞은 것은?

주어진 개념에 포섭시킬 수 없는 대상(의 표상)을 만난 경우, 상상력은 처음에는 기지의 보편에 포섭 시킬 수 있도록 직관의 다양을 종합할 것이다. 말하자면 뉴턴의 절대 공간, 역학의 법칙 등의 개념(보편)과 자신이 가지고 있는 특수(빛의 휘어짐)가 일치하는가, 조화로운가를 비교할 것이다. 하지만 일치되는 것이 없으므로, 상상력은 또 다시 여행을 떠난다. 즉 새로운 형태의 다양한 종합 활동을 수행해 볼 것이다. 이것은 미지의 세계로 향한 여행이다. 그리고 이 여행에는 주어진 목적지가 없기 때문에 자유롭다.

이런 자유로운 여행을 통해, 예를 들어 상대 공간, 상대 시간, 공간의 만곡, 상대성 이론이라는 새로운 개념들을 가능하게 하는 새로운 도식들을 산출한다면, 그 여행은 종결될 것이다. 여기서 우리는 왜 칸트가 상상력의 자유로운 유희라는 표현을 사용하는지 이해할 수 있게 된다. '상상력의 자유로운 유희'란 이렇게 정해진 개념이나 목적이 없는 상황에서 상상력이 그 개념이나 목적을 찾는 과정을 의미한다고 볼 수 있다. 이는 게임이다. 그리고 그 게임에 있어서 반드시 성취해야 할 그 어떤 것이 없다면, 순수한 놀이(유희)가 성립할 수 있을 것이다.

– 칸트, 『판단력비판』

① 상상력의 재발견
② 인식능력으로서의 상상력
③ 목적 없는 상상력의 활동
④ 자유로운 유희로서의 상상력의 역할
⑤ 과학적 발견의 원동력으로서의 상상력

21 글의 흐름상 ㉠에 들어갈 내용으로 가장 적절한 것은?

1455년 유럽에서 금속활자 인쇄술이 생겨나기 이전의 책은 주로 필경사들의 고단하고 지루한 필사 작업을 통해서 제작되었다. 당시의 책은 고위층이 아니면 소유하거나 접근하기 힘든 대상이었다. 그러나 인쇄술의 보급 이후 반세기 동안에 유럽인들은 무려 천만 권이 넘는 서적을 손에 쥘 수 있었다. 유럽 사회를 근대 사회로 탈바꿈하게 한 마틴 루터의 종교 개혁도 이 기술의 보급이 아니었다면 (㉠)(으)로 끝나고 말았으리라는 것이 학계의 일반적인 평가이다. 지난 1천 년 역사에서 가장 영향력 있었던 발명으로 간주되고 있는 이 금속활자 인쇄술은 어떻게 발명된 것일까?

유럽에서 금속활자 인쇄술을 고안하고 실용화하는 데 성공한 사람은 독일의 구텐베르크(Gutenberg)로 알려져 있다. 구텐베르크는 귀족 출신이었으나 금속 공예에 종사한 기술자이기도 했고, 자신이 고안한 인쇄 기술을 상업화한 상인이기도 했다. 역사적으로 성공한 모든 기술이 그렇듯이 구텐베르크의 인쇄술도 서적을 인쇄하는 데 필요한 인쇄 시스템 전체를 구성하는 기술적 요소들이 충족됨으로써 가능했다. 물론 가장 중요한 기술은 필요한 활자를 손쉽게 복제해서 제작할 수 있는 기술과 인쇄 상태를 우수하게 유지하면서 대량으로 인쇄해 낼 수 있는 기술이었다. 우선 활자를 복제하는 기술은 펀치와 모형, 그리고 수동주조기라고 불리는 것으로 구성되었다. 작고 뾰족하며 강한 금속 조각에 줄이나 끌로 문자를 볼록하게 돋을새김을 하는데, 이것을 일명 '펀치'라고 한다. 이 펀치에 연한 금속 조각을 올려놓고 두드려 각인을 해서 모형을 만든다. 수동 주조기에 이 모형을 장착하여 손쉽고 빠르게 활자를 주조해 내었다. 이 기술을 통해 인쇄를 많이 하면 활자가 닳아서 쓸모가 없어지더라도 계속해서 필요한 활자를 쉽고 빠르게 주조해 낼 수 있었다.

① 찻잔 속의 태풍
② 탄광 속의 카나리아
③ 트로이의 목마
④ 빛 좋은 개살구
⑤ 개 발에 편자

22 다음 글의 연결 순서로 가장 적절한 것은?

ㄱ. 과학은 현재 있는 그대로의 실재에만 관심을 두고 그 실재가 앞으로 어떠해야 한다는 당위에는 관심을 가지지 않는다.
ㄴ. 그러나 각자 관심을 두지 않는 부분에 대해 상대방으로부터 도움을 받을 수 있기 때문에 상호 보완적이라고 보는 것이 더 합당하다.
ㄷ. 과학과 종교는 상호 배타적인 것이 아니며 상호 보완적이다.
ㄹ. 반면 종교는 현재 있는 그대로의 실재보다는 당위에 관심을 가진다.
ㅁ. 이처럼 과학과 종교는 서로 관심의 영역이 다르기 때문에 배타적이라고 볼 수 있다.

① ㄱ － ㄹ － ㄴ － ㄷ － ㅁ
② ㄱ － ㄹ － ㅁ － ㄷ － ㄴ
③ ㄷ － ㄱ － ㄹ － ㅁ － ㄴ
④ ㄷ － ㄴ － ㄱ － ㄹ － ㅁ
⑤ ㄷ － ㄹ － ㄱ － ㅁ － ㄴ

23 다음 글의 A와 B의 견해에 대한 평가로 옳은 것만을 〈보기〉에서 모두 고른 것은?

여성의 사회 활동이 활발한 편에 속하는 미국에서조차 공과대학에서 여학생이 차지하는 비율은 20%를 넘지 않는다. 독일 대학의 경우도 전기 공학이나 기계 공학 분야의 여학생 비율이 2.3%를 넘지 않는다. 우리나라 역시 공과대학의 여학생 비율은 15%를 밑돌고 있고, 여교수의 비율도 매우 낮다.

여성주의자들 중 A는 기술에 각인된 '남성성'을 강조함으로써 이 현상을 설명하려고 한다. 그에 따르면, 지금까지의 기술은 자연과 여성에 대한 지배와 통제를 끊임없이 추구해온 남성들의 속성이 반영된, 본질적으로 남성적인 것이다. 이에 반해 여성은 타고난 출산 기능 때문에 자연에 적대적일 수 없고 자연과 조화를 추구한다고 한다. 남성성은 공격적인 태도로 자연을 지배하려 하지만, 여성성은 순응적인 태도로 자연과 조화를 이루려한다. 때문에 여성성은 자연을 지배하는 기술과 대립할 수밖에 없다. 이에 따라 A는 여성성에 바탕을 둔 기술을 적극적으로 개발해야만 비로소 여성과 기술의 조화가 가능해진다고 주장한다.

다른 여성주의자 B는 여성성과 남성성 사이에 근본적인 차이가 존재하지 않는다고 주장한다. 그는 여성에게 주입된 성별 분업 이데올로기와 불평등한 사회 제도에 의해 여성의 능력이 억눌리고 있다고 생각한다. 그에 따르면, 여성은 '기술은 남성의 것'이라는 이데올로기를 어릴 적부터 주입받게 되어 결국 기술 분야에 어렵게 진출하더라도 남성에게 유리한 각종 제도의 벽에 부딪히면서 자신의 능력을 사장시키게 된다. 이에 따라 B는 여성과 기술의 관계에 대한 인식을 제고하는 교육을 강화하고 여성의 기술 분야 진출과 승진을 용이하게 하는 제도적 장치를 마련해야 한다고 주장한다. 그래야만 기술 분야에서 여성이 겪는 소외를 극복하고 여성이 자기 능력을 충분히 발휘할 수 있는 여건이 만들어질 수 있다고 보기 때문이다.

〈보 기〉

ㄱ. A에 따르면 여성과 기술의 조화를 위해서는 자연과 조화를 추구하는 기술을 개발해야 한다.
ㄴ. B에 따르면 여성이 남성보다 기술 분야에 많이 참여하지 않는 것은 신체적인 한계 때문이다.
ㄷ. A와 B에 따르면 한 사람은 남성성과 여성성을 동시에 갖고 있다.

① ㄱ
② ㄴ
③ ㄱ, ㄷ
④ ㄴ, ㄷ
⑤ ㄱ, ㄴ, ㄷ

[24~25] 다음 글을 읽고 물음에 답하시오.

지구상에서는 매년 약 10만 명 중의 한 명이 목에 걸린 음식물 때문에 질식사하고 있다. 이러한 현상은 인간의 호흡기관과 소화기관이 목구멍 부위에서 교차하는 구조로 되어 있기 때문에 발생한다. 인간과 달리, 곤충이나 연체동물 같은 무척추동물은 교차 구조가 아니어서 음식물로 인한 질식의 위험이 없다. 인간의 호흡 기관이 이렇게 불합리한 구조를 갖게 된 원인은 무엇일까?

바닷속에 서식했던 척추동물의 조상형 동물들은 체와 같은 구조를 이용하여 물속의 미생물을 걸러 먹었다. 이들은 몸집이 아주 작아서 물속에 녹아 있는 산소가 몸 깊숙한 곳까지 자유로이 넘나들 수 있었기 때문에 별도의 호흡계가 필요하지 않았다. 그런데 몸집이 커지면서 먹이를 거르던 체와 같은 구조가 호흡 기능까지 갖게 되어 마침내 아가미 형태로 변형되었다. 즉, 소화계 일부가 호흡 기능을 담당하게 된 것이다. 그 후 호흡계의 일부가 변형되어 허파로 발달하고, 그 허파는 위장으로 이어지는 식도 아래쪽으로 뻗어 나갔다. 한편, 공기가 드나드는 통로는 콧구멍에서 입천장을 뚫고 들어가 입과 아가미 사이에 자리 잡게 되었다. 이러한 진화 과정을 보여 주는 것이 폐어(肺魚) 단계의 호흡계 구조이다.

이후 진화 과정이 거듭되면서 호흡계와 소화계가 접하는 지점이 콧구멍 바로 아래로부터 목 깊숙한 곳으로 이동하였다. 그 결과 머리와 목구멍의 구조가 변형되지 않는 범위 내에서 호흡계와 소화계가 점차 분리되었다. 즉, 처음에는 길게 이어져 있던 호흡계와 소화계의 겹친 부위가 점차 짧아졌고, 마침내 하나의 교차점으로만 남게 된 것이다. 이것이 인간을 포함한 고등 척추동물에서 볼 수 있는 호흡계의 기본 구조이다. 따라서 음식물로 인한 인간의 질식 현상은 척추동물 조상형 단계를 지나 자리 잡게 된 허파의 위치 때문에 생겨난 진화의 결과라 할 수 있다.

이처럼 진화는 반드시 이상적이고 완벽한 구조를 창출해내는 방향으로만 이루어지는 것은 아니다. 진화 과정에서는 새로운 환경에 적응하기 위한 최선의 구조가 선택되지만, 그 구조는 기존의 구조를 허물고 처음부터 다시 만들어 낸 최상의 구조와는 차이가 있다. 그래서 진화는 불가피하게 타협적인 구조를 선택하는 방향으로 이루어지며, 순간순간의 필요에 대응한 결과가 축적되는 과정이라고 할 수 있다. 질식의 원인이 되는 교차된 기도와 식도의 경우처럼, 진화의 산물이 (   ) 이유가 바로 여기에 있다.

24 빈칸에 들어갈 말로 옳은 것은?

① 좀처럼 진화 이전의 형태를 짐작하기 어려운
② 결국엔 다시 퇴화를 불러일으키는
③ 진화를 거듭할수록 오히려 생존에 불리해지는
④ 우리가 보기에는 납득할 수 없는 불합리한 구조를 지니게 되는
⑤ 필요 이상으로 복잡한 구조를 가지게 되는

25 윗글을 읽고 추측한 것으로 옳지 않은 것은?

① 구강호흡이 가능한 것은 기도와 식도가 목에서 교차하고 있기 때문이다.
② 포유류와 어류는 같은 조상형 동물로부터 진화했을 것이다.
③ 음식물을 먹다가 질식하는 것은 인간뿐일 것이다.
④ 폐어는 허파와 아가미를 모두 가지고 있을 것이다.
⑤ 척추동물의 조상형 동물들도 산소가 필요했을 것이다.

제2과목 : 자료해석

시험시간 : 25분

01 두 지점 A, B 사이를 자동차로 왕복하는 데 A지점에서 B지점으로 갈 때는 시속 60km, B지점에서 A지점으로 돌아올 때는 80km 속도로 운전하였다. 총 1시간 45분이 걸렸다면 두 지점 간 거리는?

① 50km
② 60km
③ 70km
④ 80km

02 K 씨의 집은 A에 있고, 직장은 B에 있다. 출근할 때에는 (가)지역을 지나고, 퇴근할 때에는 (나)지역을 지난다. K 씨가 출퇴근하는 경로의 수는 모두 몇 가지인가?

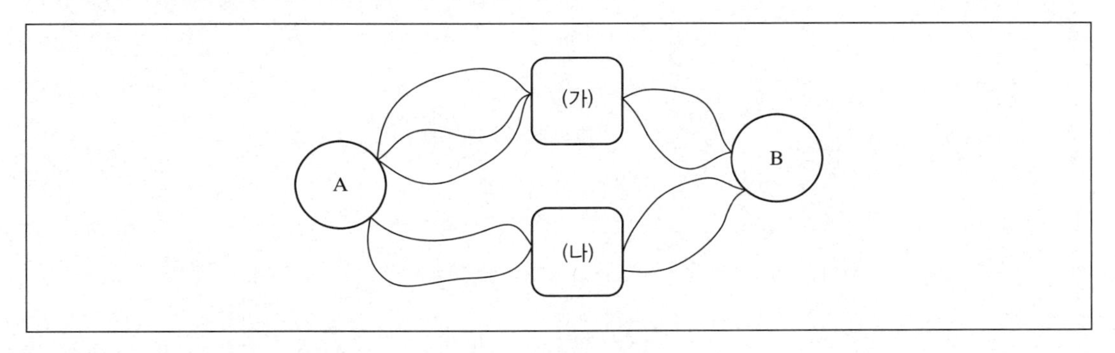

① 24가지
② 26가지
③ 30가지
④ 38가지

03 다음은 수학탐구반 학생 5명의 수학 성적을 나타낸 표이다. 수학 성적의 평균은 몇 점인가?

수학 성적	60점	70점	80점	합 계
도 수	1명	3명	1명	5명

① 67점
② 70점
③ 73점
④ 76점

04 다음은 총무업무를 담당하는 A병사의 통화내역이다. 국내통화가 1분당 15원, 국제통화가 1분당 40원이라면 A병사의 통화요금은?

일 시	통화 내용	시 간
4/5(화) 10:00	신규간부 명함 제작 관련 인쇄소 통화	10분
4/6(수) 14:00	부대 간부 진급선물 선정 관련 거래업체 통화	30분
4/7(목) 09:00	예산편성 관련 해외 파병 부대 현지 담당자 통화	60분
4/8(금) 15:00	부대 청소용역 관리 관련 제휴업체 통화	30분

① 1,550원
② 1,800원
③ 2,650원
④ 3,450원

05 다음은 일본과 한국 두 나라에서 휴대전화와 게임기 1대를 생산하는 데 들어가는 비용을 나타낸 것이다. 휴대전화와 게임기 1대의 국제 가격이 동일하고, 두 나라가 휴대전화와 게임기를 1 : 1로 교환하는 무역의 상황을 가정할 때 옳지 않은 것은?

(단위 : 달러)

국 가	게임기 생산비	휴대전화 생산비	휴대전화 생산비/게임기 생산비	게임기 생산비/휴대전화 생산비
일 본	100	120	1.2	0.83
한 국	90	80	0.88	1.12

① 한국은 게임기와 휴대전화 두 상품의 비용 면에서 일본에 비해 절대 우위의 상태에 있다.
② 한국은 휴대전화를 수출하고 게임기를 수입하는 것이 이익이다.
③ 일본이 한국에 휴대전화를 수출하고 게임기를 수입하는 것은 옳지 않다.
④ 일본은 한국에 비해 게임기 생산비가 더 높기 때문에 게임기를 수출해도 이익을 얻을 수 없다.

06 다음은 A국의 2011~2020년 알코올 관련 질환 사망자 수에 대한 자료이다. 이에 대한 설명으로 옳은 것은?

구 분(명) / 연 도(년)	남 성		여 성		전 체	
	사망자 수	인구 10만 명당 사망자 수	사망자 수	인구 10만 명당 사망자 수	사망자 수	인구 10만 명당 사망자 수
2011	4,400	18.2	340	1.4	4,740	9.8
2012	4,674	19.2	374	1.5	5,048	10.2
2013	4,289	17.6	387	1.6	4,676	9.6
2014	4,107	16.8	383	1.6	4,490	9.3
2015	4,305	17.5	396	1.6	4,701	9.5
2016	4,243	17.1	400	1.6	4,643	9.3
2017	4,010	16.1	420	1.7	4,430	8.9
2018	4,111	16.5	424	1.7	( )	9.1
2019	3,996	15.9	497	2.0	4,493	9.0
2020	4,075	16.2	474	1.9	( )	9.1

① 2018년과 2020년의 전체 사망자 수는 같다.
② 남성 인구 10만 명당 사망자 수가 가장 많은 해의 전년 대비 남성 사망자 수 증가율은 5% 이상이다.
③ 남성 사망자 수는 매년 증가한다.
④ 매년 남성 인구 10만 명당 사망자 수는 여성 인구 10만 명당 사망자 수의 8배 이상이다.

07 다음은 5개 회사에서 판매 중인 화장지를 비교해 놓은 표이다. 어느 곳의 화장지를 사는 것이 가장 이득이겠는가? (단, 화장지의 품질은 고려하지 않고, 한 묶음으로만 판매한다)

〈회사별 화장지 비교〉

구 분	A 사	B 사	C 사	D 사	E 사
가 격(원)	16,800	19,500	20,500	22,500	23,500
길 이(m)	28	30	32	35	36
개 수(개/묶음)	24	24	25	24	25

① A사
② B사
③ C사
④ D사

08 다음은 세계 각국의 강수량 현황을 나타낸 것이다. 〈보기〉 중 옳지 않은 것을 모두 고른 것은?

〈세계 연평균 강수량과 1인당 강수량〉

국가	한국	일본	미국	영국	중국	세계 평균
연평균 강수량 (mm/년)	1,245	1,718	736	1,220	627	880
1인당 강수량 (톤/년/인)	2,591	5,106	25,021	4,969	174,016	19,635

〈보 기〉

(ㄱ) 우리나라 연평균 강수량은 조사 대상국 중 2위이다.

(ㄴ) 우리나라의 연평균 강수량은 1,245mm로 세계 평균 880mm의 약 1.4배이다.

(ㄷ) 우리나라 1인당 강수량은 세계 평균의 1/8을 넘지 못한다.

(ㄹ) 연평균 강수량 대비 1인당 강수량이 세계 평균보다 높은 나라는 중국뿐이다.

① (ㄱ), (ㄴ)
② (ㄴ), (ㄷ)
③ (ㄴ), (ㄹ)
④ (ㄷ), (ㄹ)

09 다음은 주요 국가별 자국 영화 점유율을 나타낸 자료이다. 다음 설명 중 옳지 않은 것은?

〈주요 국가별 자국 영화 점유율〉

(단위 : %)

구 분	2017년	2018년	2019년	2020년
한 국	50.8	42.1	48.8	46.5
일 본	47.7	51.9	58.8	53.6
영 국	28.0	31.1	16.5	24.0
독 일	18.9	21.0	27.4	16.8
프랑스	36.5	45.3	36.8	35.7
스페인	13.5	13.0	16.0	12.7
호 주	4.0	3.8	5.0	4.5
미 국	90.1	91.7	92.1	92.0

※ 유럽 국가 : 영국, 독일, 프랑스, 스페인

① 자국 영화 점유율에서 유럽 국가가 한국을 앞지른 해는 한 번도 없다.
② 지난 4년간 자국 영화 점유율이 매년 꾸준히 상승한 국가는 하나도 없다.
③ 2017년 대비 2020년 자국 영화 점유율이 가장 많이 하락한 국가는 한국이다.
④ 2019년 자국 영화 점유율이 해당 국가의 4년간 통계에서 가장 높은 경우는 절반 이상이다.

10 P씨가 외식프랜차이즈를 운영하면서 다수의 가맹점을 관리해왔으며, 2021년 말 기준으로 총 52개의 점포를 보유하고 있다. 다음의 자료를 참고하였을 때, 가장 많은 가맹점이 있었던 시기는?

〈○○ 프랜차이즈 개업 및 폐업 현황〉

(단위 : 개점)

구 분	2015년	2016년	2017년	2018년	2019년	2020년	2021년
개 업	5	10	1	5	0	1	11
폐 업	3	4	2	0	7	6	5

※ 점포 현황은 매년 초부터 말까지 조사한 내용임

① 2016년 말
② 2017년 말
③ 2018년 말
④ 2019년 말

11 다음은 2020년 하반기 8개국 수출수지에 관한 국제통계 자료이다. 이에 대한 설명으로 옳지 않은 것은?

〈2020년 하반기 8개국 수출수지〉

(단위 : 백만 USD)

구 분	한 국	그리스	노르웨이	뉴질랜드	대 만	독 일	러시아	미 국
7월	40,882	2,490	7,040	2,825	24,092	106,308	22,462	125,208
8월	40,125	2,145	7,109	2,445	24,629	107,910	23,196	116,218
9월	40,846	2,656	7,067	2,534	22,553	118,736	25,432	122,933
10월	41,983	2,596	8,005	2,809	26,736	111,981	24,904	125,142
11월	45,309	2,409	8,257	2,754	25,330	116,569	26,648	128,722
12월	45,069	2,426	8,472	3,088	25,696	102,742	31,128	123,557

① 한국의 수출수지 중 전월 대비 수출수지 증가량이 가장 많았던 달은 11월이다.
② 뉴질랜드의 수출수지는 8월 이후 지속해서 증가하였다.
③ 그리스의 12월 수출수지 증가율은 전월 대비 약 0.7%이다.
④ 10월부터 12월 사이 한국의 수출수지 변화 추이와 같은 양상을 보이는 나라는 2곳이다.

12 다음은 성과평가 등급별 인원비율 및 성과 상여금에 대한 자료이다. A부대의 인원은 15명이고, B부대의 인원은 11명일 때, 상여금에 대한 설명으로 옳지 않은 것은? (단, 인원은 소수점 이하 첫째 자리에서 반올림한다)

〈성과평가 등급별 인원비율 및 성과 상여금〉

구 분	S	A	B	C
인원 비율(%)	15	30	40	15
상여금(만 원)	500	420	330	290

① A부대의 S등급 상여금을 받는 인원과 B부대의 C등급 상여금을 받는 인원수는 같다.
② A등급 상여금액은 B등급 상여금액보다 약 27% 많다.
③ B부대에 지급되는 총 상여금액은 A부대 총 상여금액보다 1,200만 원이 적다.
④ A부대에 지급되는 총 상여금액은 5,660만 원이다.

13 다음은 A국과 B국의 지니계수를 보여 준다. 이에 관한 설명으로 적절한 것을 〈보기〉에서 모두 고른 것은?

구 분	2005년	2010년	2015년	2020년
A 국	0.28	0.31	0.34	0.37
B 국	0.37	0.34	0.31	0.28

〈보 기〉

㉠ 2005년에 사회구성원 간 소득 격차는 A국보다 B국이 더 컸을 것이다.

㉡ 지난 15년간 A국의 사회구성원 간 소득 격차는 감소하였다.

㉢ 2015년에 숙련근로자와 비숙련근로자 간 임금 격차는 A국보다 B국이 더 작았을 것이다.

㉣ 2020년에 마이너스 소득세*의 도입은 A국보다 B국이 더 필요했을 것이다.

* 마이너스 소득세는 고소득층에게 누진 과세하고 저소득층에게 보조금을 지급하는 소득세 제도이다.

① ㉠, ㉢　　② ㉠, ㉣

③ ㉡, ㉢　　④ ㉡, ㉣

[14~15] 다음은 2012~2021년 기초생활보장 수급자 현황에 관한 그래프이다. 다음 그래프를 보고 이어지는 물음에 답하시오.

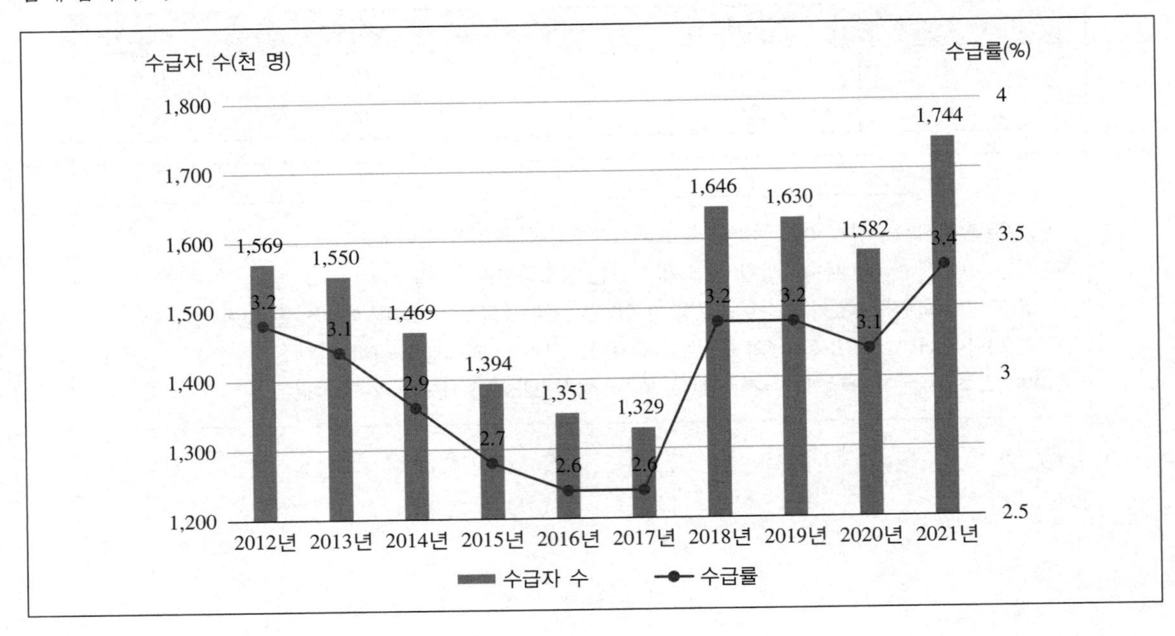

14 다음 중 2014년 대비 2018년 수급자 수의 증가율로 옳은 것은? (단, 증가율은 소수점 이하 둘째 자리에서 반올림한다)

① 4.5%
② 9.0%
③ 12.0%
④ 15.4%

15 다음 중 수급률 대비 수급자 수의 값이 가장 큰 해는?

① 2013년
② 2015년
③ 2017년
④ 2018년

16 다음은 2017~2021년 A국의 사회간접자본(SOC) 투자규모에 관한 자료이다. 이에 대한 설명으로 옳지 않은 것은?

〈A국의 사회간접자본(SOC) 투자규모〉

(단위 : 조 원, %)

구 분 \ 연 도	2017년	2018년	2019년	2020년	2021년
SOC 투자금액	20.5	25.4	25.1	24.4	23.1
총지출 대비 SOC 투자금액 비중	7.8	8.4	8.6	7.9	7.0

① 2021년 총지출은 300조 원 이상이다.
② 2018년 'SOC 투자규모'의 전년 대비 증가율은 30% 이하이다.
③ 2018~2021년 동안 'SOC 투자규모'가 전년에 비해 가장 큰 비율로 감소한 해는 2021년이다.
④ 2018~2021년 동안 'SOC 투자규모'와 '총지출 대비 SOC 투자규모 비중'의 전년 대비 증감방향은 동일하다.

17 다음은 수면제 A~D를 사용한 불면증 환자 '갑'~'무'의 숙면시간을 측정한 결과이다. 이에 대한 〈보기〉의 설명 중 옳은 것만을 모두 고르면?

(단위 : 시간)

수면제 \ 환자	갑	을	병	정	무	평 균
A	5.0	4.0	6.0	5.0	5.0	5.0
B	4.0	4.0	5.0	5.0	6.0	4.8
C	6.0	5.0	4.0	7.0	( )	5.6
D	6.0	4.0	5.0	5.0	6.0	( )

〈보 기〉

㉠ 평균 숙면시간이 긴 수면제부터 순서대로 나열하면 C, D, A, B 순이다.
㉡ 환자 '을'과 환자 '무'의 숙면시간 차는 수면제 C가 수면제 B보다 크다.
㉢ 수면제 B와 수면제 D의 숙면시간 차가 가장 큰 환자는 '갑'이다.
㉣ 수면제 C의 평균 숙면시간보다 수면제 C의 숙면시간이 긴 환자는 2명이다.

① ㉠, ㉡
② ㉠, ㉢
③ ㉡, ㉣
④ ㉡, ㉢

18 다음은 국내 반도체 · 디스플레이산업 동향에 대한 자료이다. 이에 대한 〈보기〉의 설명 중 옳은 것을 모두 고르면?

〈국내 반도체 · 디스플레이산업 동향〉

구 분		2019년	2020년	2021년
반도체	국내 반도체 생산(조 원)	72.0	68.6	66.3
	반도체 수출(억 달러)	626.5	629.2	622.3
	반도체 수입(억 달러)	364.6	382.8	366.1
	DRAM 가격(달러)	3.14	2.14	2.00
디스플레이	국내 디스플레이 생산(조 원)	43.5	44.0	30.6
	디스플레이 수출(억 달러)	323.1	296.5	251.1
	17인치 모니터 가격(달러)	57.0	48.0	43.4
	32인치 TV 가격(달러)	90.0	82.0	64.4

〈보 기〉

㉠ 반도체 세계 생산량 대비 국내 생산량의 시장 점유율은 2020년과 2021년에 전년 대비 지속적으로 하락하였다.
㉡ 2022년 전년 대비 반도체 수출 증가율이 2021년도와 동일하다면 2022년의 반도체 수출은 620억 달러 이하일 것이다.
㉢ 2021년의 전년 대비 가격 감소율이 큰 순서대로 나열하면 32인치 TV, 17인치 모니터, DRAM 순이다.
㉣ 디스플레이 수출액은 2019년 이후로 계속 증가하고 있는 추세이다.

① ㉠, ㉡
② ㉠, ㉣
③ ㉡, ㉢
④ ㉡, ㉣

19 다음은 1910년 하와이 거주민의 부모 출신지에 대한 자료이다. 이에 대한 설명으로 옳은 것은?

(단위 : 명)

어머니 \ 아버지	하와이	미국본토	일 본	중 국	한 국	필리핀	인 도	브라질	기 타
하와이	6,825	311	85	553	2	2	429	14	372
미국본토	30	820	0	9	0	0	18	0	109
일 본	1	0	15,849	2	0	0	1	0	10
중 국	50	6	0	4,054	0	1	0	0	0
한 국	0	0	0	0	883	0	0	0	1
필리핀	0	4	0	0	0	466	0	0	0
인 도	36	23	4	17	0	0	4,156	2	115
브라질	1	0	4	5	0	0	2	992	14
기 타	12	53	0	0	0	0	2	3	1,688

① 아버지의 출신지가 기타인 경우는 2,309명이다.

② 중국 출신 어머니와 하와이 출신 아버지 사이에서 태어난 경우는 하와이 출신 어머니와 중국 출신 아버지 사이에서 태어난 경우 보다 10배 이상 많다.

③ 아버지 또는 어머니가 일본 출신인 사람들의 수는 31,805명이다.

④ 어머니가 미국본토 출신인 경우가 아버지의 출신지가 미국본토인 경우보다 더 많다.

20 다음은 조선시대 A지역 인구 및 사노비 비율에 대한 자료이다. 이에 대한 <보기>의 설명 중 옳은 것만을 모두 고르면?

〈A지역 인구 및 사노비 비율〉

조사연도(년)	인 구(명)	인구중 사노비 비율(%)			
		솔거노비	외거노비	도망노비	전 체
1720	2,228	18.5	10.0	11.5	40.0
1735	3,143	13.8	6.8	12.8	33.4
1762	3,380	11.5	8.5	11.7	31.7
1774	3,189	14.0	8.8	12.0	34.8
1783	3,056	14.9	6.7	9.3	30.9
1795	2,359	18.2	4.3	6.5	29.0

〈보 기〉

ㄱ A지역 인구 중 도망노비를 제외한 사노비가 차지하는 비율은 조사연도 중 1720년이 가장 높다.
ㄴ A지역 사노비 수는 1774년이 1720년보다 많다.
ㄷ A지역 사노비 중 외거노비의 수는 1720년이 1762년보다 많다.
ㄹ A지역 인구 중 솔거노비가 차지하는 비율은 매 조사연도마다 낮아진다.

① ㄱ, ㄴ
② ㄱ, ㄷ
③ ㄴ, ㄹ
④ ㄷ, ㄹ

제3과목 : 공간능력

시험시간 : 10분

[01~05] 다음에 이어지는 물음에 답하시오.

- 입체도형을 펼쳐 전개도를 만들 때, 전개도에 표시된 그림(예 : ▮, ◪ 등)은 회전의 효과를 반영함. 즉, 본 문제의 풀이과정에서 보기의 전개도상에 표시된 "▮"와 "▬"은 서로 다른 것으로 취급함.
- 단, 기호 및 문자(예 : ☎, ♤, ♨, K, H 등)의 회전에 의한 효과는 본 문제의 풀이과정에 반영하지 않음. 즉, 입체도형을 펼쳐 전개도를 만들 때, "☎"의 방향으로 나타나는 기호 및 문자도 보기에서는 "☎"의 방향으로 표시하며 동일한 것으로 취급함.

01 다음 입체도형의 전개도로 알맞은 것은?

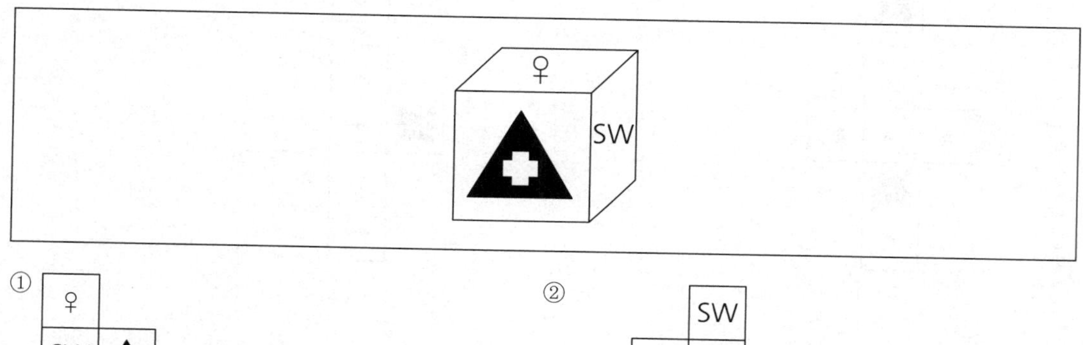

①
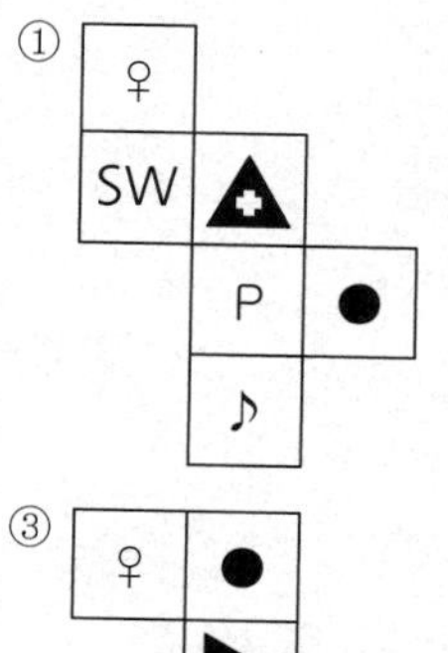

②
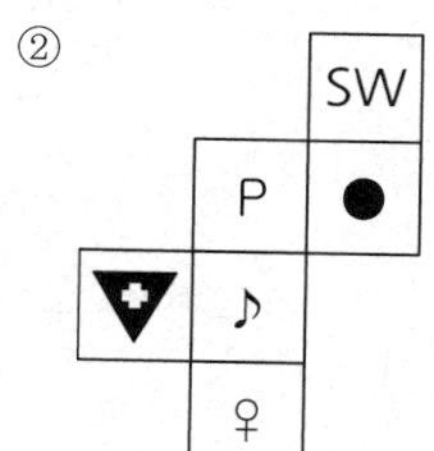

③
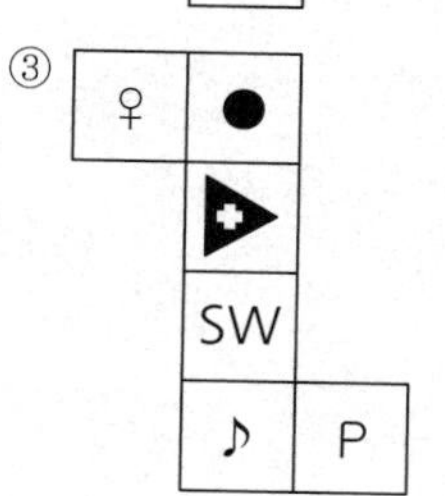

④
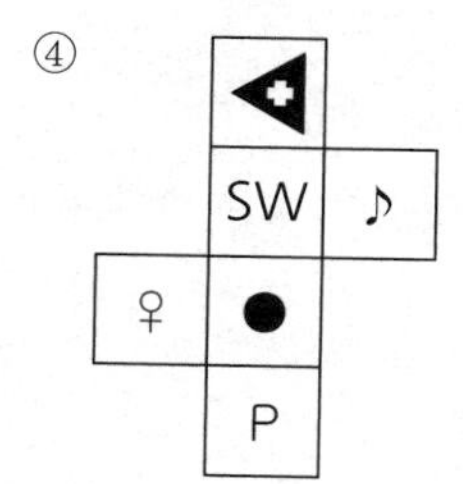

02 다음 입체도형의 전개도로 알맞은 것은?

①

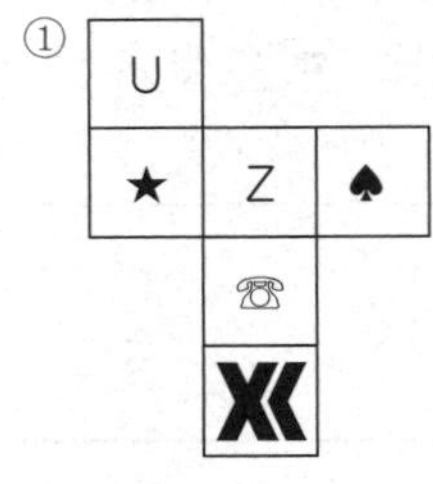

②

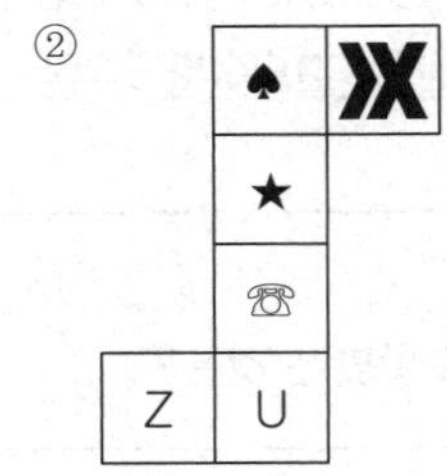

③

④

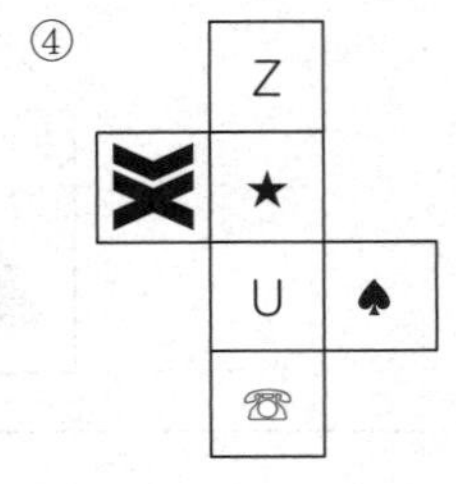

03 다음 입체도형의 전개도로 알맞은 것은?

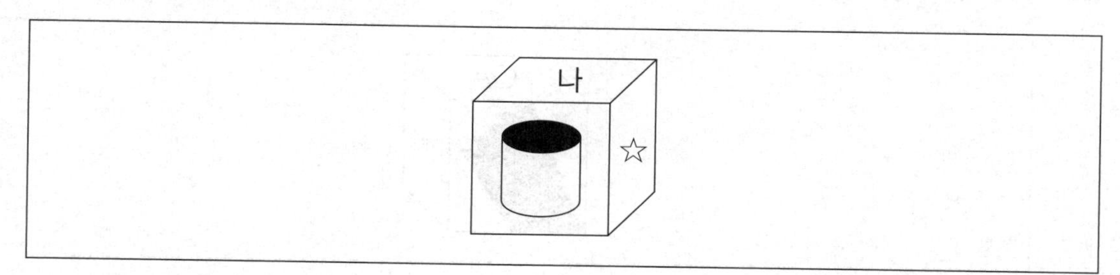

①

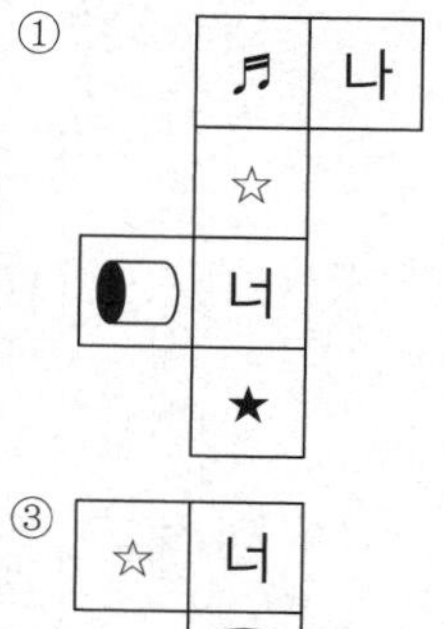

②

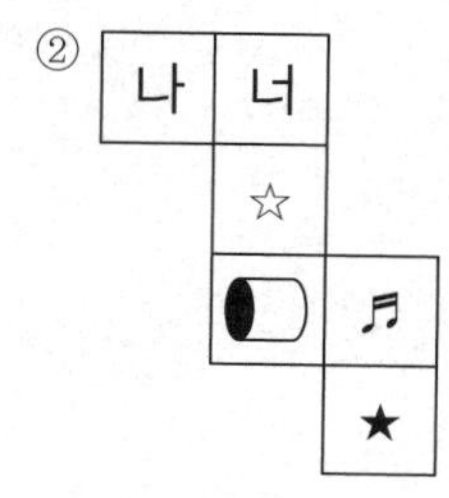

③

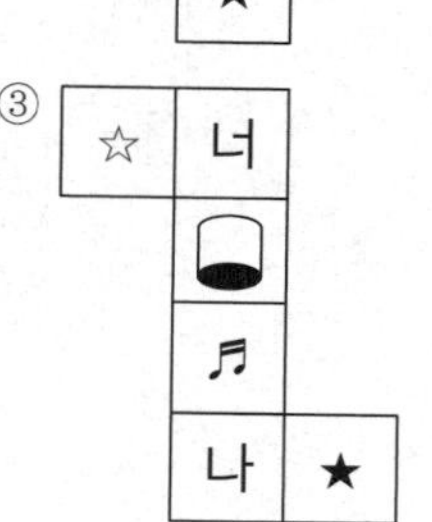

④

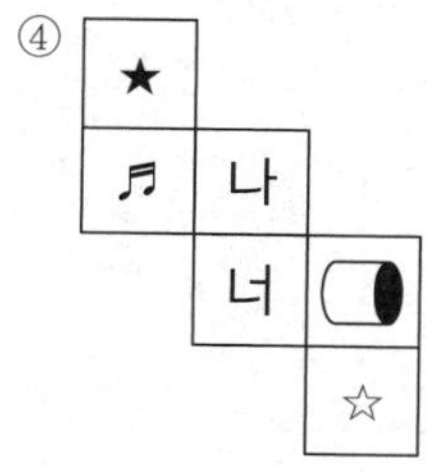

04 다음 입체도형의 전개도로 알맞은 것은?

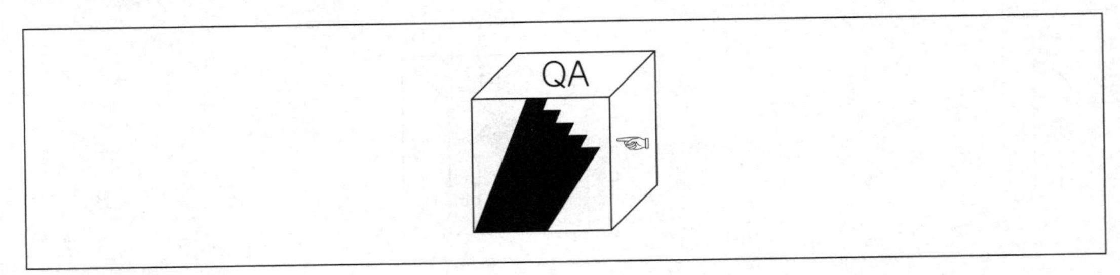

①
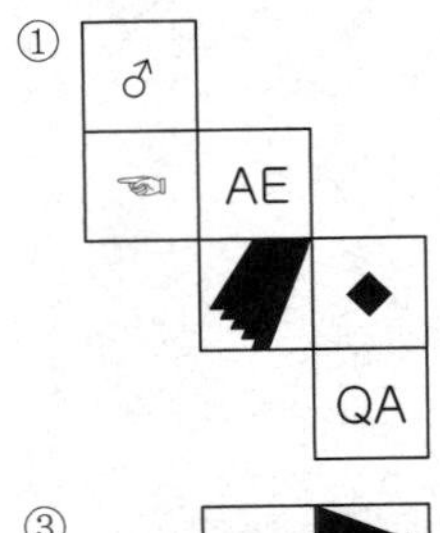

②
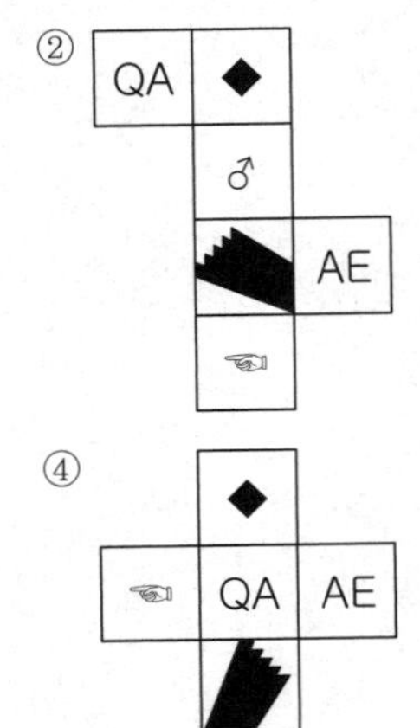

④

③
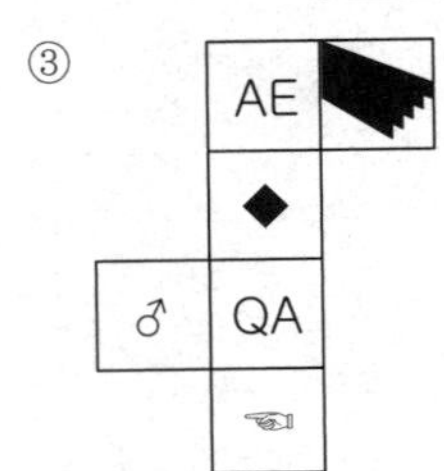

05 다음 입체도형의 전개도로 알맞은 것은?

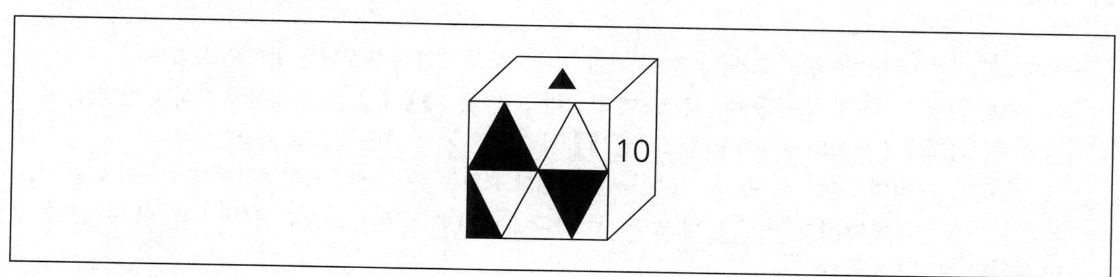

①
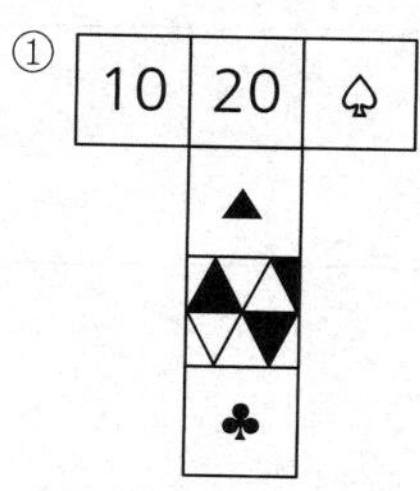

②
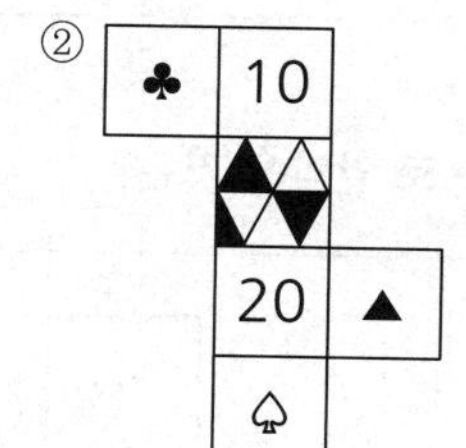

③
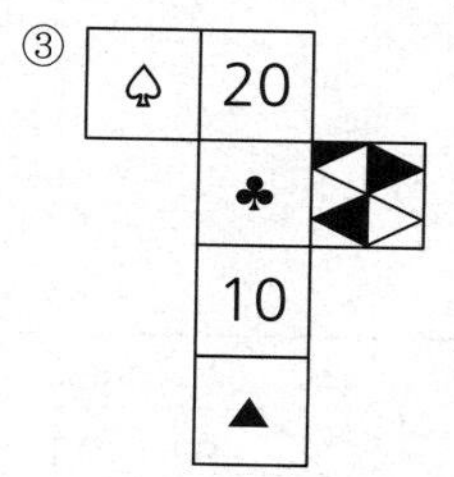

④
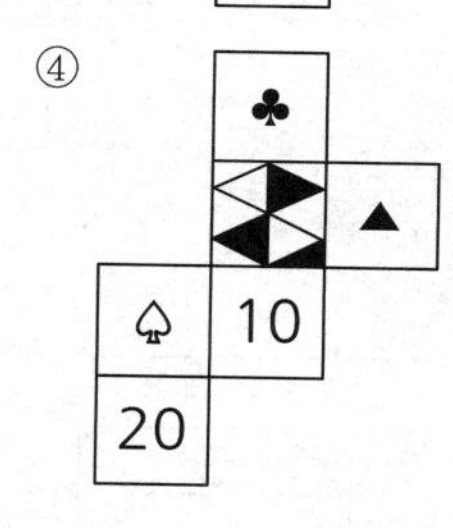

[06~10] 다음에 이어지는 물음에 답하시오.

> • 전개도를 접을 때 전개도상의 그림, 기호, 문자가 입체도형의 겉면에 표시되는 방향으로 접음.
> • 전개도를 접어 입체도형을 만들 때, 전개도에 표시된 그림(예 : ◧, ◪ 등)은 회전의 효과를 반영함. 즉, 본 문제의 풀이과정에서 보기의 전개도상에 표시된 "◧"와 "⊟"은 서로 다른 것으로 취급함.
> • 단, 기호 및 문자(예 : ☎, ♤, ♨, K, H)의 회전에 의한 효과는 본 문제의 풀이과정에 반영하지 않음. 즉, 전개도를 접어 입체도형을 만들 때, "☎"의 방향으로 나타나는 기호 및 문자도 보기에서는 "☎"의 방향으로 표시하며 동일한 것으로 취급함.

06 다음 전개도의 입체도형으로 알맞은 것은?

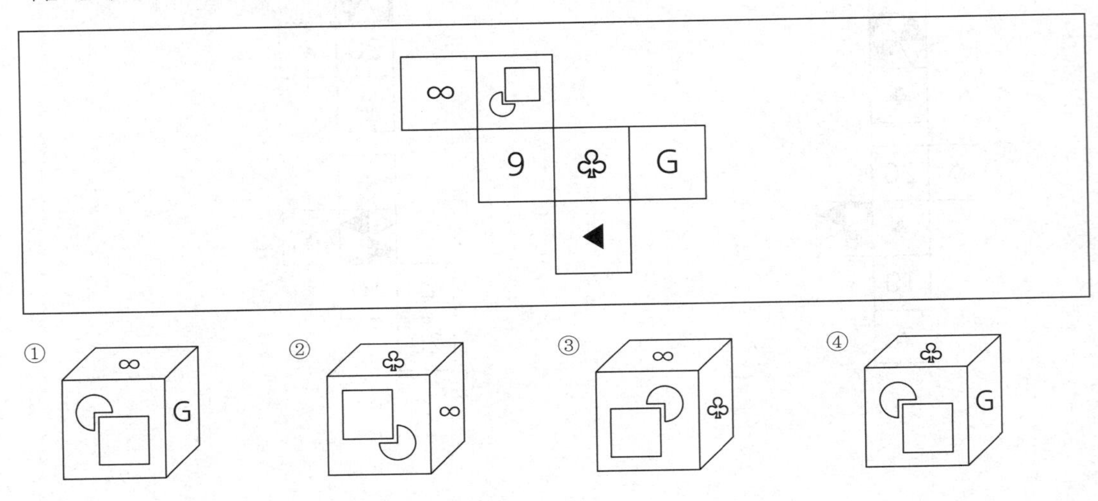

07 다음 전개도의 입체도형으로 알맞은 것은?

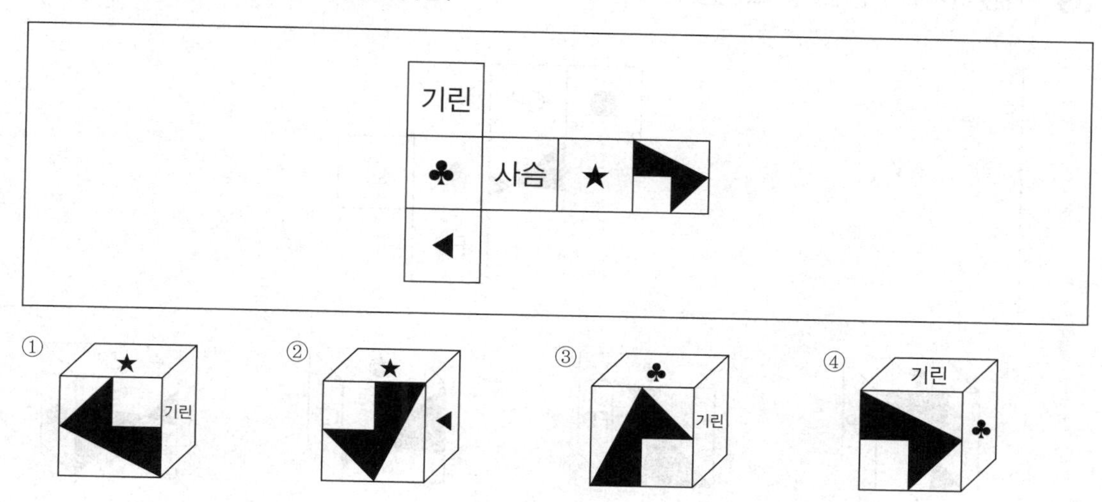

08 다음 전개도의 입체도형으로 알맞은 것은?

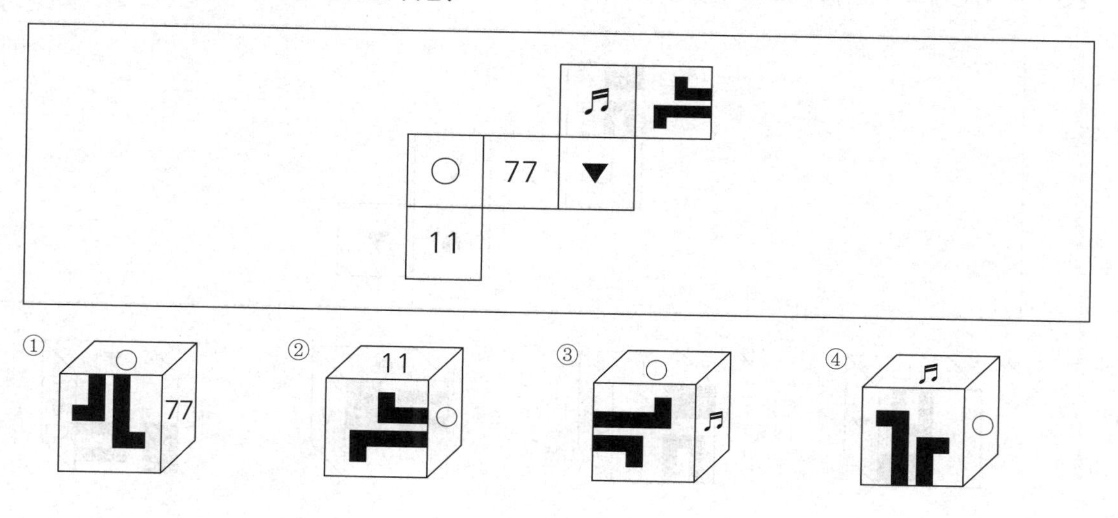

09 다음 전개도의 입체도형으로 알맞은 것은?

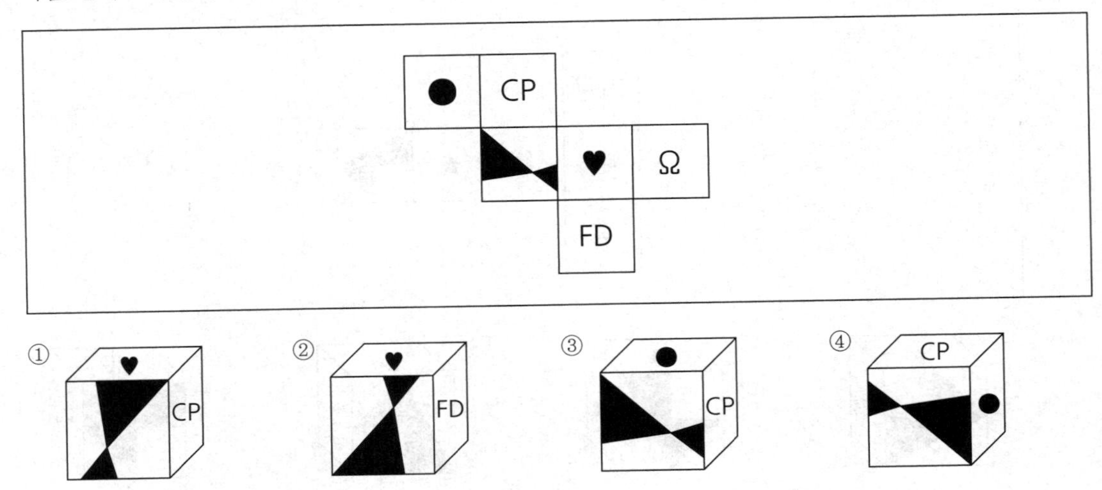

10 다음 전개도의 입체도형으로 알맞은 것은?

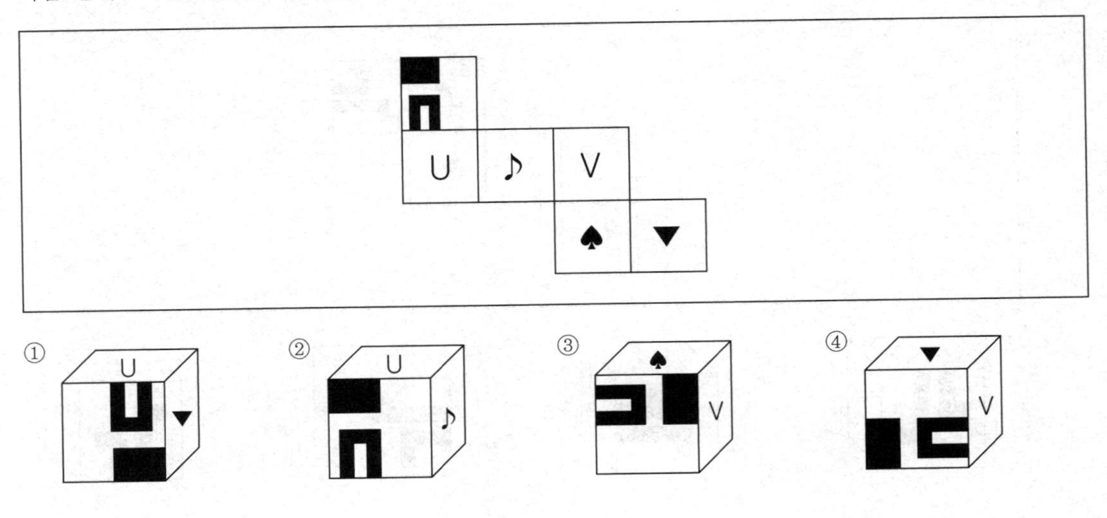

[11~14] 아래에 제시된 그림과 같이 쌓기 위해 필요한 블록의 수를 고르시오.

*블록은 모양과 크기가 모두 동일한 정육면체임

11

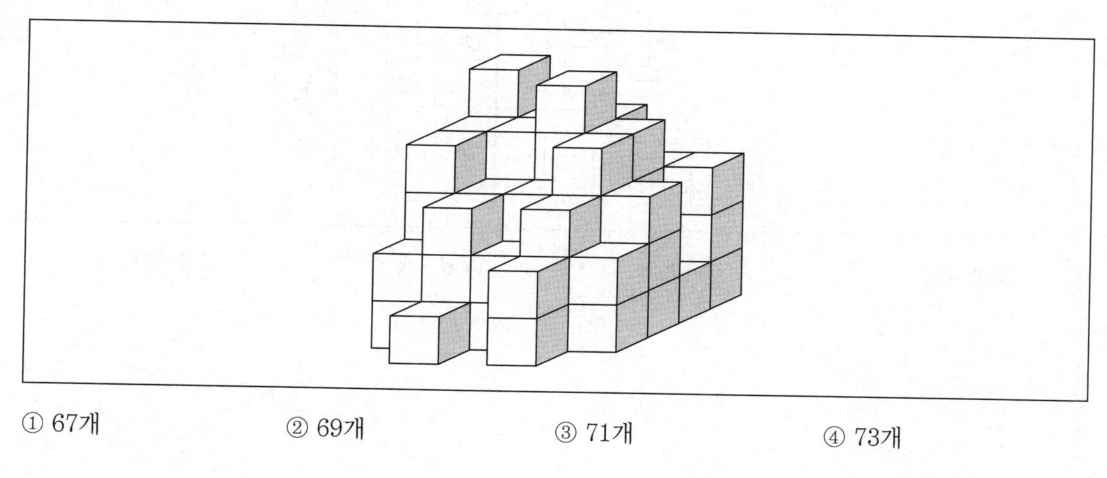

① 67개　　② 69개　　③ 71개　　④ 73개

12

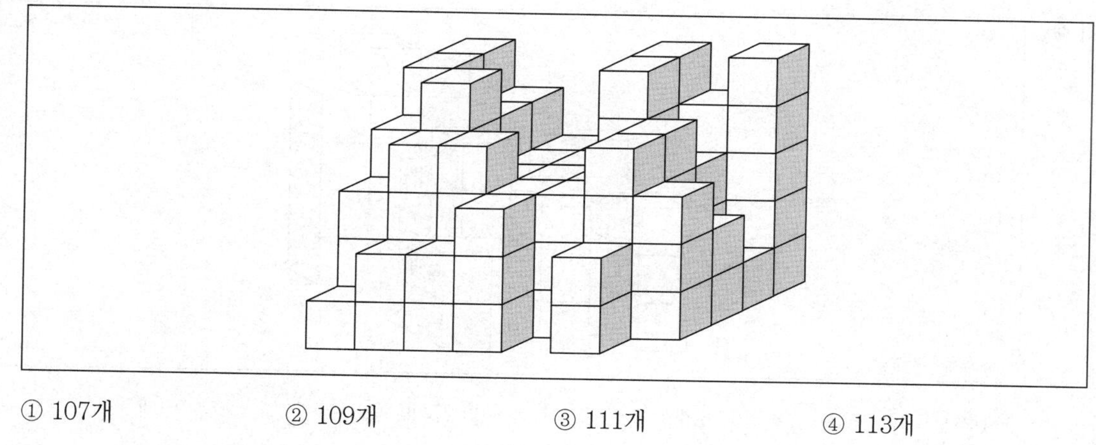

① 107개　　② 109개　　③ 111개　　④ 113개

13

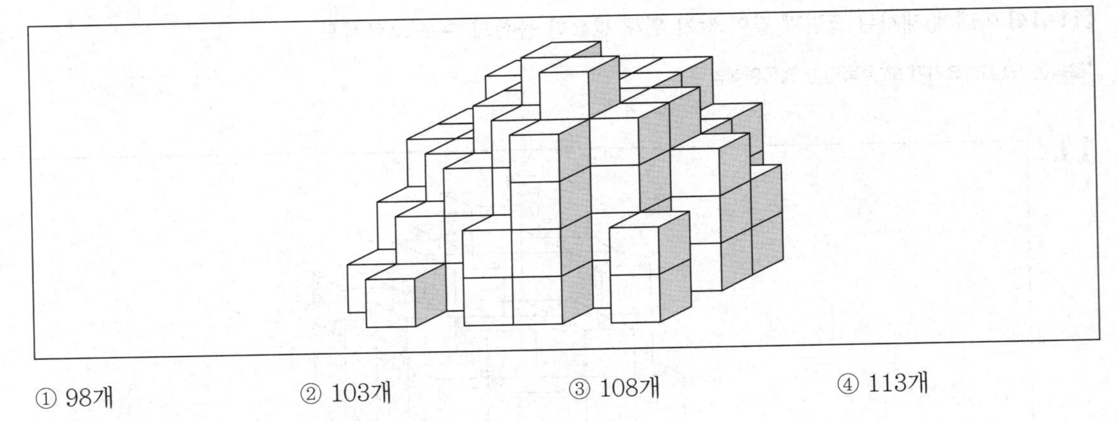

① 98개 ② 103개 ③ 108개 ④ 113개

14

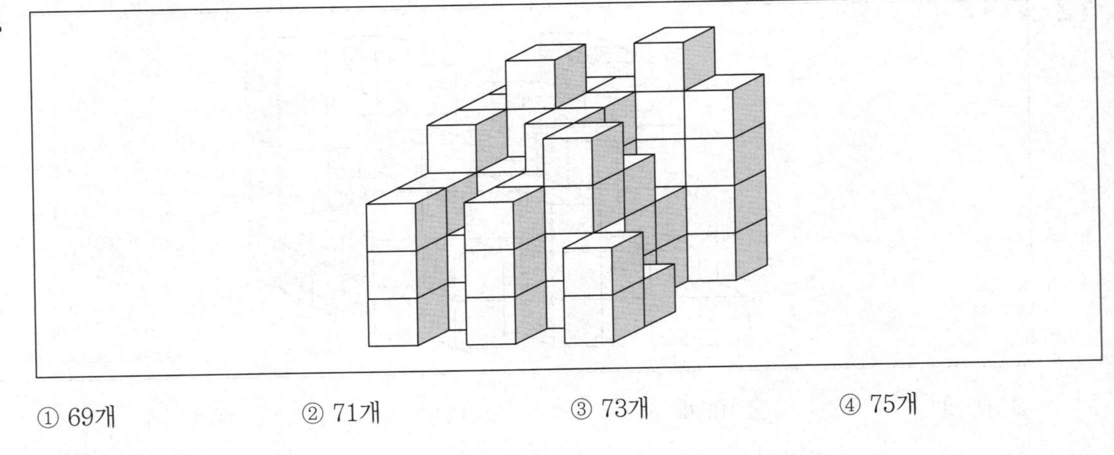

① 69개 ② 71개 ③ 73개 ④ 75개

[15~18] 아래에 제시된 블록들을 화살표 표시한 방향에서 바라봤을 때의 모양으로 알맞은 것을 고르시오.

*블록은 모양과 크기가 모두 동일한 정육면체임
*바라보는 시선의 방향은 블록의 면과 수직을 이루며 원근에 의해 블록이 작게 보이는 효과는 고려하지 않음

15

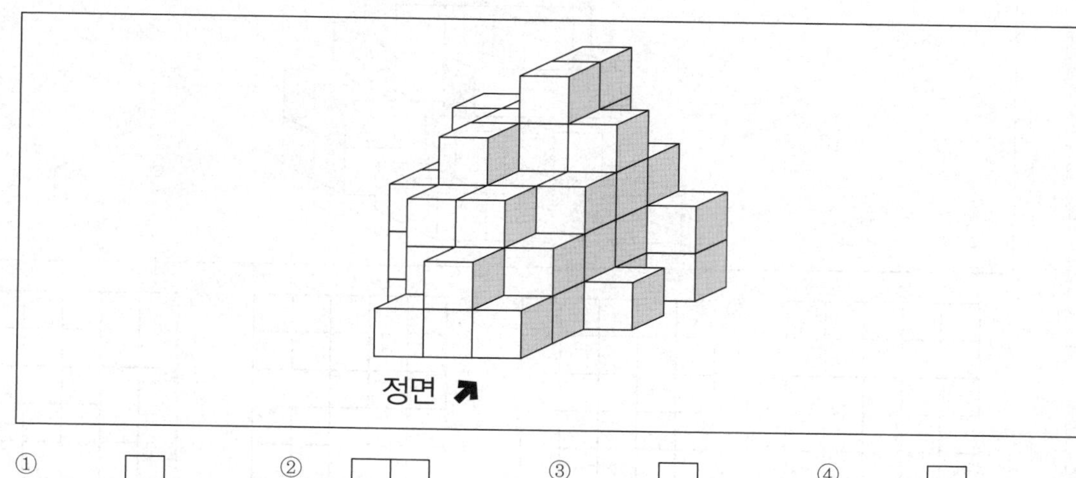

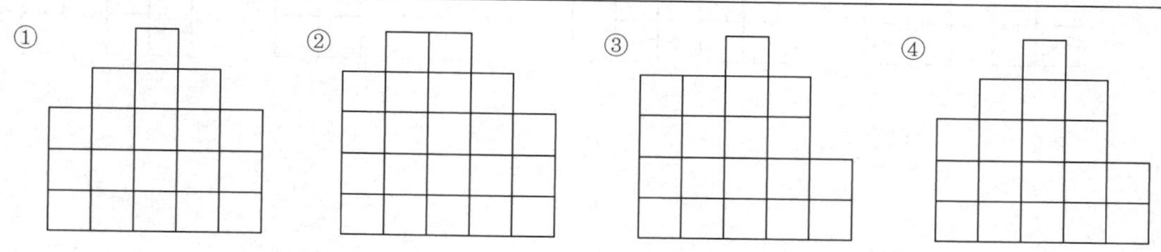

16

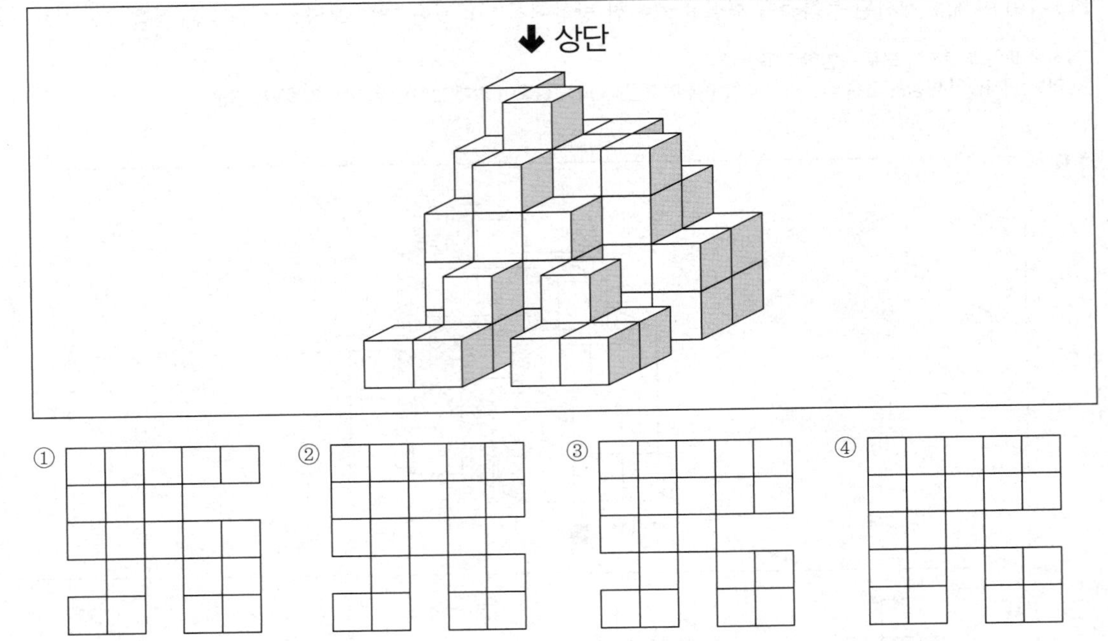

① ② ③ ④

17

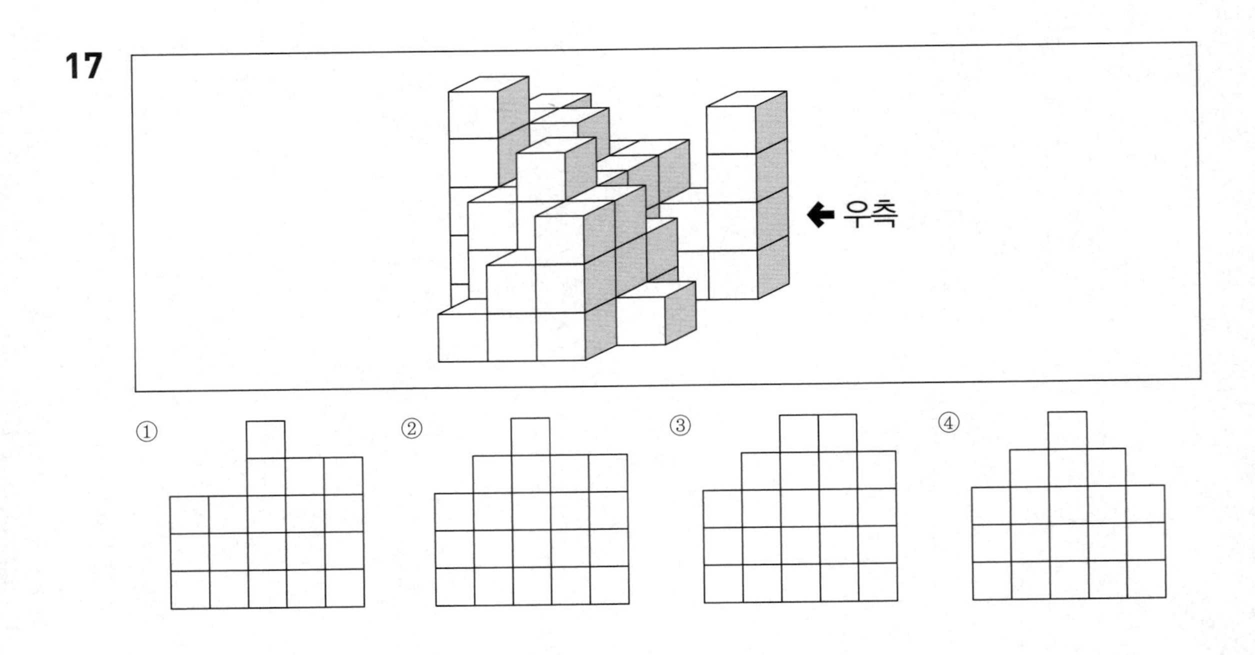

18

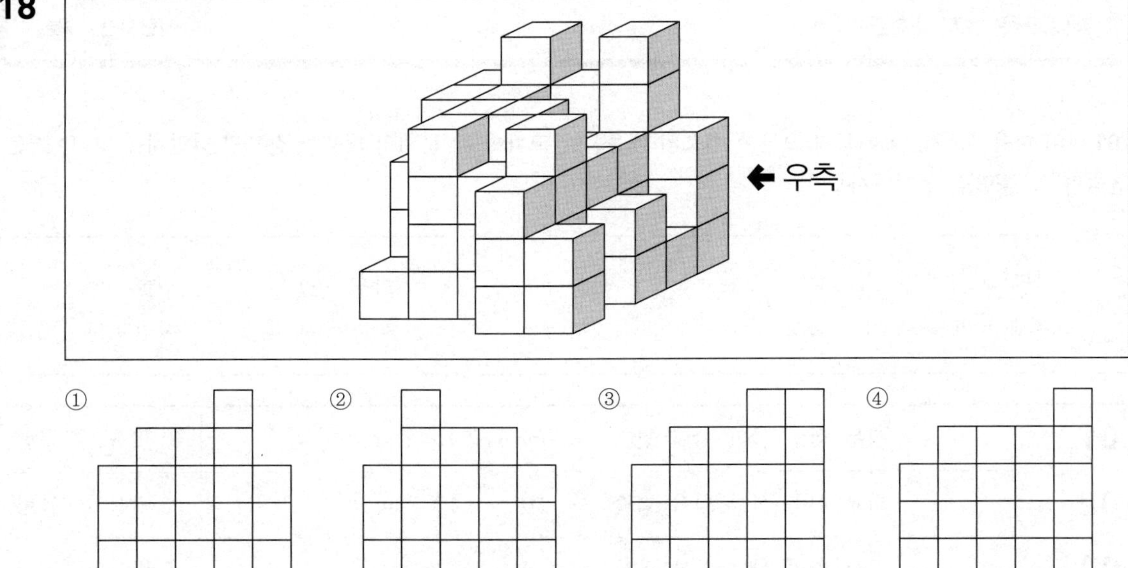

①

②

③

④

제4과목 : 지각속도

시험시간 : 3분

[01~10] 다음 〈보기〉의 왼쪽과 오른쪽 기호의 대응을 참고하여 각 문제의 대응이 같으면 답안지에 '① 맞음'을, 틀리면 '② 틀림'을 선택하시오.

〈보 기〉

한식 = (ㄱ)	한기 = (ㄴ)	학사 = (ㄷ)	함수 = (ㄹ)	힘줄 = (ㅁ)
학교 = (ㅊ)	학생 = (ㅈ)	할부 = (ㅇ)	함축 = (ㅅ)	할인 = (ㅂ)

01	할부 함수 할인 학교 한기 – (ㅇ) (ㄹ) (ㄱ) (ㅊ) (ㄴ)	① 맞음 ② 틀림
02	학교 함축 한식 학사 힘줄 – (ㅊ) (ㅅ) (ㄱ) (ㄷ) (ㅁ)	① 맞음 ② 틀림
03	한식 할인 한기 할부 학사 – (ㄱ) (ㅂ) (ㄴ) (ㄹ) (ㄷ)	① 맞음 ② 틀림
04	힘줄 한기 학사 함축 함수 – (ㅁ) (ㄴ) (ㄷ) (ㅅ) (ㄹ)	① 맞음 ② 틀림
05	한기 함축 할부 학교 할인 – (ㄴ) (ㅅ) (ㅇ) (ㅊ) (ㅂ)	① 맞음 ② 틀림

〈보 기〉

KCX = 사랑	CLS = 사수	NME = 사실	BEY = 사진	HUI = 사악
MSA = 사기	PQW = 사살	KQW = 사이	LZS = 사단	JOG = 사연

06	BEY PQW HUI CLS LZS – 사진 사살 사악 사수 사단	① 맞음 ② 틀림
07	MSA NME JOG BEY KCX – 사기 사실 사연 사진 사악	① 맞음 ② 틀림
08	HUI LZS BEY PQW CLS – 사악 사단 사이 사살 사수	① 맞음 ② 틀림
09	CLS NME MSA KQW BEY – 사수 사살 사기 사이 사진	① 맞음 ② 틀림
10	KQW HUI NME JOG KCX – 사이 사악 사실 사연 사랑	① 맞음 ② 틀림

[11~20] 다음 〈보기〉의 왼쪽과 오른쪽 기호의 대응을 참고하여 각 문제의 대응이 같으면 답안지에 '① 맞음'을, 틀리면 '② 틀림'을 선택하시오.

〈보 기〉

C3j = 값	X2h = 흙	S5h = 삵	K7e = 삯	I4c = 묷
V8k = 닭	B0n = 칡	G2j = 삶	N9a = 넋	M1s = 읎

11	M1s X2h B0n I4c S5h – 읎 흙 칡 묷 삵	① 맞음 ② 틀림
12	S5h K7e N9a C3j G2j – 삵 삯 읎 값 삶	① 맞음 ② 틀림
13	C3j X2h I4c V8k X2h – 값 흙 묷 닭 흙	① 맞음 ② 틀림
14	I4c N9a S5h M1s K7e – 묷 넋 삵 읎 삯	① 맞음 ② 틀림
15	K7e C3j G2j X2h B0n – 삯 값 삶 흙 칡	① 맞음 ② 틀림

〈보 기〉

방송 = 고라니	반찬 = 나침반	반지 = 다람쥐	받침 = 라조육	바퀴 = 마닐라
바지 = 바닐라	박수 = 사무실	박쥐 = 아버지	발레 = 자동차	밧줄 = 차종손

16	박수 방송 박쥐 발레 바지 – 사무실 나침반 아버지 자동차 바닐라	① 맞음 ② 틀림
17	바퀴 밧줄 반지 받침 반찬 – 마닐라 차종손 다람쥐 라조육 나침반	① 맞음 ② 틀림
18	박쥐 바지 박수 방송 발레 – 아버지 바닐라 사무실 고라니 차종손	① 맞음 ② 틀림
19	밧줄 발레 방송 박수 바퀴 – 다람쥐 자동차 고라니 사무실 마닐라	① 맞음 ② 틀림
20	받침 박쥐 반찬 밧줄 반지 – 라조육 아버지 나침반 차종손 다람쥐	① 맞음 ② 틀림

[21~30] 다음의 〈보기〉에서 각 문제의 왼쪽에 표시된 굵은 글씨체의 기호, 문자, 숫자의 개수를 모두 세어 선택지에서 찾으시오.

		〈보 기〉	〈개 수〉
21	ㅣ	실러의 시는 베토벤의 음악을 탄생시켰고, 베토벤의 음악은 다시 클림트의 미술을 탄생시켰으며, 클림트의 그림은 말러의 지휘를 불러일으켰다.	① 10개 ② 11개 ③ 12개 ④ 13개
22	7	18292307937827393052138469732953874662739194239385	① 4개 ② 5개 ③ 6개 ④ 7개
23	(a)	(a)(a) Δ Δ Å Å Å Δ ⓐⓐ A (a) A A ⓐ(a) Δ Å Å A (a)(a) A A ⓐ Δ A A ⓐ Δ Δ Å Å Δ ⓐ Δ Å (a)ⓐ Δ (a)ⓐ(a)	① 6개 ② 7개 ③ 8개 ④ 9개
24	캬	키카캬캬쿄캬키쿄캬캬키키캬큐캬크쿄캬캬쿄캬캬캬큐캬커큐크크카커카캬캬쿄큐캬	① 7개 ② 8개 ③ 9개 ④ 10개
25	δ	ηθχθεγυδτθβδθεδλπδφδγβδεσφθδλξθδβ Φ ζψ	① 5개 ② 6개 ③ 7개 ④ 8개
26	m	Time cools, time clarifies; no mood can be maintained quite unaltered through the course of hours.	① 3개 ② 4개 ③ 5개 ④ 6개
27	ㅅ	준비 여부에 관계없이, 열망을 실현하기 위한 명확한 계획을 세우고 즉시 착수하여 그 계획을 실행에 옮겨라.	① 5개 ② 6개 ③ 7개 ④ 8개
28	5	512356342564876237846279431878934635364535535345334	① 8개 ② 9개 ③ 10개 ④ 11개
29	⍔	⍔ ⍔ ⌸ ⌹ ⌻ ⍔ ⍔ ⍓ ⌼ ⌸ ⍃ ⍄ ⍍ ⍂ ⍃ ⍓ ⍍ ⌻ ⌺ ⍍ ⍔ ⌹ ⌼ ⍔ ⍔ ⍓ ⍍ ⍂ ⍔ ⌸ ⍔ ⍁ ⌹ ⌻ ⍔ ⍔	① 8개 ② 9개 ③ 10개 ④ 11개
30	ㅎ	행동 계획에는 위험과 대가가 따른다. 하지만 이는 나태하게 행동하는데 따르는 장기간의 위험과 대가에 비하면 훨씬 작다.	① 9개 ② 10개 ③ 11개 ④ 12개

대한민국 부사관 봉투모의고사

제5회 모의고사

KIDA 간부선발도구

제1과목	언어논리	제2과목	자료해석
제3과목	공간능력	제4과목	지각속도

수험번호		성　명	

제5회 모의고사

QR코드 접속을 통해 풀이시간 측정, 자동 채점
그리고 결과 분석까지!

제1과목 : 언어논리 시험시간 : 20분

01 제시된 낱말의 대응 관계로 볼 때, 빈칸에 들어갈 단어를 순서대로 나열한 것은?

침착하다 : 경솔하다 = 섬세하다 : ( )

① 찬찬하다
② 치밀하다
③ 감분하다
④ 조악하다
⑤ 신중하다

02 다음 중 단어의 쓰임이 적절하지 않은 것은?

① 밥을 앉히고 나가느라 약속 시간에 늦었다.
② 감자를 조리다가 냄비를 태워 먹었다.
③ 사람으로서 그러면 안 된다.
④ 비바람이 세니 우산을 잘 받치고 가라.
⑤ 옷이 잘 다려져서 보기가 좋다.

03 다음 문장의 빈칸에 들어갈 단어로 가장 적절한 것은?

대한민국은 이란에게 0 대 1로 ( )했지만, 골득실에서 우즈베키스탄에 앞서 월드컵 본선에 간신히 진출했다.

① 참패(慘敗)
② 연패(連敗)
③ 석패(惜敗)
④ 패주(敗走)
⑤ 완패(完敗)

04 다음 중 밑줄 친 부분과 같은 의미로 쓰인 문장은?

> 이러한 경제적 · 사회적 측면 이외에 정신적인 측면에서 자본주의를 가능하게 한 계기는 종교 개혁이었다. 잘 알다시피 16세기 독일의 루터(M. Luter)가 교회의 면죄부 판매에 대해 95개조 반박문을 교회 벽에 내걸고 교회에 맞서 싸우면서 시작된 종교 개혁의 결과, 구교로부터 신교가 분리되기에 이르렀다. 가톨릭의 교리에서는 현실적인 부, 즉 재산을 많이 가지는 것을 금기시하고 현세에서보다 내세에서의 행복을 강조했다.

① 사람이 모이기에는 아직 이른 시간이다.
② 흔히 사람을 사회적 동물이라고 이른다.
③ 술을 지나치게 마셔 죽음에 이르게 되었다.
④ 자정에 이르러서야 아버지께서 돌아오셨다.
⑤ 이를 도루묵이라 이른다.

05 한자성어와 그에 해당하는 속담이 잘못 짝 지어진 것은?

① 소탐대실(小貪大失) – 소 잃고 외양간 고친다
② 교각살우(矯角殺牛) – 빈대 잡으려고 초가삼간 태운다
③ 목불식정(目不識丁) – 낫 놓고 기역 자도 모른다
④ 당랑거철(螳螂拒轍) – 하룻강아지 범 무서운 줄 모른다
⑤ 하석상대(下石上臺) – 아랫돌 빼서 윗돌 괴고 윗돌 빼서 아랫돌 괴기

06 다음 명제를 통해 얻을 수 있는 결론으로 타당한 것은?

> • 철학은 학문이다.
> • 모든 학문은 인간의 삶을 의미 있게 해준다.
> • 그러므로 ______________

① 철학과 학문은 같다.
② 학문을 하려면 철학을 해야한다.
③ 철학은 인간의 삶을 의미 있게 해준다.
④ 철학을 하지 않으면 삶은 의미가 없다.
⑤ 인간의 삶을 의미 있게 해주는 것은 철학밖에 없다.

07 다음 글의 빈칸에 들어갈 접속어로 알맞은 것은?

그들은 거짓말쟁이였다. 그들은 엉뚱하게도 계획을 내세웠다. 그러나 우리에게 필요한 것은 계획이 아니었다. 많은 사람이 이미 많은 계획을 내놓았다. 그런데도 달라진 것은 없었다. ( ) 무엇을 이룬다고 해도 그것은 우리와는 상관이 없는 것이었다.

① 따라서
② 그러나
③ 설혹
④ 그래서
⑤ 한편

08 다음 문장을 올바른 순서로 배열한 것은?

㉠ 그러나 인권 침해에 관한 문제 제기도 만만치 않아 쉽게 결정할 수 없는 상황이다.
㉡ 지난 석 달 동안만 해도 벌써 3건의 잔혹한 살인 사건이 발생하였다.
㉢ 반인륜적인 범죄가 갈수록 증가하고 있다.
㉣ 이에 따라 반인륜적 범죄에 대한 처벌을 강화해야 한다는 목소리가 날로 높아지고 있다.

① ㉠ – ㉡ – ㉢ – ㉣
② ㉡ – ㉢ – ㉠ – ㉣
③ ㉢ – ㉡ – ㉣ – ㉠
④ ㉢ – ㉣ – ㉡ – ㉠
⑤ ㉢ – ㉣ – ㉠ – ㉡

09 다음 중 ㉠과 바꿔 쓰기에 적절한 말은?

갈라진다는 것은 기약하지 않은 불측(不測)의 사고이다. 사고란 어느 때 어느 경우에도 별로 환영될 것이 못 된다. 그 균열의 성질 여하에 따라서는 일급품 바둑판이 목침(木枕) 감으로 ㉠ 떨어져 버릴 수도 있다. 그러나 그렇게 큰 균열이 아니고 회생할 여지가 있을 정도라면 헝겊으로 싸고 뚜껑을 덮어서 조심스럽게 간수해 둔다. 갈라진 균열 사이로 먼지나 티가 들어가지 않도록 하는 단속이다.

① 타락해
② 퇴락해
③ 전락해
④ 추락해
⑤ 영락해

10 다음 글을 두 문단으로 나눌 수 있는 위치로 가장 알맞은 곳은?

> 현대 사회에는 끊임없이 새로운 산업이 등장하고 있다. (가) 기술이 진보한 결과로 출현한 새로운 기술 영역이 신속한 실용화의 요구 때문에 그대로 새로운 산업으로 형성되는 모습을 보이기도 한다. (나) 예를 들어 정보기술에서 비롯된 정보기술산업은 이미 핵심적인 산업으로 자리 잡았고, 바이오기술, 나노기술, 환경기술 등도 미래의 유망 산업으로 부각되고 있다. (다) 산업의 변화는 기술 이외에 시장 수요의 측면에서도 그 원인을 찾을 수 있다. (라) 가령, 인구 구성과 소비 가치가 변화함에 따라서 과거의 고정관념에 얽매이지 않는 수많은 새로운 산업이 나타나고 있다. (마) 패션산업, 실버산업, 레저산업 등은 이미 중요한 산업으로 인식되고 있다.

① (가)
② (나)
③ (다)
④ (라)
⑤ (마)

11 다음 글의 주장에 대한 반박으로 가장 적절한 것은?

> 인공 지능 면접은 더 많이 활용되어야 한다. 인공 지능을 활용한 면접은 인터넷에 접속하여 인공 지능과 문답하는 방식으로 진행되는데, 지원자는 시간과 공간에 구애받지 않고 면접에 참여할 수 있는 편리성이 있어 면접 기회가 확대된다. 또한 기관은 면접에 소요되는 인력을 줄여, 비용 절감 측면에서 경제성이 크다. 실제로 인공 지능을 면접에 활용한 ㅇㅇ회사는 전년 대비 2억 원 정도의 비용을 절감했다. 그리고 기존 방식의 면접에서는 면접관의 주관이 개입될 가능성이 큰 데 반해, 인공 지능을 활용한 면접에서는 빅데이터를 바탕으로 한 일관된 평가 기준을 적용할 수 있다. 이러한 평가의 객관성 때문에 많은 회사들이 인공 지능 면접을 도입하는 추세이다.

① 빅데이터는 사회에서 형성된 정보가 축적된 결과물이므로 왜곡될 가능성이 적다.
② 기관의 특수성을 고려해 적합한 인재를 선발하려면 오히려 해당 분야의 경험이 축적된 면접관의 생각이나 견해가 면접 상황에서 중요한 판단 기준이 되어야 한다.
③ 시행 기관의 관리자 대상 설문 조사에서 인공 지능을 활용한 면접을 신뢰한다는 비율이 높게 나온 것으로 보아 기존의 면접 방식보다 지원자의 잠재력을 판단하는 데 더 적합하다.
④ 인공 지능을 활용한 면접은 기술적으로 완벽하기 때문에 인간적 공감을 떨어뜨린다.
⑤ 면접관의 주관적인 생각이나 견해로는 지원자의 잠재력을 판단하기 어렵다.

12 다음 글에서 추론할 수 있는 진술로 가장 옳은 것은?

> 최근 온라인에서 '동서양 만화의 차이'라는 제목의 글이 화제가 되었다. 공개된 글에 따르면 동양 만화의 대표 격인 일본 만화는 대사보다는 등장인물의 표정, 대인관계 등에 초점을 맞춰 이미지나 분위기 맥락에 의존한다. 또 다채로운 성격의 캐릭터들이 등장하고 사건 사이의 무수한 복선을 통해 스토리가 진행된다. 반면 서양 만화를 대표하는 미국 만화는 정교한 그림체와 선악의 확실한 구분, 수많은 말풍선을 사용한 스토리 전개 등이 특징이다. 서양 사람들은 동양 특유의 느긋한 스토리와 말없는 칸을 어색하게 느낀다. 이처럼 동서양 만화의 차이가 발생하는 이유는 동서양이 고맥락 문화와 저맥락 문화로 구분되기 때문이다. 고맥락 문화는 민족적 동질을 이루며 역사, 습관, 언어 등에서 공유하고 있는 맥락의 비율이 높다. 또한 집단주의와 획일성이 발달했다. 일본, 한국, 중국과 같은 한자문화권에 속한 동아시아 국가가 이러한 고맥락 문화에 속한다.
>
> 반면 저맥락 문화는 다인종 · 다민족으로 구성된 미국, 캐나다 등이 대표적이다. 저맥락 문화의 국가는 멤버 간에 공유하고 있는 맥락의 비율이 낮아 개인주의와 다양성이 발달한 문화를 가진다. 이렇듯 고맥락 문화와 저맥락 문화의 만화는 말풍선 안에 대사의 양으로 큰 차이점을 느낄 수 있다.

① 고맥락 문화의 만화는 등장인물의 표정, 대인관계 등 이미지나 분위기 맥락에 의존하는 경향이 있다.
② 저맥락 문화는 멤버간의 공유하고 있는 맥락의 비율이 낮아서 다양성이 발달했다.
③ 동서양 만화를 접했을 때 표면적으로 느낄 수 있는 차이점은 대사의 양이다.
④ 미국은 고맥락 문화의 대표국으로 다양성이 발달하는 문화를 갖기 때문에 다채로운 성격의 캐릭터가 등장한다.
⑤ 일본 만화는 무수한 복선을 통한 스토리 진행이 특징이다.

13 다음 글의 필자가 궁극적으로 강조하는 내용으로 가장 적절한 것은?

> 로마는 '마지막으로 보아야 하는 도시'라고 합니다. 장대한 로마 유적을 먼저 보고 나면 다른 관광지의 유적들이 상대적으로 왜소하게 느껴지기 때문일 것입니다. 로마의 자부심이 담긴 말입니다. 그러나 나는 당신에게 제일 먼저 로마를 보라고 권하고 싶습니다. 왜냐하면 로마는 문명이란 무엇인가라는 물음에 대해 가장 진지하게 반성할 수 있는 도시이기 때문입니다. 문명관(文明觀)이란 과거 문명에 대한 관점이 아니라 우리의 가치관과 직결되어 있는 것입니다. 그리고 과거 문명을 바라보는 시각은 그대로 새로운 문명에 대한 전망으로 이어지기 때문입니다.

① 여행할 때는 로마를 가장 먼저 보는 것이 좋다.
② 문명을 반성적으로 볼 수 있는 가치관이 필요하다.
③ 문화유적에 대한 로마인의 자부심은 본받을 만하다.
④ 과거 문명에서 벗어나 새로운 문명을 창조해야 한다.
⑤ 문명관은 과거 문명에 대한 관점을 의미한다.

14 다음 제시된 단락을 읽고 이어질 단락을 논리적 순서에 맞게 배열한 것은?

'낙수 이론(Trickle down theory)'은 '낙수 효과(Trickle down effect)'에 의해서 경제 상황이 개선될 수 있다는 것을 골자로 하는 이론이다. 이 이론은 경제적 상위계층의 생산 혹은 소비 등의 전반적 경제활동에 따라 경제적 하위계층에게도 그 혜택이 돌아간다는 모델에 기반을 두고 있다.

(A) 한국에서 이 낙수 이론에 의한 경제구조의 변화를 실증적으로 나타내는 것이 바로 70년대 경제 발전기의 경제 발전 방식과 그 결과물이다. 한국은 대기업 중심의 경제 발전을 통해서 경제의 규모를 키웠고, 이는 기대 수명 증가 등 긍정적 결과로 나타났다.

(B) 그러나 낙수 이론에 기댄 경제정책이 실증적인 효과를 낸 전력이 있음에도 불구하고, 낙수 이론에 의한 경제발전모델로 인해 과연 전체의 효용이 바람직하게 증가했는지에 대해서는 비판들이 있다.

(C) 사회적 측면에서는 계층 간 위화감 조성이라는 문제점 또한 제기된다. 결국 상류층이 돈을 푸는 것으로 인하여 하류층의 경제적 상황에 도움이 되는 것이므로, 상류층과 하류층의 소비력의 차이가 여실히 드러나고, 이는 사회적으로 위화감을 조성시킨다는 것이다.

(D) 제일 많이 제기되는 비판은 경제적 상류계층이 경제활동을 할 때까지 기다려야 한다는 낙수 효과의 본질적인 문제점에서 연유한다. 결국 낙수 효과는 상류계층의 경제활동에 의해 이루어지는 것이므로, 당사자가 움직이지 않는다면 발생하지 않기 때문이다.

① (A) – (D) – (B) – (C)
② (A) – (C) – (D) – (B)
③ (C) – (A) – (D) – (B)
④ (A) – (B) – (D) – (C)
⑤ (A) – (B) – (C) – (D)

15 문맥상 다음 ㉠에 들어갈 문장으로 가장 적절한 것은?

인간의 역사가 발전과 변화의 가능성을 내포하고 있는 반면, 자연사는 무한한 반복 속에서 반복을 반복할 뿐이다. 그런데 마르크스는 「1844년의 경제학 철학 수고」 말미에, "역사는 인간의 진정한 자연사이다." 라고 적은 바 있다. 또한 인간의 활동에 대립과 통일이 있듯이, 자연의 내부에서도 대립과 통일은 존재한다. (㉠) 마르크스의 진의(眞意) 또한 인간의 역사와 자연사의 변증법적 지양과 일여(一如)한 합일을 지향했다는 것에 있을 것이다.

① 즉 인간과 자연은 상호 간에 필연적으로 경쟁할 수밖에 없다.
② 따라서 인간의 역사와 자연의 역사를 이분법적 대립 구도로 파악하는 것은 위험하다.
③ 즉 자연이 인간의 세계에 흡수 · 통합됨으로써 인간의 역사가 시작된다.
④ 그러나 인간사를 연구하는 일은 자연사를 연구하는 일보다 많은 노력이 요구된다.
⑤ 그러나 자연 내부의 대립은 인간 활동의 대립과는 다르다.

16 다음 중 (가)와 (나)의 예시로 적절하지 않은 것은?

> 사회적 관계에 있어서 상호주의란 '행위자 갑이 을에게 베푼 바와 같이 을도 갑에게 똑같이 행하라.'라는 행위 준칙을 의미한다. 상호주의 원형은 '눈에는 눈, 이에는 이'로 표현되는 탈리오의 법칙에서 발견된다. 그것은 일견 피해자의 손실에 상응하는 가해자의 처벌을 정당화한다는 점에서 가혹하고 엄격한 성격을 드러낸다. 만약 상대방의 밥그릇을 빼앗았다면 자신의 밥그릇도 미련 없이 내주어야 하는 것이다. 그러나 탈리오 법칙은 온건하고도 합리적인 속성을 동시에 함축하고 있다. 왜냐하면 누가 자신의 밥그릇을 발로 찼을 경우 보복의 대상은 밥그릇으로 제한되어야지 밥상 전체를 뒤엎는 것으로 확대될 수 없기 때문이다. 이러한 일대일 방식의 상호주의를 (가) 대칭적 상호주의라 부른다. 하지만 엄밀한 의미의 대칭적 상호주의는 우리의 실제 일상생활에서 별로 흔하지 않다. 오히려 '되로주고 말로 받거나, 말로 주고 되로 받는' 교환 관계가 더 일반적이다. 이를 대칭적 상호주의와 대비하여 (나) 비대칭적 상호주의라 일컫는다.
>
> 그렇다면 교환되는 내용이 양과 질의 측면에서 정확한 대등성을 결여하고 있음에도 불구하고, 교환에 참여하는 당사자들 사이에 비대칭적 상호주의가 성행하는 이유는 무엇인가? 그것은 셈에 밝은 이른바 '경제적 인간(Homo economicus)'에게 있어서 선호나 기호 및 자원이 다양하기 때문이다. 말하자면 교환에 임하는 행위자들이 각인각색인 까닭에 비대칭적 상호주의가 현실적으로 통용될 수밖에 없으며, 어떤 의미에서는 그것만이 그들에게 상호 이익을 보장할 수 있는 것이다.

① (가) : A국과 B국 군대는 접경지역에서 포로 5명씩을 맞교환했다.
② (가) : 오늘 우리 아이를 옆집에서 맡아주는 대신 다음에 하루 옆집 아이를 맡아주기로 했다.
③ (가) : 동생이 내 발을 밟아서 볼을 꼬집어주었다.
④ (나) : 필기를 빌려준 친구에게 고맙다고 밥을 샀다.
⑤ (나) : 옆집 사람이 우리 집 대문을 막고 차를 세웠기에 타이어에 펑크를 냈다.

17 다음 글에 대한 설명으로 적절하지 않은 것은?

믿기 어렵겠지만 자장면 문화와 미국의 피자 문화는 닮은 점이 많다. 젊은 청년들이 오토바이를 타고 배달한다는 점에서 참으로 닮은꼴이다. 이사한다고 짐을 내려놓게 되면 주방 기구들이 부족하게 되고 이때 자장면은 참으로 편리한 해결책이다. 미국에서의 피자도 마찬가지다. 갑자기 아이들의 친구들이 많이 몰려왔을 때 피자는 참으로 편리한 음식이다.

남자들이 군에 가서 훈련을 받을 때 비라도 추적추적 오게 되면 자장면 생각이 제일 많이 난다고 한다. 비가 오는 바깥을 보며 따뜻한 방에서 입에 자장을 묻히는 장면은 정겨울 수밖에 없다. 프로 농구 원년에 수입된 미국 선수들은 하루도 빠지지 않고 피자를 시켜 먹었다고 한다. 음식이 맞지 않는 탓도 있겠지만 향수를 달래고자 함이 아닐까?

싸게 먹을 수 있는 이국 음식이란 점에서 자장면과 피자는 특별한 의미를 갖는다. 외식을 하기엔 부담되고 한번쯤 식단을 바꾸어 보고 싶을 즈음이면 중국식 자장면이나 이탈리아식 피자는 한국이나 미국의 서민에겐 안성맞춤이다. 그런데 한국에서나 미국에서나 변화가 생기기 시작했다. 한국에서는 피자 배달이 보편화되기 시작했다. 피자를 간식이 아닌 주식으로 삼고자 하는 아이들도 생겼다. 졸업식을 마치고 중국집으로 향하던 발걸음들이 이제 피자집으로 돌려졌다. 피자보다 자장면을 좋아하는 아이들을 찾아보기가 힘들어졌다.

① 피자는 쉽게 배달시켜 먹을 수 있는 편리한 음식이다.
② 자장면과 피자는 이국적인 음식이다.
③ 자장면과 피자는 값이 싸면서도 기분 전환이 되는 음식이다.
④ 자장면은 특별한 날에 어린이들에게 여전히 가장 사랑받는 음식이다.
⑤ 자장면과 피자는 서민들에게 안성맞춤인 점에서 닮아 있다.

[18~19] 다음 글을 읽고 물음에 답하시오.

그리하여 고대 · 중세 기술을 실용성으로부터 묶고 있던 물음들, 즉 '인간이 자연에서 일어나는 일을 행할 수 있는가' 그리고 '그렇게 해도 되는가'의 장벽은 무너지기 시작했다. 다만, 당시의 '자연의 지배'가 뜻하는 바가 오늘날과는 사뭇 달라, 요컨대 '인간이 자연에 순응한다.'는 것과 상충되지 않았음을 주목할 필요가 있다. 베이컨의 말처럼 "자연에 복종하지 않고서는 자연을 다스릴 수 없다."고 보았기 때문이다. 예컨대 베이컨은 새로운 과학이 사랑 속에서 발전하지 않는다면 또 다른 불경(不敬)을 낳고 타락을 초래할 것이라며 두려워했는데, ㉠ 오늘날의 현실은 그의 두려움이 공연한 것이 아니었음을 웅변하는 듯하다.

17세기 근대 과학의 성공은 18세기로 넘어가면서 '과학적 지식에 근거하여 인간의 사고 방식을 개혁하고 세계를 변형시켜야 한다.'는 믿음을 부추겼다. 그 전형적 표현은 18세기 프랑스의 '백과사전 운동'의 면모에서 잘 드러난다. 거기에 참여한 지식인들의 성향에서 엿볼 수 있는 것처럼 이 운동의 이념은 다양했다. 과학의 기계론적 전통을 계승하여 기술에 높은 가치를 부여하는 실증주의 경향과 우주를 '사회적 곤충들이 살고 있는 공동체'로 보고 ㉡ 전체와 부분, 그리고 하나와 다수가 긴밀하게 얽히는 상호작용을 강조하는 유기론적 전통의 자연관은 서로 대립되는 극단적 경향이었다. 백과사전 운동이 무르익으면서 초기의 실증주의 성격은 후기에 낭만주의 성격으로 반전되는 변화를 겪어, 인간과 자연이 조화를 이루도록 세계가 변형되어야 한다는 믿음이 기세를 얻었다. 과학에 대한 이들 두 가지 대립적인 태도는 이후 서로 겨루며 공존하면서 때로는 하나가 다른 하나를 눌러 이기기도 하는 것 같다.

18 다음 중 밑줄 친 ㉠의 내용에 가장 가까운 것은?

① 산업화에 따라 거대화된 사회 조직
② 과학에 의한 종교 교리의 부정
③ 정신과 물질의 불균형 현상
④ 과학기술을 이용한 자연 보호
⑤ 돌이킬 수 없는 자연 파괴와 환경 재난

19 다음 중 밑줄 친 ㉡에 부합하는 진술은?

① 자연은 전체적인 의미보다는 부분인 구성 요소들의 의미가 더 비중을 갖는다.
② 자연을 구성하는 요소들은 각기 주체적인 독립성을 갖는 것들이다.
③ 자연을 구성하는 요소들은 전체와의 관련 속에서만 의미를 가질 수 있다.
④ 자연은 서로 대립적인 구성 요소들이 하나의 전체를 이루고 있는 것이다.
⑤ 자연은 인간과 상호 공존하는 과정에서 갈등을 겪기도 한다.

20 다음 제시문에서 밑줄 친 ㉠을 약화하는 것만을 〈보기〉에서 모두 고른 것은?

2001년 인간 유전체 프로젝트가 완료된 후, 영국의 일요신문 『옵저버』는 "드디어 밝혀진 인간 행동의 비밀, 열쇠는 유전자가 아니라 바로 환경"이라는 제목의 기사를 실었다. 유전체 연구 결과, 인간의 유전자 수는 애당초 추정치인 10만 개에 크게 못 미치는 3만 개로 드러났다. 해당 기사는 인간 유전체 프로젝트의 핵심 연구자였던 크레이그 벤터 박사의 ㉠ 주장을 다음과 같이 인용하였다. "유전자 결정론이 옳다고 보기에는 유전자 수가 턱없이 부족합니다. 인간 행동과 형질의 놀라운 다양성은 우리의 유전자 속에 들어 있지 않다는 것이죠. 환경에 그 열쇠가 있습니다. 우리의 행동 양식은 유전자가 환경과 상호작용함으로써 비로소 결정되죠. 인간은 유전자의 지배를 받는 존재가 아닌 것이죠. 우리는 자유의지를 발휘할 수 있는 존재인 것입니다." 여러 신문이 같은 기사를 실었다. 이를 계기로, 본성 대 양육이라는 해묵은 논쟁은 인간의 행동을 결정하는 것이 유전인지 아니면 환경인지 하는 논쟁의 형태로 재점화되었다. 인간이란 결국 신체를 구성하는 물질에 의해 구속받는 존재인지 아니면 인간에게 자유의지가 허락되는지를 놓고도 열띤 토론이 벌어졌다.

〈보 기〉

ㄱ. 자유의지가 없는 동물 중에는 인간보다 더 많은 유전자 수를 가지고 있는 경우도 있다.
ㄴ. 유전자에게 지배되지 않더라도 인간의 행동이 유전자와 환경의 상호작용으로 결정된다면, 그 행동은 인간 스스로의 자유로운 의지에 따라 행한 것이라고 볼 수 없다.
ㄷ. 다양한 인간 행동은 일정한 수의 유형화된 행동 패턴들의 중층적 조합으로 분석될 수 있고, 발견된 인간 유전자의 수는 유형화된 행동 패턴들을 모두 설명하기에 적지 않다.

① ㄱ
② ㄴ
③ ㄱ, ㄷ
④ ㄴ, ㄷ
⑤ ㄱ, ㄴ, ㄷ

21 다음 글의 내용에서 추론할 수 있는 것은?

> 외환위기 전후로 대기업은 조직 내부의 불안과 공포 사이에 정서적인 차이가 생겼다. 불안은 무슨 일이 일어날지 모른다는 것과 관련이 있다. 반면 공포는 무슨 일이 벌어질지 알고 있는 상황에서 생긴다. 불안은 상황이 불분명하고 정리되지 않는 데서 비롯된다면, 공포는 고통이나 불운이 분명해질 때 고개를 든다. 외환위기 이후 기업이 구조조정에 들어가면 노동자들은 무슨 일이 닥칠지 한 치 앞을 내다볼 수 없는 상황에 놓인다. 기업의 구조조정은 외환위기 이전에는 기업 내부의 인력문제에서 비롯되었지만, 외환위기 이후에는 세계 금융자본으로 인한 부채나 주가 변동으로 촉발되기 때문이다.

① 외환위기 이전, 기업의 구조조정은 노동자들에게 불안감을 조성했다.
② 노동자들의 불안은 기업의 내부 요인에 의해 발생한다.
③ 외환위기 이후, 세계 금융자본의 예측 불가능성은 기업의 공포대상이 되었다.
④ 외환위기 이후, 기업의 구조조정은 노동자에게 불안을 일으킨다.
⑤ 외환위기 이전, 기업의 구조조정은 노동자에게 공포와 불안을 동시에 일으켰다.

[22~23] 다음 글을 읽고 물음에 답하시오.

1950년 말 초등교육이 의무화되면서 초등학생의 수가 늘어났다. 이러한 상황과 높은 교육열 속에서 중학교 입시를 위한 과열 과외와 입시 경쟁이 유발되었다. 지나친 중학교 입시 경쟁을 해소하기 위하여, 중학교 입시제도에서 무시험 진학제도가 추진되었다. (가) 중학교를 평준화하고 수용 능력을 늘리려는 것이었다. 이는 1969학년도부터 서울에 먼저 도입된 후, 1971학년도부터는 전국적으로 확대 실시되었다. 고교평준화와는 달리 큰 반발이나 무리 없는 진행이었다. 이 무시험 진학제도는 중학교 입시 경쟁을 진압하였으며, 중학교에 진학하는 학생 수 자체를 급속도로 확장시켰다.

중학생의 수적 증가에 따라 고등학교에 진학하고자 하는 학생의 수도 늘어났고, 결과적으로 고등학교 진학에 대한 수요와 공급의 균형이 무너져 이번에는 고등학교 입시가 더욱 치열해지게 되었다.

가열된 고교 입시는 사회적 · 경제적으로 많은 병리현상을 낳았다. 우선 중학생의 입시를 위한 학습 부담이 늘어났다. (나) 중학교 교과과정은 정상적으로 운영되지 못하고, 입시를 위한 과목 위주로 주입식 · 암기식 학습에만 치중하게 되었다. 입시 스트레스와 경쟁 속에서 청소년들은 신체적으로 건강히 성장할 수 없을 뿐만 아니라 정신적으로도 건강하지 못해 이기적이고 비협동적이 되어갔다. 또한 고등학교가 명문고와 비명문고로 서열화되었으며, 명문고에 진학하기 위해 대도시로 유학하기도 했다. 입시 실패로 인한 재수생도 큰 사회적 문제였다.

고교 입시의 과열로 인한 폐단이 심각하자 입시 과열을 막기 위한 방안으로 고교평준화정책이 추진되었다. (다) 이는 고등학교 간의 격차를 축소시키며 상향 평준화해, 고등학교 교육의 질을 높이고 범위는 확대하며 부담은 줄이려는 것이었다. 고교평준화정책은 1974년 처음 시행된 이래로 90년대 초에는 지역에 따라 해제하였다가, 2000년대에 이르러 다시 시행 지역이 확장되는 등 복잡한 전개과정을 거쳤다. 현재는 일부 지역을 제외하고 전국적으로 고교평준화정책이 시행되고 있다.

(라) 교육의 평등과 질적 향상이라는 기치 아래 고교평준화제도를 유지하면서 부작용을 보완하고자 다양한 개선 방안 등이 나왔다. 보충 수업 및 교과별 · 능력별 이동 수업 의무화, 영재 양성 교육 실시, 교육 여건의 정비 등 다양한 내용이 포함되어 있다. 그중에 오늘날까지 큰 이슈인 것은 과학고 및 외고 등의 특수목적 고등학교와 자립형 사립고등학교이다. 평준화의 보완책으로 시작된 특목고 열풍은 점점 거세졌다. (마) 고교평준화 찬성론자들은 학습 집단의 이질화가 오히려 교육에 유리할 수 있다고 주장한다. 외고와 과학고, 자립형 사립고 등은 이미 예전의 일류 고등학교의 위상을 가지기 시작했다. 이들 학교에 진학하기 위한 입시경쟁도 치열하다. 이에 따라 고교평준화정책의 목적이 훼손되고 있는 것이 아니냐는 지적도 나오고 있다.

22 윗글의 밑줄 친 (가)~(마) 중 글의 통일성을 해치는 것은?

① (가)
② (나)
③ (다)
④ (라)
⑤ (마)

23 윗글을 읽고 보일 수 있는 반응으로 적절한 것은?

> ㉮ 고교평준화에 반대하는 여론도 많은가 봐.
> ㉯ 그러네. 왜 반대하는지 고교평준화의 부작용에 대해서도 나와 있으면 더 좋은 글이 될 것 같아.
> ㉰ 고교평준화 개선 방안을 보니 학생의 수준에 맞는 교육이 어려운 게 단점 아닐까?

① ㉮
② ㉮, ㉯
③ ㉮, ㉰
④ ㉯, ㉰
⑤ ㉮, ㉯, ㉰

[24~25] 다음 글을 읽고 물음에 답하시오.

> (가) 기차를 타고 여행을 하는 즐거움은 차창으로 시골 풍경을 바라보는 데 있다. 기차가 달려 지나가는 산기슭, 시냇가에는 시골의 민가(民家)가 점점이 이어진다. 그것이 그 배경의 산과 시내에, 나무와 풀과 잘 어울려 정말로 우리나라도 좋은 나라라는 생각이 든다. 이 풍경에 스위스의 민가(民家)를 가져다 놓으면 어울리지 않는다. 역시 우리나라의 산과 들에는 우리의 집이 잘 어울린다.
>
> (나) 인간은 체온 약 36.5도를 항상 유지하는 항온동물로서, 기온이 높아지면 충분한 체열(體熱)을 발산하기가 어려워진다. 따라서 자동적으로 땀이 난다. 땀 속의 수분(水分)을 증발시켜 기화열(氣化熱)을 몸으로부터 빼앗음으로써 체온을 조절하려는 생리이다. 그러나 공기의 습도가 높으면, 증발하지 않은 땀이 피부를 끈적끈적하게 만들어 기분이 좋지 않다. 바람으로 땀이 증발할 때 비로소 시원함을 느낀다.
>
> (다) 통풍이 좋은 집은, 룸쿨러와 같은 냉방 기구로 온도를 저하시킨 곳과는 전혀 다른 시원함을 느낄 수 있다. 룸쿨러를 한 방에서는 흔히 신경통에 걸리거나 설사를 하는 사람이 있는데, 통풍이 좋은 곳에서 살면서 그런 병에 걸렸다는 말은 들어 본 적이 없다. 대청마루는 자연 현상을 잘 이용하여 자연의 악영향을 제거하는 교묘한 기술을 응용했다고 할 수 있다. 룸쿨러는 여름을 잊기 위한 기술이지만, 대청마루는 여름을 여름답게 즐기기 위한 지혜라고 할 수 있다.

24 다음 중 (나)와 (다)의 관계를 가장 바르게 설명한 것은?

① (다)는 (나)의 근거를 제시하고 있다.
② (나)에서는 구체적 진술을, (다)에서는 추상적 진술을 하고 있다.
③ (다)는 (나)의 종속적인 단락이다.
④ (나)는 전제를 제시한 단락이며, (다)에서 논증을 하고 있다.
⑤ (다)는 주제를, (나)는 그 주제를 입증하는 근거를 제시하고 있다.

25 윗글의 제목으로 가장 적절한 것은?

① 여행의 즐거움
② 통풍과 더위의 관계
③ 룸쿨러와 대청마루의 비교
④ 우리나라 집의 특성
⑤ 룸쿨러의 단점

제2과목 : 자료해석

시험시간 : 25분

01 8%의 설탕물 500g이 들어있는 컵을 방에 두고 자고 일어나서 보니 물이 증발하여 농도가 10%가 되었다. 증발한 물의 양은 몇 g인가? (단, 물은 시간당 같은 양이 증발하였다)

① 400g ② 300g
③ 100g ④ 200g

02 A중사는 자동차를 타고 시속 60km로 출근하던 중에 15분이 지난 시점에서 중요한 서류를 집에 두고 나온 사실을 알았다. A는 처음 출근했을 때의 1.5배의 속력으로 다시 돌아가 서류를 챙긴 후, 지각하지 않기 위해 서류를 가지러 갔을 때의 1.2배의 속력으로 다시 부대로 향했다. A가 출근하는 데 걸린 전체 시간이 50분이라고 할 때, A의 집에서 부대까지의 거리는? (단, 서류를 챙기는 데 걸린 시간은 고려하지 않는다)

① 40km ② 45km
③ 50km ④ 55km

03 A, B, C, D, E가 일렬로 설 때, A와 B가 양 끝에 서는 경우의 수는?

① 6 ② 12
③ 24 ④ 32

04 김 병장은 전역 후 다시 수능에 응시하기 위해서 매일 공부 중이다. 병장 때 응시한 모의 시험 성적이 일병 때보다 언어, 수리, 외국어 영역에서 각각 20%, 30%, 60% 상승하였고, 탐구 성적은 일병 때와 동일하다고 했을 때, 병장 때 응시한 모의고사의 평균은?

〈일병 때 응시한 모의시험 성적〉

구분	언 어	수 리	외국어	탐 구
점 수(점)	60	40	50	72

① 66점
② 67점
③ 68점
④ 69점

05 다음은 바이러스 감염 여부와 시약 G의 반응 결과에 대한 조사 자료이다. 이를 토대로 '시약 G에 음성 반응을 보인 성인 중 바이러스 감염자 비율(A)'과 '기대손실액(B)'을 구하면?

(단위 : %)

바이러스 \ 시 약	양 성	음 성	합 계
감염자	14	26	40
비감염자	6	54	60
합 계	20	80	100

※ 바이러스 감염자이면서 음성 반응을 보일 경우의 손실액은 200만 원이고, 바이러스 비감염자이면서 양성 반응을 보일 경우의 손실액은 100만 원임

※ (기대손실액)=(감염자이면서 음성 반응을 보일 경우의 성인비율)×(해당 손실액)+(비감염자이면서 양성 반응을 보일 경우의 성인비율)×(해당 손실액)

	A	B
①	26.0%	58만 원
②	26.0%	140만 원
③	32.5%	58만 원
④	32.5%	40만 원

06 다음은 K신문사의 인터넷 여론조사에서 “여러분이 길거리에서 침을 뱉거나, 담배꽁초를 버리다가 단속반에 적발되어 처벌을 받는다면 어떤 생각이 들겠습니까?”라는 물음에 대하여 1,200명이 응답한 결과이다. 이 조사 결과에 대한 해석으로 타당한 것을 고르면?

(단위 : %)

변 수 \ 응답구분		법을 위반했으므로 처벌받는 것은 당연하다	재수가 없는 경우라고 생각한다	도덕적으로 비난받을 수 있으나 처벌은 지나치다
전 체		54.9	11.4	33.7
연 령	20대	42.2	16.1	41.7
	30대	55.2	10.9	33.9
	40대	55.9	10.0	34.1
	50대 이상	71.0	6.8	22.2
학 력	초등졸 이하	65.7	6.0	28.3
	중 졸	57.2	10.6	32.6
	고 졸	54.9	10.5	34.6
	대학 재학 이상	59.3	10.3	35.4

① 응답자들의 준법의식은 나이가 많을수록 그리고 학력이 높을수록 높은 것으로 나타난다.

② 학력이 높을수록 처벌보다는 도덕적인 차원에서 제제를 가하는 것이 바람직하다고 보는 응답자의 비중이 높아진다.

③ ‘재수가 없는 경우라고 생각한다’라고 응답한 사람의 수는 대졸자보다 중졸자가 더 많았다.

④ 1,200명은 충분히 큰 사이즈의 표본이므로 이 여론조사의 결과는 우리나라 사람들의 의견을 충분히 대표한다고 볼 수 있다.

07 다음은 출생아 수 및 합계 출산율을 나타낸 그래프이다. 옳게 설명한 것은?

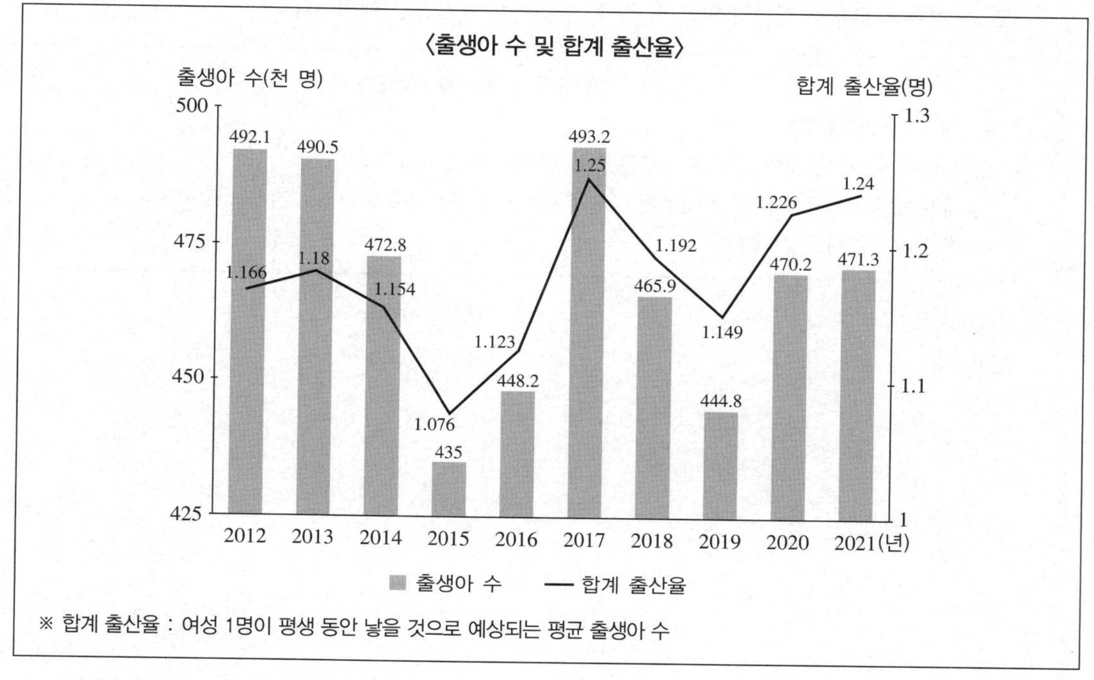

① 2015년의 출생아 수는 2013년에 비해 약 5배 감소하였다.
② 우리나라의 합계 출산율은 지속적으로 상승하고 있다.
③ 한 여성이 평생 동안 낳을 것으로 예상되는 평균 출생아 수는 2015년에 가장 낮다.
④ 2020년에 비해 2021년에는 합계 출산율이 0.024명 증가했다.

08 A부대에서는 올해 임용된 신입간부들에게 명함을 배부하였다. 명함은 1인당 국문 130장, 영문 70장씩 지급되었다. 국문 명함 중 50장은 고급종이로 제작되었고, 나머지는 모두 일반종이로 제작되었다. 명함을 만드는 데 들어간 총비용이 808,000원이라면, 신입간부는 총 몇 명인가?

〈명함 제작 비용〉
- 국문 명함 : 50장당 10,000원 / 10장 단위 추가 시 2,500원
- 영문 명함 : 50장당 15,000원 / 10장 단위 추가 시 3,500원

※ 고급종이로 만들 경우 정가의 10% 가격이 추가됨

① 14명
② 16명
③ 18명
④ 20명

09 다음은 A 대대에서 실시할 예정인 조경 공사 계획안이다. 계획안을 보고 알 수 있는 산책로의 길이는? (단, 나무의 두께는 고려하지 않으며, 필요 자재는 모두 사용할 예정이다)

〈A 대대 조경 공사 계획안〉

1. 일시 : 2021년 4월 9일
2. 계획 : 정육각형 모양의 길에 나무를 심어 산책로 조성 예정
3. 세부 계획 : 정육각형 각 꼭짓점에 반드시 나무를 심고, 길을 따라 8m 간격으로 나무를 심음
4. 필요 자재 : 나무 750그루

① 0.6km
② 0.696km
③ 6km
④ 6.96km

10 A부대장은 추석을 맞이해 사비로 간부들에게 선물을 보내려고 한다. 선물은 비슷한 가격대의 상품으로 다음과 같이 준비하였으며, 전 간부를 대상으로 투표를 실시하였다. 가장 많은 표를 받은 상품 하나를 선정하여 선물을 보낸다면, 총 얼마의 비용이 들겠는가?

상품내역		투표결과					
상품명	가 격	a대대	b대대	c대대	d대대	e대대	f대대
한우Set	80,000원	2	1	5	13	1	1
영광굴비	78,000원	0	3	3	15	3	0
장뇌삼	85,000원	1	0	1	21	2	2
화장품	75,000원	2	1	6	14	5	1
전 복	70,000원	0	1	7	19	1	4

※ 투표에 대해 무응답 및 중복응답은 없음

① 7,500,000원
② 8,550,000원
③ 8,800,000원
④ 9,450,000원

11 다음은 어느 해 개최된 올림픽에 참가한 6개국의 성적이다. 이에 대한 내용으로 옳지 않은 것은

국 가	참가선수(명)	금메달	은메달	동메달	메달 합계
A	240	4	28	57	89
B	261	2	35	68	105
C	323	0	41	108	149
D	274	1	37	74	112
E	248	3	32	64	99
F	229	5	19	60	84

① 획득한 금메달 수가 많은 국가일수록 은메달 수는 적었다.
② 금메달을 획득하지 못한 국가가 가장 많은 메달을 획득했다.
③ 참가선수의 수가 많은 국가일수록 획득한 동메달 수도 많았다.
④ 획득한 메달의 합계가 큰 국가일수록 참가선수의 수도 많았다.
⑤ 참가선수가 가장 적은 국가의 메달 합계는 전체 6위이다.

12 다음은 A지역의 어느 한 주간 최고기온과 최저기온을 나타낸 표이다. 일교차가 가장 큰 요일은?

구 분	월	화	수	목	금	토	일
최고기온(℃)	10.7	12.3	11.4	6.6	10.4	12.7	10.1
최저기온(℃)	−1.8	−1.3	2.0	−1.1	−3.1	0.1	−1.5

① 월요일
② 화요일
③ 금요일
④ 토요일

13 A 국군병원에서 근무하고 있는 의무장교는 당뇨병 환자 현황을 분석하여 병원협회에 보고할 예정이다. 다음은 지난 일 년 동안 국군병원에 방문한 당뇨병 환자에 대한 자료이다. 의무장교가 해석한 내용으로 옳지 않은 것은?

나이 \ 당뇨병	경증		중증	
	여자	남자	여자	남자
50세 미만	9명	13명	8명	10명
50세 이상	10명	18명	8명	24명

① 여자 환자 중 중증인 환자의 비율은 $\frac{16}{35}$이다.

② 경증 환자 중 남자 환자의 비율은 중증 환자 중 남자 환자의 비율보다 높다.

③ 50세 이상의 환자 수는 50세 미만 환자 수의 1.5배이다.

④ 중증인 여자 환자의 비율은 전체 당뇨병 환자의 16%이다.

14 다음은 주요 곡물별 수급 전망에 관한 자료이다. 자료를 보고 판단한 내용으로 적절하지 않은 것은?

〈주요 곡물별 수급 전망〉

(단위 : 백만 톤)

구분		2019년	2020년	2021년
소맥	생산량	697	656	711
	소비량	697	679	703
옥수수	생산량	886	863	964
	소비량	883	860	937
대두	생산량	239	268	285
	소비량	257	258	271

① 2019년부터 2021년까지 대두의 생산량과 소비량이 지속적으로 증가했다.

② 전체적으로 2021년에 생산과 소비가 가장 활발했다.

③ 2020년의 옥수수 소비량은 다른 곡물에 비해 전년 대비 소비량의 변화가 작았다.

④ 2019년 전체 곡물 생산량과 2021년 전체 곡물 생산량의 차는 138백만 톤이다.

15 다음 자료는 A, B, C, D부대의 남녀 비율을 나타낸 것이다. 이에 대한 설명으로 옳지 않은 것은?

구분	A	B	C	D
남	54%	48%	42%	40%
여	46%	52%	58%	60%

① 여자 대비 남자 비율이 가장 높은 부대는 A이며, 가장 낮은 부대는 D이다.
② B, C, D부대의 여자 수의 합은 남자 수의 합보다 크다.
③ A부대의 남자가 B부대의 여자보다 많다.
④ A, B부대의 전체 인원 중 남자가 차지하는 비율이 52%라면, A부대의 전체 인원 수는 B부대 전체 인원 수의 2배이다.

16 다음은 남성 육아휴직제 시행 현황에 관한 자료이다. 이에 대한 설명으로 옳은 것은?

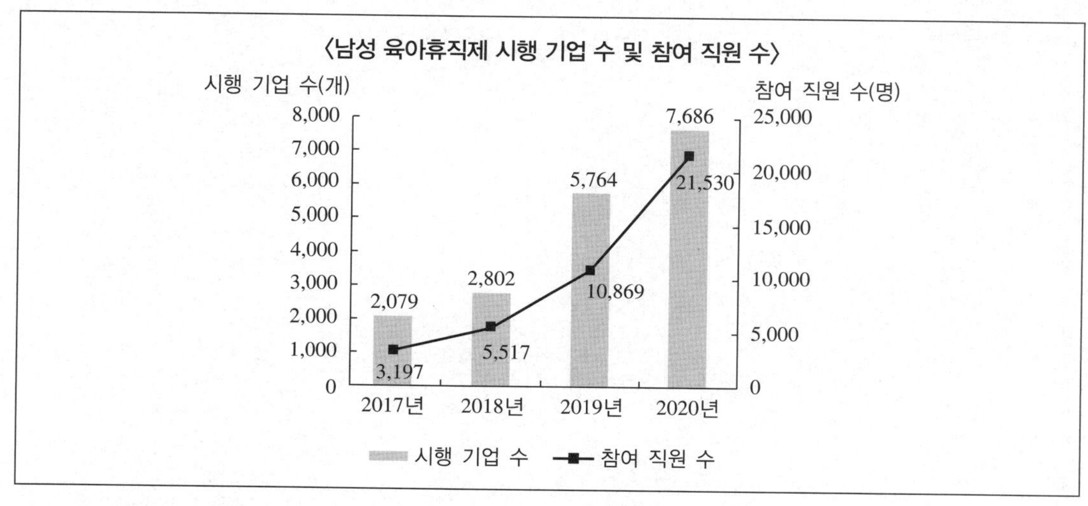

① 2020년 남성 육아휴직제 참여 직원 수는 2017년의 7배 이상이다.
② 시행 기업당 참여 직원 수가 가장 많은 해는 2020년이다.
③ 2018년 대비 2020년 시행 기업 수의 증가율은 참여 직원 수의 증가율보다 높다.
④ 2017~2020년 참여 직원 수 연간 증가인원의 평균은 6,000명이다.

17 다음은 어느 연구소에서 제습기 A~E의 습도별 연간소비전력량을 측정한 자료이다. 이에 대한 〈보기〉의 설명 중 옳은 것만을 모두 고르면?

〈제습기 A~E의 습도별 연간소비전력량〉

(단위 : kWh)

제습기 \ 습도	40%	50%	60%	70%	80%
A	550	620	680	790	840
B	560	640	740	810	890
C	580	650	730	800	880
D	600	700	810	880	950
E	660	730	800	920	970

〈보 기〉

㉠ 습도가 70%일 때 연간소비전력량이 가장 적은 제습기는 A이다.

㉡ 각 습도에서 연간소비전력량이 많은 제습기부터 순서대로 나열하면, 습도 60%일 때와 습도 70%일 때의 순서는 동일하다.

㉢ 습도가 40%일 때 제습기 E의 연간소비전력량은 습도가 50%일 때 제습기 B의 연간소비전력량보다 많다.

㉣ 제습기 각각에서 연간소비전력량은 습도가 80%일 때가 40%일 때의 1.5배 이상이다.

① ㉠, ㉡

② ㉠, ㉢

③ ㉡, ㉣

④ ㉡, ㉢

18 다음 표에 대한 분석으로 옳은 것은?

〈A국 근로자의 평균 임금〉

(단위 : 달러)

구 분	2010년		2020년	
	남 자	여 자	남 자	여 자
내국인	2,000	1,600	2,500	2,100
외국인	1,400	1,000	1,700	1,500
전 체	1,700	1,300	2,100	1,800

① 2010년에 내국인 남자 근로자 평균 임금에 대한 외국인 여자 근로자 평균 임금의 비는 $\frac{1}{3}$이다.

② 2020년에 내국인 근로자 평균 임금에 대한 외국인 근로자 평균 임금의 비는 $\frac{3}{5}$보다 작다.

③ 2020년에 남자 근로자와 여자 근로자 간의 평균 임금 차보다 내국인 근로자와 외국인 근로자 간의 평균 임금 차가 크다.

④ 남자 근로자 평균 임금에 대한 여자 근로자 평균 임금의 비는 2010년보다 2020년이 작다.

19 다음은 서울특별시 지하철 노선별 이용객 현황에 관한 자료이다. 이에 대한 〈보기〉의 설명 중 옳은 것만을 모두 고르면?

〈서울특별시 지하철 이용객 현황〉

(단위 : 천 명)

구 분	2016년	2017년	2018년	2019년	2020년
1호선	110,640	112,538	106,926	106,673	102,534
2호선	567,236	576,484	567,369	564,333	555,675
3호선	206,607	209,696	203,493	203,642	204,541
4호선	228,686	230,355	224,628	224,831	217,606
5호선	218,953	221,192	218,792	218,519	217,960
6호선	125,466	128,626	128,659	129,424	129,432
7호선	265,207	270,242	267,373	264,533	258,837
8호선	59,754	60,690	60,935	62,208	64,994
9호선	88,275	92,416	101,455	107,395	108,869
합 계	1,870,824	1,902,239	1,879,630	1,881,558	1,860,448

〈보 기〉

㉠ 서울특별시 지하철 노선 중에서 2016년부터 2020년까지 지속적으로 이용객이 증가한 지하철 노선은 3개이다.

㉡ 2016년 대비 2020년 이용객 증가율이 가장 높은 서울특별시 지하철 노선은 2016년부터 2020년까지 매년 1호선 이용객보다 적다.

㉢ 2016년부터 2020년까지 매년 2호선, 3호선, 7호선 이용객의 합은 서울특별시 지하철 전체 이용객의 절반 이상이다.

㉣ 2018년부터 2020년까지 9호선의 이용객은 매년 전년 대비 감소하는 반면 2호선 이용객은 매년 전년 대비 증가한다.

① ㉠, ㉡
② ㉠, ㉢
③ ㉡, ㉢
④ ㉡, ㉣

20 다음은 '갑'시 자격시험 접수, 응시 및 합격자 현황을 나타낸 표이다. 이에 대한 설명으로 옳은 것은?

〈'갑'시 자격시험 접수, 응시 및 합격자 현황〉

(단위 : 명)

구분	종목	접수	응시	합격
산업기사	치공구설계	28	22	14
	컴퓨터응용가공	48	42	14
	기계설계	86	76	31
	용 접	24	11	2
	전 체	186	151	61
기능사	기계가공조립	17	17	17
	컴퓨터응용선반	41	34	29
	웹디자인	9	8	6
	귀금속가공	22	22	16
	컴퓨터응용밀링	17	15	12
	전산응용기계제도	188	156	66
	전 체	294	252	146

※ 응시율(%)= $\frac{\text{응시자 수}}{\text{접수자 수}} \times 100$

※ 합격률(%)= $\frac{\text{합격자 수}}{\text{응시자 수}} \times 100$

① 산업기사 전체 합격률은 기능사 전체 합격률보다 높다.

② 산업기사 전체 응시율은 기능사 전체 응시율보다 낮다.

③ 산업기사 종목 중 응시율이 가장 낮은 것은 컴퓨터응용가공이다.

④ 기능사 종목 중 응시율이 높은 종목일수록 합격률도 높다.

제3과목 : 공간능력

시험시간 : 10분

[01~05] 다음에 이어지는 물음에 답하시오.

- 입체도형을 펼쳐 전개도를 만들 때, 전개도에 표시된 그림(예 : ◨, ◪ 등)은 회전의 효과를 반영함. 즉, 본 문제의 풀이과정에서 보기의 전개도상에 표시된 "◨"와 "⊟"은 서로 다른 것으로 취급함.
- 단, 기호 및 문자(예 : ☎, ♤, ♨, K, H 등)의 회전에 의한 효과는 본 문제의 풀이과정에 반영하지 않음. 즉, 입체도형을 펼쳐 전개도를 만들 때, "☎"의 방향으로 나타나는 기호 및 문자도 보기에서는 "☎"의 방향으로 표시하며 동일한 것으로 취급함.

01 다음 입체도형의 전개도로 알맞은 것은?

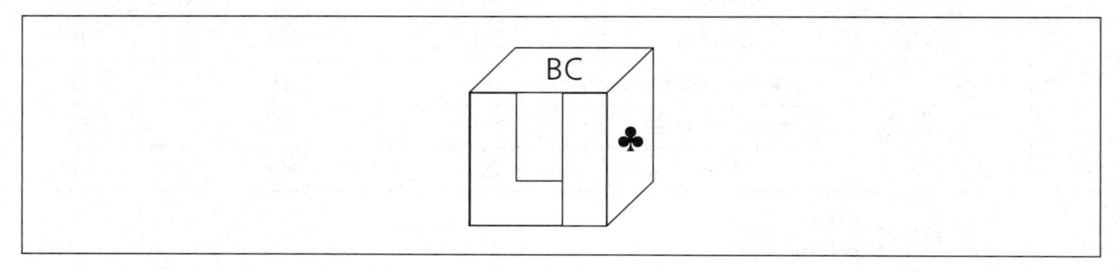

①

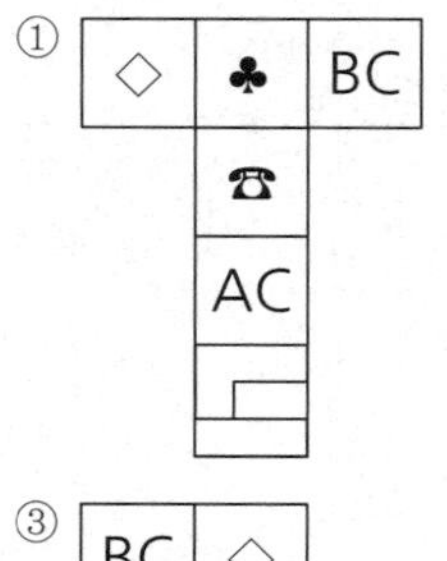

②

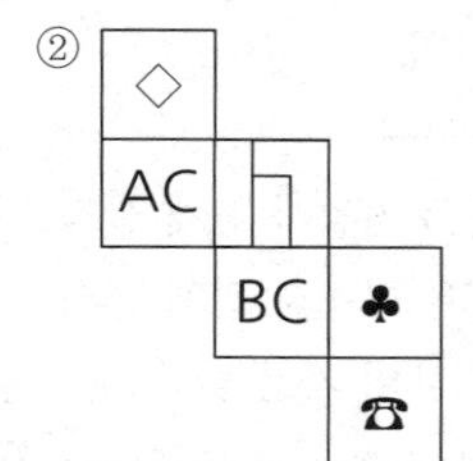

③

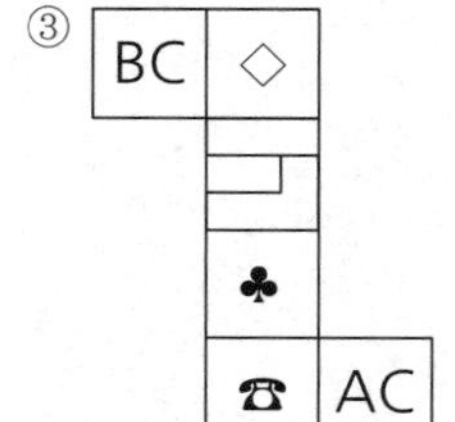

④

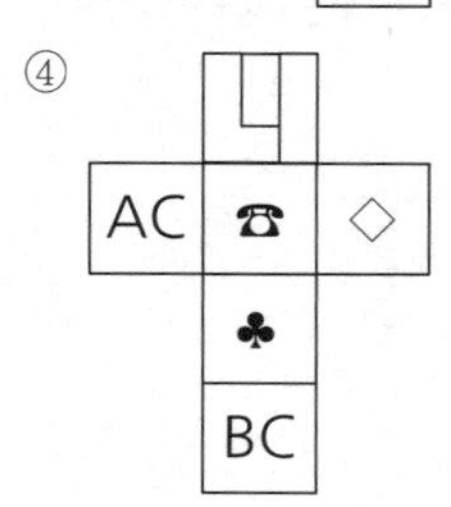

02 다음 입체도형의 전개도로 알맞은 것은?

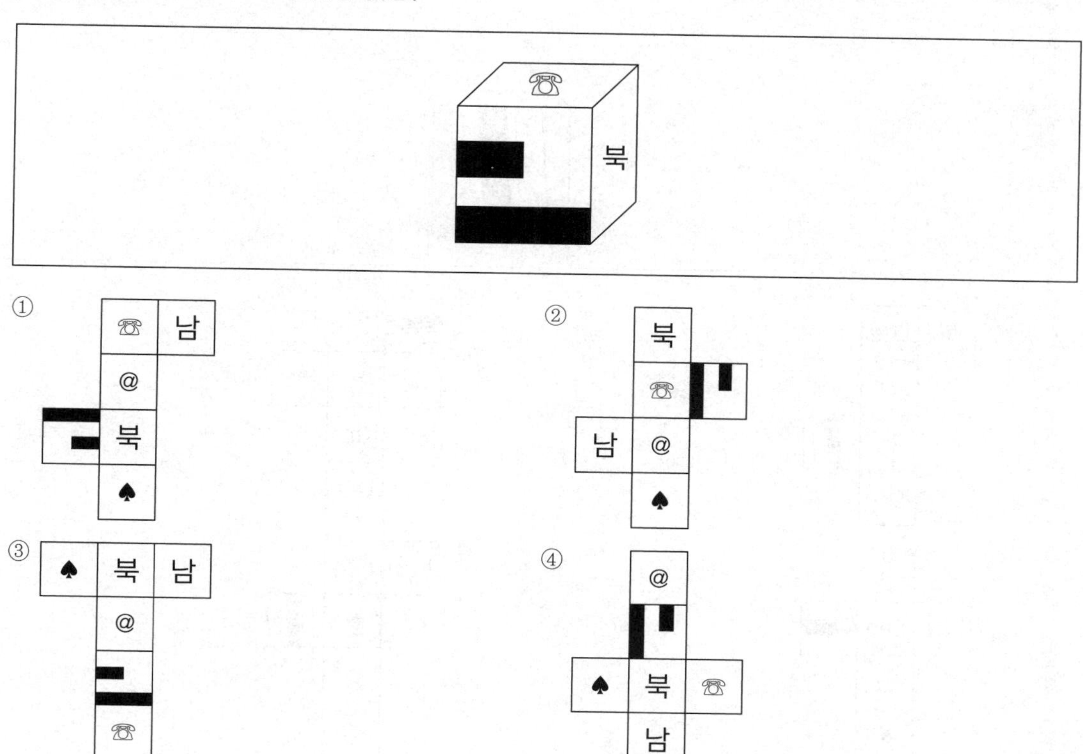

03 다음 입체도형의 전개도로 알맞은 것은?

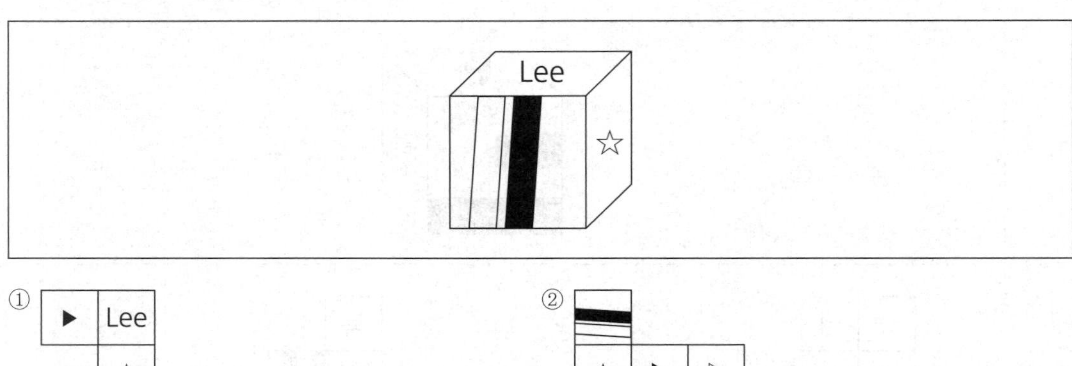

①　②

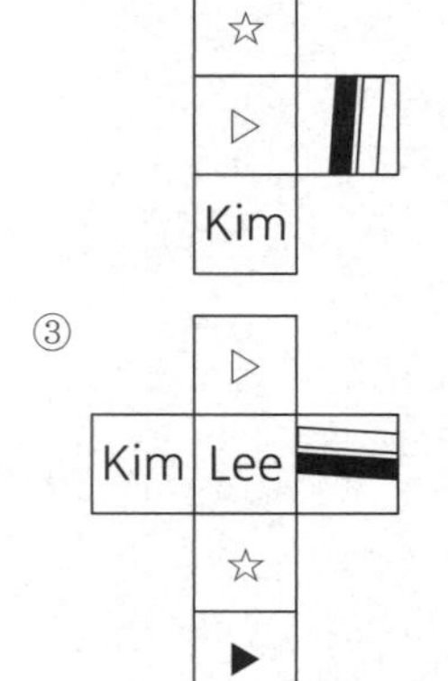

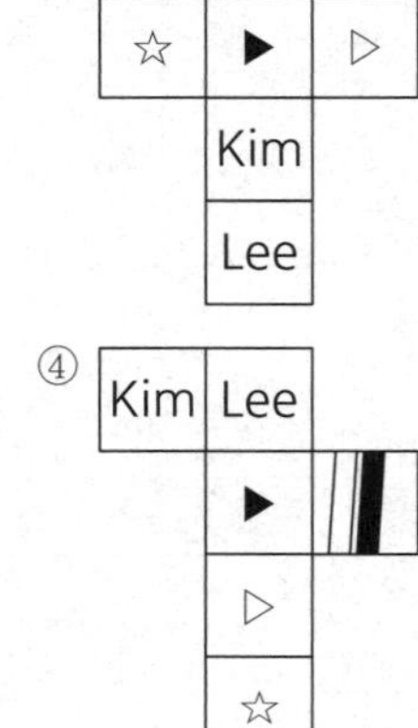

③　④

04 다음 입체도형의 전개도로 알맞은 것은?

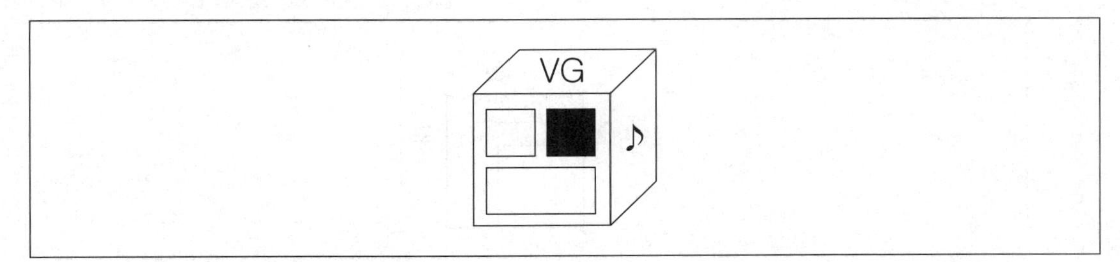

①

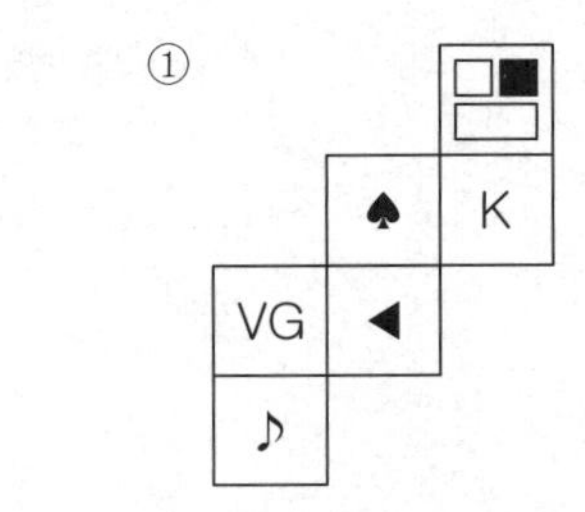

②

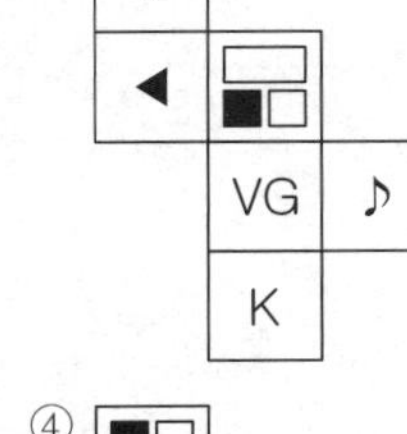

③

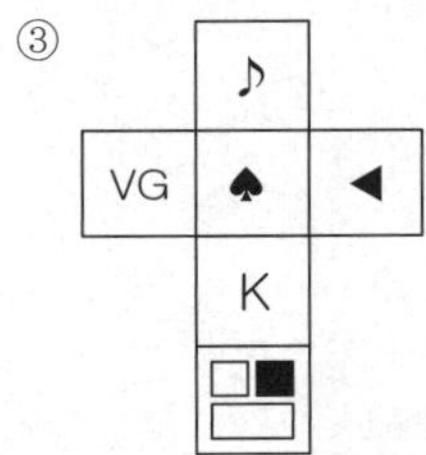

④

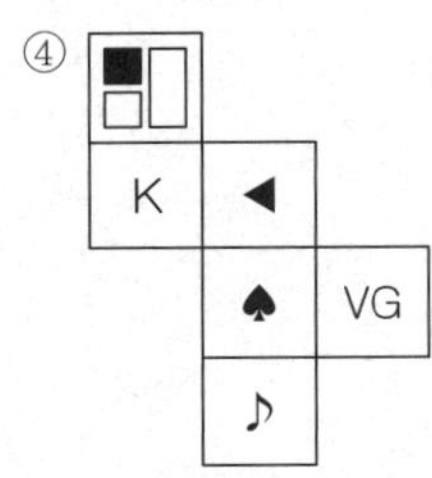

05 다음 입체도형의 전개도로 알맞은 것은?

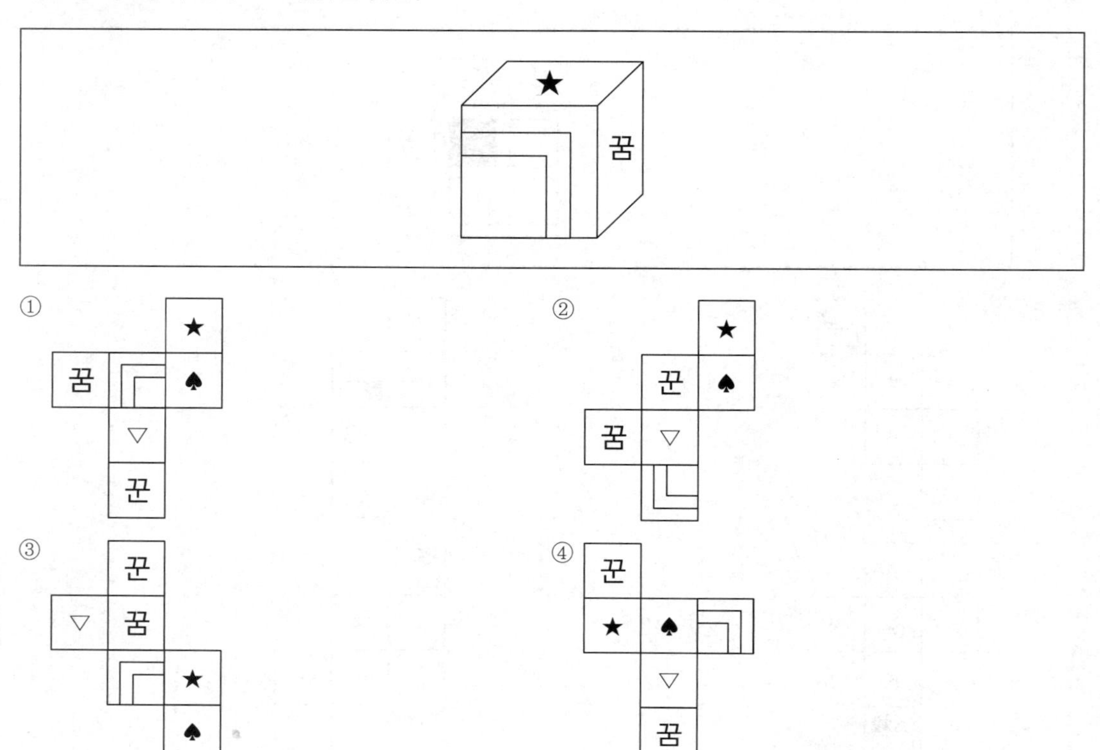

[06~10] 다음에 이어지는 물음에 답하시오.

- 전개도를 접을 때 전개도상의 그림, 기호, 문자가 입체도형의 겉면에 표시되는 방향으로 접음.
- 전개도를 접어 입체도형을 만들 때, 전개도에 표시된 그림(예 : ◨, ◪ 등)은 회전의 효과를 반영함. 즉, 본 문제의 풀이과정에서 보기의 전개도상에 표시된 "◨"와 "⊟"은 서로 다른 것으로 취급함.
- 단, 기호 및 문자(예 : ☎, ♤, ♨, K, H)의 회전에 의한 효과는 본 문제의 풀이과정에 반영하지 않음. 즉, 전개도를 접어 입체도형을 만들 때, "☎"의 방향으로 나타나는 기호 및 문자도 보기에서는 "☎"의 방향으로 표시하며 동일한 것으로 취급함.

06 다음 전개도의 입체도형으로 알맞은 것은?

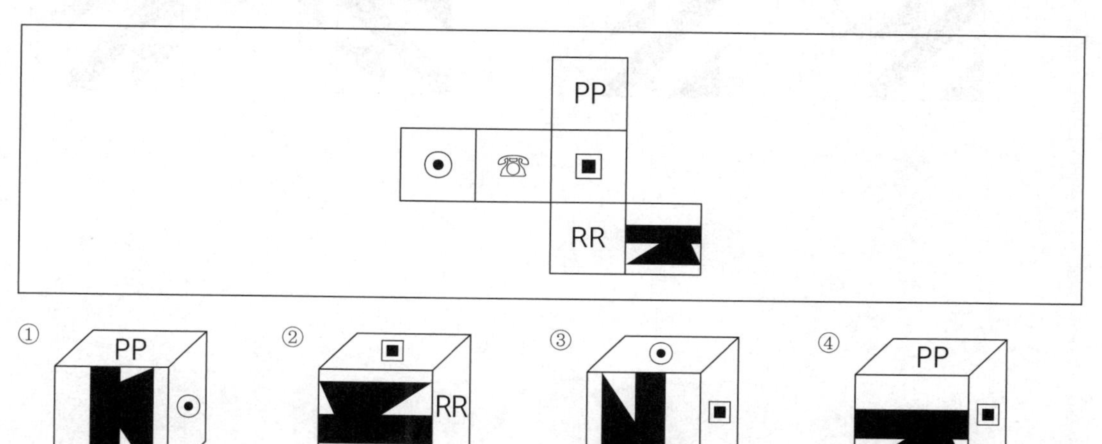

07 다음 전개도의 입체도형으로 알맞은 것은?

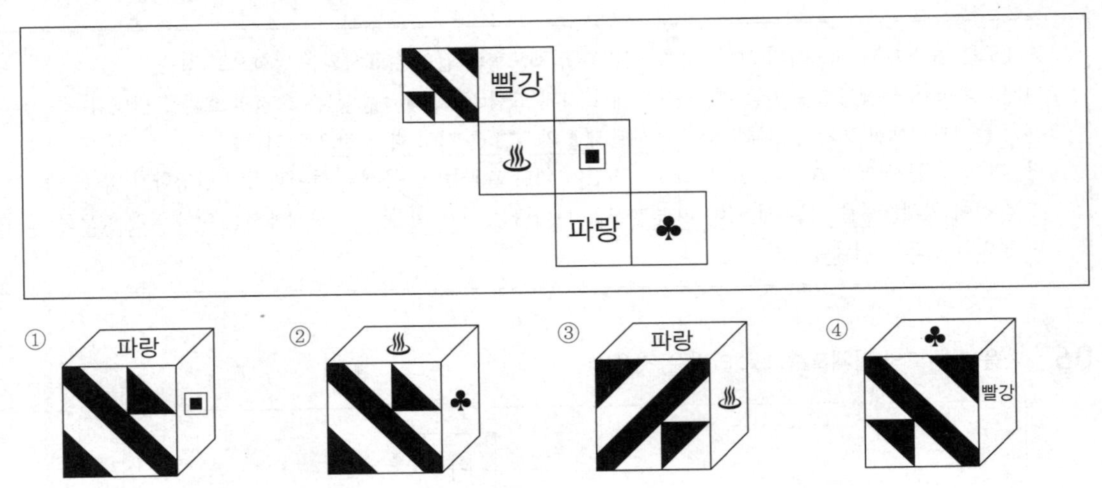

08 다음 전개도의 입체도형으로 알맞은 것은?

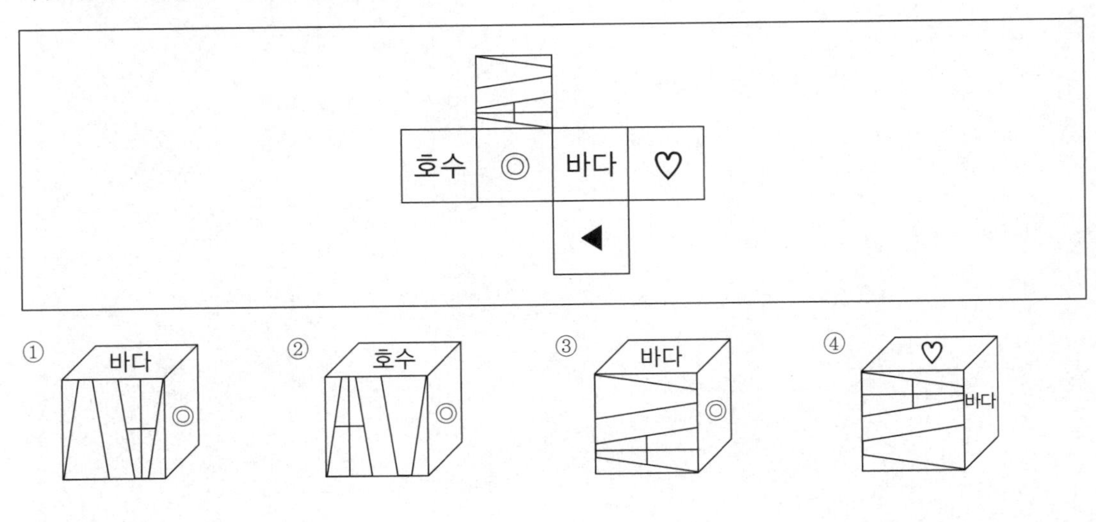

09 다음 전개도의 입체도형으로 알맞은 것은?

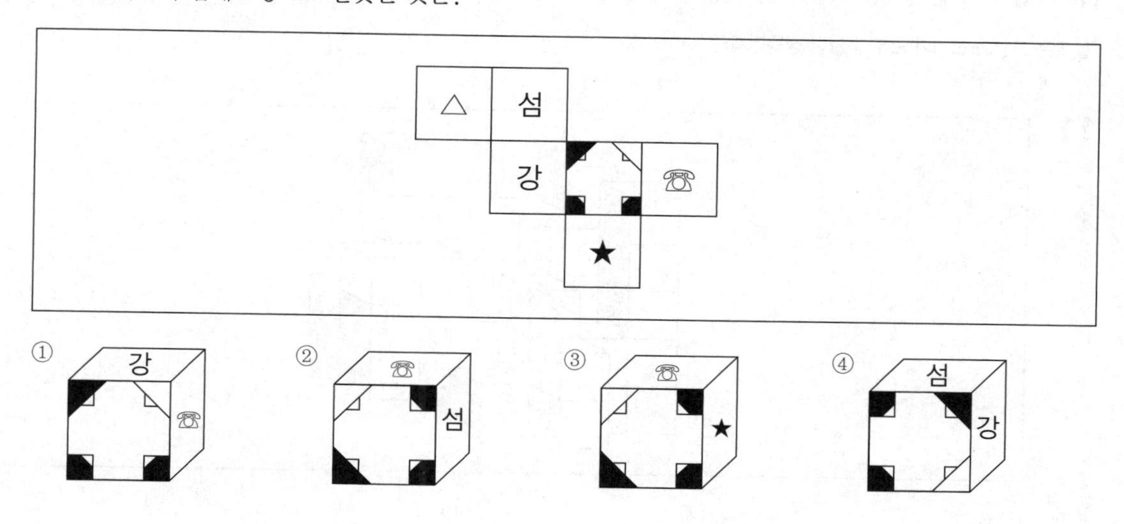

10 다음 전개도의 입체도형으로 알맞은 것은?

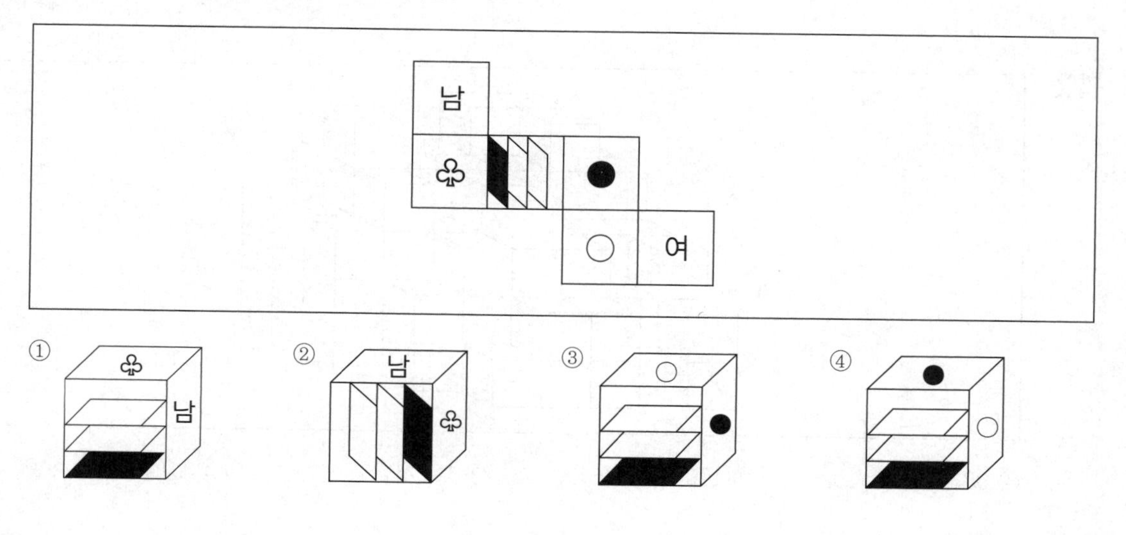

[11~14] 아래에 제시된 그림과 같이 쌓기 위해 필요한 블록의 수를 고르시오.

*블록은 모양과 크기가 모두 동일한 정육면체임

11

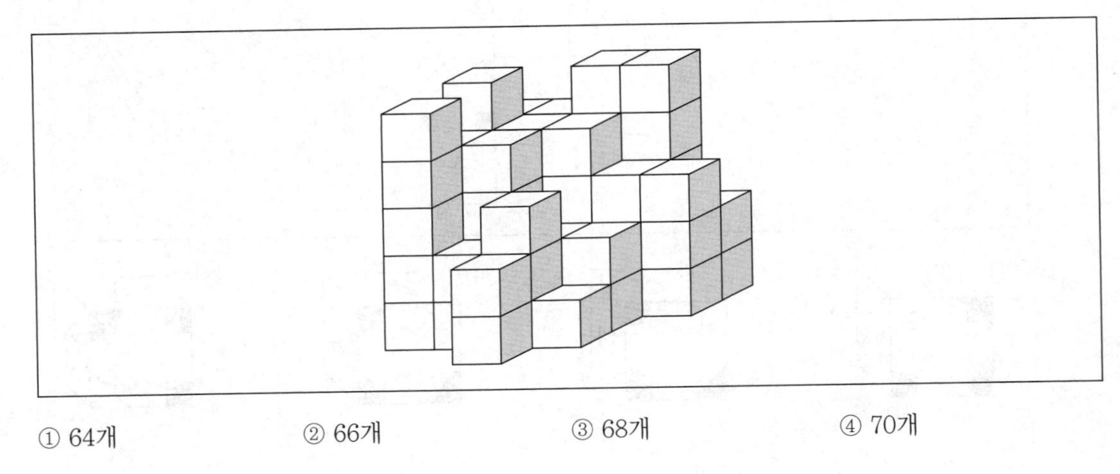

① 64개 ② 66개 ③ 68개 ④ 70개

12

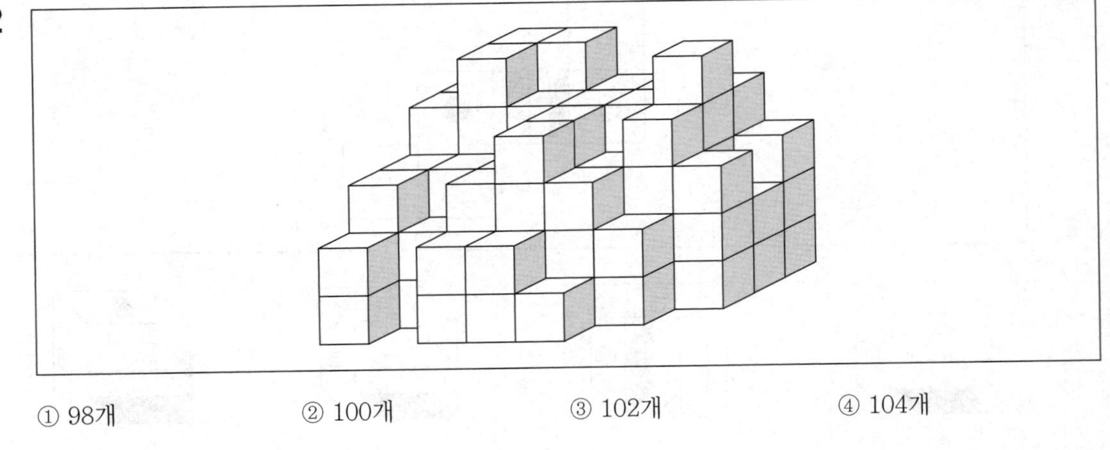

① 98개 ② 100개 ③ 102개 ④ 104개

13

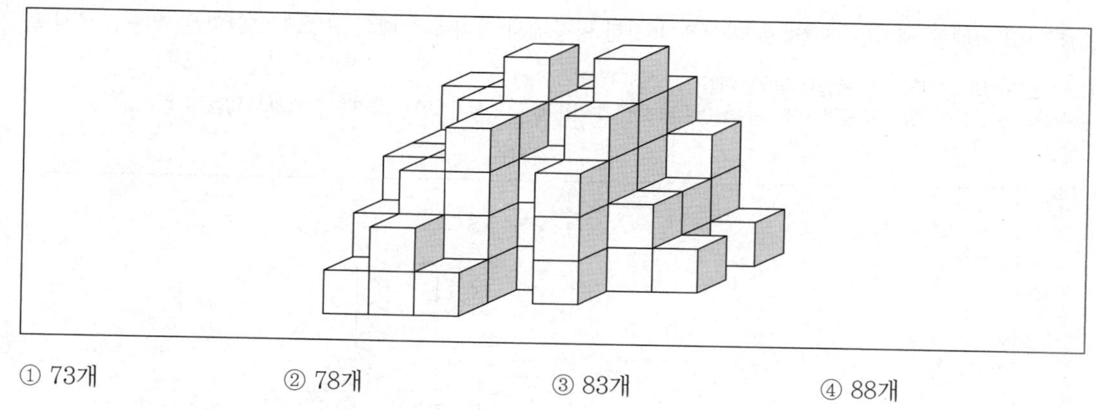

① 73개 ② 78개 ③ 83개 ④ 88개

14

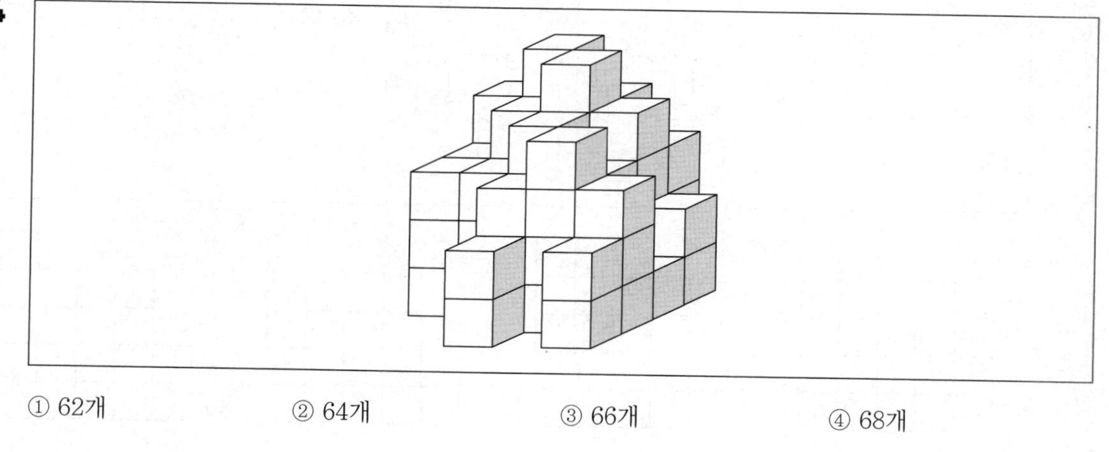

① 62개 ② 64개 ③ 66개 ④ 68개

[15~18] 아래에 제시된 블록들을 화살표 표시한 방향에서 바라봤을 때의 모양으로 알맞은 것을 고르시오.

*블록은 모양과 크기가 모두 동일한 정육면체임
*바라보는 시선의 방향은 블록의 면과 수직을 이루며 원근에 의해 블록이 작게 보이는 효과는 고려하지 않음

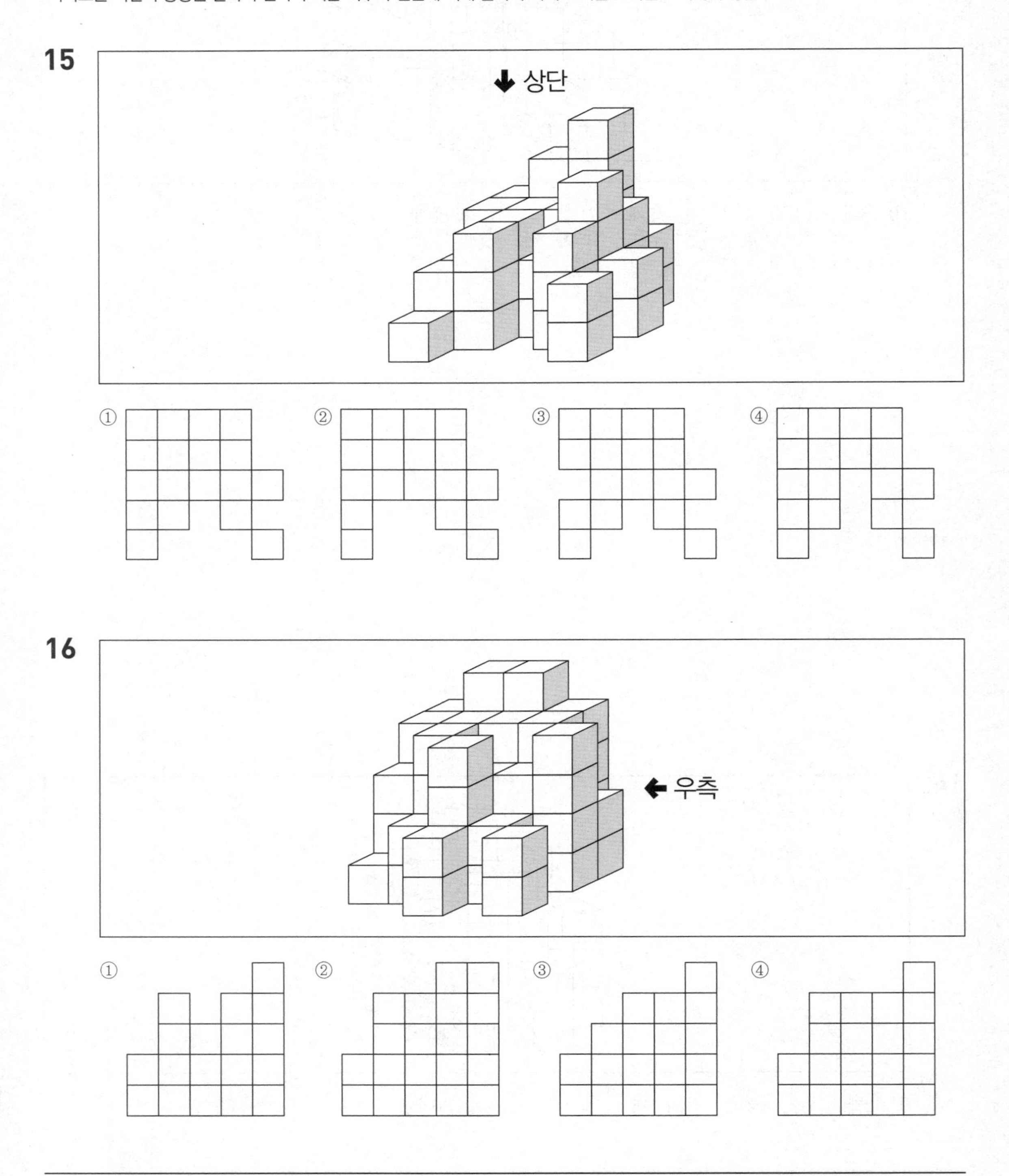

17

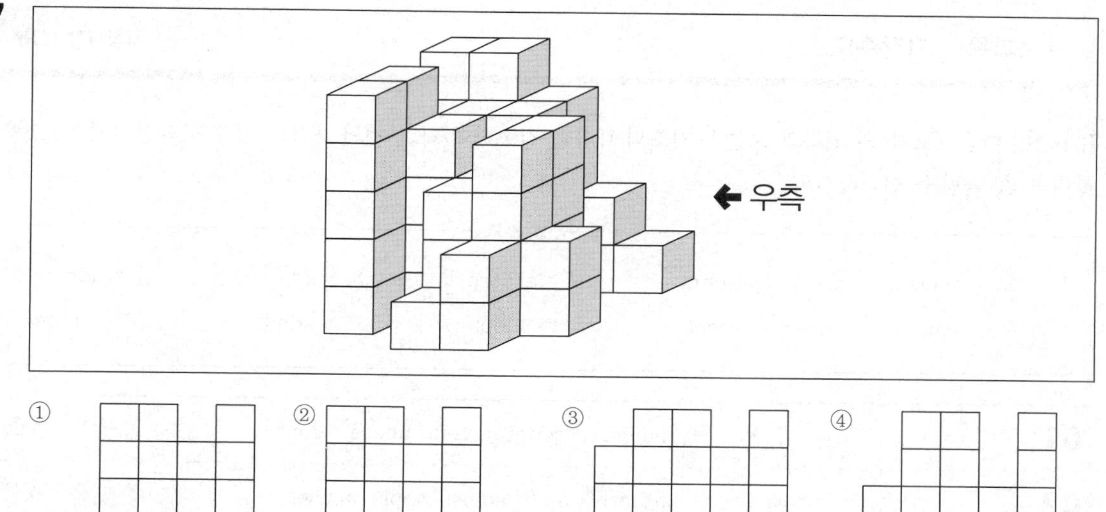

①　②　③　④

18

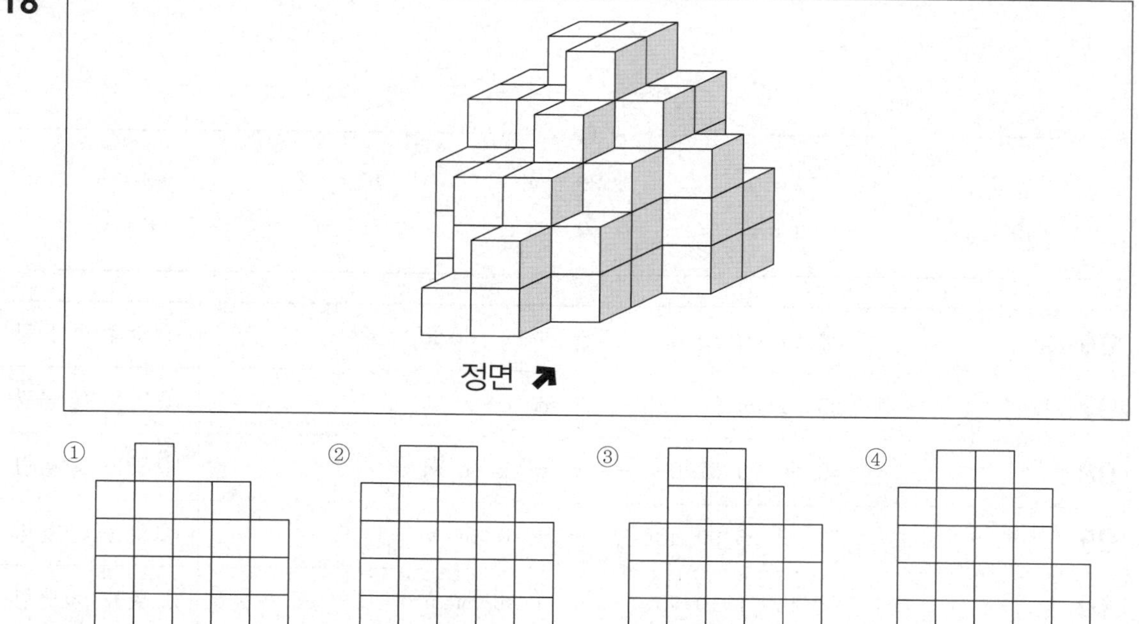

①　②　③　④

제4과목 : 지각속도

시험시간 : 3분

[01~10] 다음 〈보기〉의 왼쪽과 오른쪽 기호의 대응을 참고하여 각 문제의 대응이 같으면 답안지에 '① 맞음'을, 틀리면 '② 틀림'을 선택하시오.

〈보 기〉

⌘ = apple	⌕ = account	▽ = absorb	⌑ = adjust	⌛ = admire
⌗ = abuse	⌖ = accept	⌓ = adopt	⌒ = admit	⏲ = advise

01	⌑ ⌕ ⌖ ⌛ ⌓ – adjust account accept abuse adopt	① 맞음 ② 틀림
02	▽ ⌒ ⌑ ⌘ ⌗ – absorb admit adjust apple abuse	① 맞음 ② 틀림
03	⌓ ⌘ ⌛ ⌒ ⏲ – adopt apple admire admit advise	① 맞음 ② 틀림
04	⌗ ⌑ ⌕ ⌖ ⌒ – apple adjust account accept admit	① 맞음 ② 틀림
05	⏲ ▽ ⌗ ⌕ ⌘ – advise absorb abuse account apple	① 맞음 ② 틀림

〈보 기〉

57 = i	72 = ix	36 = iv	10 = vii	40 = v
49 = ii	93 = x	90 = iii	71 = viii	08 = vi

06	36 57 40 10 49 – iv i v vii ii	① 맞음 ② 틀림
07	08 71 90 93 72 – vi viii iii x vii	① 맞음 ② 틀림
08	40 36 93 57 08 – v iv x i vi	① 맞음 ② 틀림
09	71 72 08 90 40 – viii ix iv iii v	① 맞음 ② 틀림
10	93 57 71 10 49 – x i viii vii ii	① 맞음 ② 틀림

[11~20] 다음 〈보기〉의 왼쪽과 오른쪽 기호의 대응을 참고하여 각 문제의 대응이 같으면 답안지에 '① 맞음'을, 틀리면 '② 틀림'을 을 선택하시오.

〈보 기〉

wdfg = ⚅	cpeo = ⚁	keaw = ⚇	spfg = ⚉	voew = ♻
kvoe = ♲	lrge = ☑	nwqz = ⚆	znjw = ⚈	aewq = ♼

11	kvoe voew cpeo spfg keaw – ☑ ♻ ⚁ ⚉ ⚇	① 맞음 ② 틀림
12	znjw lrge nwqz wdfg aewq – ⚈ ☑ ⚆ ⚅ ♼	① 맞음 ② 틀림
13	keaw aewq kvoe znjw spfg – ⚇ ♼ ♲ ⚆ ⚉	① 맞음 ② 틀림
14	cpeo wdfg spfg voew aewq – ⚁ ⚅ ⚉ ♻ ♼	① 맞음 ② 틀림
15	nwqz keaw wdfg znjw lrge – ⚆ ⚇ ⚅ ⚈ ⚉	① 맞음 ② 틀림

〈보 기〉

휴지 = 동지	비누 = 단오	샴푸 = 입춘	린스 = 곡우	샤워 = 우수
칫솔 = 하지	수건 = 춘분	욕조 = 경칩	목욕 = 만월	치약 = 청명

16	치약 욕조 칫솔 목욕 린스 – 청명 경칩 하지 만월 곡우	① 맞음 ② 틀림
17	휴지 샤워 비누 샴푸 목욕 – 동지 우수 단오 입춘 만월	① 맞음 ② 틀림
18	칫솔 치약 욕조 휴지 샤워 – 하지 청명 경칩 동지 입춘	① 맞음 ② 틀림
19	샴푸 린스 휴지 샤워 비누 – 입춘 곡우 동지 우수 단오	① 맞음 ② 틀림
20	목욕 칫솔 치약 욕조 샴푸 – 만월 하지 청명 경칩 입춘	① 맞음 ② 틀림

[21~30] 다음의 〈보기〉에서 각 문제의 왼쪽에 표시된 굵은 글씨체의 기호, 문자, 숫자의 개수를 모두 세어 선택지에서 찾으시오.

		〈보 기〉	〈개 수〉			
21	**ㅇ**	내 자신에 대한 자신감을 잃으면, 온 세상이 나의 적이 된다.	① 8개	② 9개	③ 10개	④ 11개
22	**e**	Be still when you have nothing to say; when genuine passion moves you, say what you've got to say, and say it hot.	① 8개	② 9개	③ 10개	④ 11개
23	**0**	13748905340609097832700978536430903042343205 6567	① 10개	② 11개	③ 12개	④ 13개
24	**↝**	↜⌒↝⤳⤳⌒↝↜⌒↜⌒⟶⟶⌒↝⌒↝↜⌒↝↜↜⌒↝⟶↜⌒↝⟶⟶	① 6개	② 7개	③ 8개	④ 9개
25	**ㄱ**	조금도 위험을 감수하지 않는 것이 인생에서 가장 위험한 일일 것이라 믿는다.	① 5개	② 6개	③ 7개	④ 8개
26	**9**	239539045845698782340892850493960577023498504 83698	① 6개	② 7개	③ 8개	④ 9개
27	**⑫**	⑪⑫⑬⑭⑬⑪⑭⑫⑫⑬⑫⑭⑪⑬⑫⑭⑪⑫⑫⑭⑬⑪⑬⑬⑫⑫ ⑭⑪⑭⑫⑬⑭⑫	① 10개	② 11개	③ 12개	④ 13개
28	**☿**	☿♀♂☿☿♁♀☿♁♂♀♁♀☿♂♁☿♁♁♂♁♀☿☿ ♂♂☿♀☿♂♂	① 7개	② 8개	③ 9개	④ 10개
29	**n**	In preparing for battle I have always found that plans are useless, but planning is indispensable.	① 9개	② 10개	③ 11개	④ 12개
30	**겨**	거겨거가갸겨거갸갸가거겨가갸겨가갸겨거거거갸겨거겨가 갸가겨거겨	① 7개	② 8개	③ 9개	④ 10개

합격의공식
SD
에듀

대한민국 부사관 봉투모의고사

정답 및 해설

제1회 모의고사 정답 및 해설

제1과목 : 언어논리

01	02	03	04	05	06	07	08	09	10
①	⑤	④	①	③	②	②	①	②	⑤
11	12	13	14	15	16	17	18	19	20
④	②	②	①	②	②	⑤	⑤	④	②
21	22	23	24	25					
④	①	③	②	⑤					

01 정답 ①

정답해설

진지는 밥의 높임말로 유의어이다.

오답해설

②·③·④·⑤의 단어는 상하 관계이다(왼쪽은 상위어, 오른쪽은 하위어).

02 정답 ⑤

정답해설

'그녀는 잔입으로 출근 시간이 되기만을 기다렸다.'에서 쓰인 '잔입'은 '자고 일어나서 아직 아무것도 먹지 아니한 입'을 의미한다.

03 정답 ④

정답해설

㉡ 송별연은 '별'의 종성인 'ㄹ'이 연음되어 [송벼련]으로 발음된다.

㉣ 야금야금은 두 가지 발음 [야금냐금/야그먀금]이 모두 표준 발음으로 인정된다.

오답해설

㉠ 동원령[동원녕]

㉢ 삯일[상닐]

04 정답 ①

정답해설

'어떤 음식은 식물성이다.'는 '식물성인 것 중에는 음식이 있다.'와 같은 말이다. 따라서 이를 바꾸어 표현하면 '어떤 식물성인 것은 음식이다.'이다.

05 정답 ③

정답해설

'하물며'는 그도 그러한데 더욱이, 앞의 사실이 그러하다면 뒤의 사실은 말할 것도 없다는 뜻의 접속 부사로, '-느냐', '-랴' 등의 표현과 쓰는 것이 자연스럽다.

오답해설

① '여간'은 주로 부정의 의미를 나타내는 말과 함께 쓰여 그 상태가 보통으로 보아 넘길 만한 것임을 나타내는 부사이다. 따라서 '뜰에 핀 꽃이 여간 탐스럽지 않았다'로 고치는 것이 적절하다.

② 과업 지시서 '교부'와 서술어 '교부하다'는 의미상 중복되므로 앞의 '교부'를 삭제하는 것이 적절하다.

④ 무정 명사에는 '에'가 쓰이고, 유정 명사에는 '에게'가 쓰인다. 일본은 무정 명사에 해당하므로 '일본에게'를 '일본에'로 고쳐 쓰는 것이 적절하다.

⑤ '품절'의 주체는 사물인 '상품'이므로 높여서 말할 수 없다. 따라서 '품절입니다'로 고치는 것이 적절하다.

06 정답 ②

정답해설

국내 바이오헬스의 전체 기술력은 바이오헬스 분야에서 최고 기술을 보유하고 있는 미국 대비 78% 수준으로 약 3.8년의 기술격차를 보인다. 이는 기술격차를 줄이는 데 필요한 시간을 나타내는 것이므로 미국이 우리나라보다 3.8년 앞서 투자를 시작했다는 의미로 볼 수 없다. 따라서 미국이 우리나라보다 3년 이상 앞서 투자했다는 내용은 적절하지 않다.

07 정답 ②

정답해설

본 사건에서 피고는 담배 회사이며, 담배 회사 측은 흡연자들이 경고 문구를 보고도 흡연하였으므로 피해의 책임이 흡연자에게 있다고 주장할 것이다.

08

정답 ①

정답해설

글의 내용에 따르면 똑같은 일을 똑같은 노력으로 했을 때, 돈을 많이 받으면 과도한 보상을 받아 부담을 느낀다. 반면 적게 받으면 충분히 받지 못했다고 느끼므로 만족하지 못한다. 따라서 공평한 대우를 받을 때 더 행복함을 느낀다는 것을 추론할 수 있다.

09

정답 ②

정답해설

글의 핵심 논점은 '제로섬(Zero-sum)적인 요소를 지니는 경제 문제'와 '우리 자신의 수입을 보호하기 위해 경제적 변화가 일어나는 것을 막거나 혹은 사회가 우리에게 손해를 입히는 공공정책이 강제로 시행되는 것을 막기 위해 싸울 것'에 대한 것이 핵심 주장이다. 이 논지는 '사회경제적인 총합이 많아지는 정책'에 대한 비판이라고 할 수 있다.

오답해설

③ 제시문의 입장에 해당한다.

10

정답 ⑤

정답해설

- 문맥의 제일 처음에 올 수 있는 내용은 (나)와 (다)이다. (가)에는 접속 부사 '그러나', (라)에는 접속 부사 '하지만', (마)에는 앞의 내용에 대한 원인을 밝히는 '~ 때문이다'가 있으므로 다른 문장의 뒤에 연결되어야 한다.
- (마)는 '불만과 불행에 사로잡히기 때문'이라고 하였으므로 그 앞부분에는 그 원인인 '만족할 때까지는 행복해지지 못한다.'는 내용이 와야 한다. 따라서 (다) – (마)의 순서가 되어야 한다.
- (라)는 (마)의 내용에 대한 반론을 제시하며 '차원 높은 행복'이라는 새로운 화제를 제시하고 있으므로 (마) – (라)의 순서가 되어야 한다.
- (가)와 (나)는 '소유에서 오는 행복'이라는 공통 화제를 가지고 있으므로 인접해 있어야 하며, 접속 부사를 고려할 때 (나) – (가)의 순서가 적절하다.

따라서 문맥에 따른 배열로 가장 적절한 것은 ⑤ '(다) – (마) – (라) – (나) – (가)'이다.

11

정답 ④

정답해설

3 · 1 독립운동과 관련된 제시문으로, 문맥상 〈보기〉의 내용은 (다)의 뒤에 들어가야 한다. 〈보기〉에서는 학자들이 3 · 1 독립운동에 관해 부단한 연구를 해왔고, 각 분야에 걸쳐 수많은 저작을 내놓고 있다고 했다. 그 다음 (라)에서는 언론 분야에 대한 예가 나오고 있다.

12

정답 ②

정답해설

제시문은 제4차 산업혁명으로 인한 노동 수요 감소로 인해 나타날 수 있는 문제점을 설명하면서도, 긍정적인 측면으로는 노동 수요 감소를 통해 인간적인 삶의 향유가 이루어질 수 있다고 말한다. 따라서 제4차 산업혁명의 밝은 미래와 어두운 미래를 나타내는 ②가 글의 제목으로 적절하다.

13

정답 ②

정답해설

제시문에서 옵트인 방식은 수신 동의 과정에서 발송자와 수신자 양자에게 모두 비용이 발생한다고 했으므로 수신자의 경제적 손실을 막을 수 있다는 ②의 내용은 적절하지 않다.

14

정답 ①

정답해설

대중문화가 주로 젊은 세대를 중심으로 한 문화라고 한 다음, 대중문화라고 해서 반드시 젊은 사람들을 중심으로 이루어지는 것은 아니라고 말함으로써 글의 핵심이 불분명해졌다.

15

정답 ②

정답해설

(나) 이후에 집수리 봉사활동에서 실시한 구체적인 사항들이 열거되고 있다. 따라서 (나)의 위치에 〈보기〉의 문장이 들어가는 것이 적절하다.

16

정답 ②

정답해설

'집단으로 모인 사람들이 자신들의 감성을 침묵하게 하고 지성만을 행사하는 가운데 그들 중 한 개인에게 그들의 모든 주의가 집중되도록 할 때 희극이 발생한다고 보았다.'를 통해 희극이 관객의 감성이 집단적으로 표출된 결과라는 설명이 적절하지 않음을 알 수 있다.

오답해설

① '희극의 발생 조건에 대하여 베르그송은 집단, 지성, 한 개인의 존재 등을 꼽았다.'를 통해 적절한 내용임을 확인할 수 있다.

③ '한 인물이 우리에게 희극적으로 보이는 것은 우리 자신과 비교해서 그 인물이 육체의 활동에는 많은 힘을 소비하면서 정신의 활동에는 힘을 쓰지 않는 경우이다.'라는 프로이트의 말을 통해 적절한 내용임을 확인할 수 있다.

④ '웃음을 유발하는 단순한 형태의 직접적인 장치는 대상의 신체적인 결함이나 성격적인 결함을 들 수 있다.'를 통해 적절한 내용임을 확인할 수 있다.

⑤ '관객은 이러한 결함을 지닌 인물을 통하여 스스로 자기 우월성을 인식하고 즐거워질 수 있게 된다.'에서 희극은 관객 개개인이 결함을 지닌 인물에 비하여 자기 우월성을 인식함으로써 발생한다는 사실을 확인할 수 있다.

17

정답 ⑤

정답해설

'비극의 관객들은 이 주인공의 비극적 운명에 대한 공포와 비애를 체험하면서 카타르시스에 이르게 된다.'라고 서술하고 있으므로 ⑤의 설명과 일치함을 알 수 있다.

18

정답 ⑤

정답해설

서양에서는 아리스토텔레스가 강요한 중용과 동양의 중용을 번갈아 설명하며 그 차이점에 대해 설명하고 있다.

오답해설

① 아리스토텔레스의 중용은 글의 주제인 서양과 우리의 중용에 대한 차이점을 말하기 위해 언급한 것일 뿐이다.

② 우리는 의학에 있어서도 중용관에 입각했다는 것을 말하기 위해 부연 설명한 것이다.

③ 중용을 바라보는 서양과 우리의 차이점을 말하고 있다.

④ 서양과 대비해서 우리의 중용관이 균형에 신경 쓰고 있다는 내용을 담고는 있지만, 전체적으로 보았을 때 서양과 우리의 차이에 대해 쓰여진 글이다.

19

정답 ④

정답해설

계승에는 긍정적 계승과 부정적 계승이 있고, 계승의 반대는 퇴화이다. 긍정적 계승에는 지속성이 두드러진다. 앞 시대의 문학은 어떻게든지 뒤 시대의 문학에 작용하므로 퇴화와 단절을 구별해야 한다고 주장하고 있다.

20

정답 ②

정답해설

ⓛ의 앞에서는 황사의 이점에 대해서 언급했지만 ⓛ의 뒤에서는 황사가 해를 끼친다는 내용이 나오므로 ⓛ에는 역접의 접속어가 들어가야 한다. 따라서 '그러나' 또는 '하지만' 등의 접속어를 쓰는 것이 적절하다.

오답해설

① 제시된 글의 중심 내용은 황사가 본래 이점도 있었지만 인간이 환경을 파괴시키면서 심각하게 해를 끼치는 존재가 되었다는 것이다. '황사의 이동 경로의 다양성'은 글 전체의 흐름을 방해하므로 삭제하는 것이 적절하다.

③ '덕분이다'는 어떤 상황에 긍정적인 영향을 준 경우 사용되는 서술어이다. 환경 파괴로 인해 황사가 재앙의 주범이 되는 부정적인 결과가 발생했으므로 '때문이다'를 사용하는 것이 적절하다.

④ '일으키다'는 '물리적이거나 자연적인 현상을 만들어 내다'의 뜻이고, '유발하다'는 '어떤 것이 다른 일을 일어나게 하다'의 뜻이므로 '일으킬'을 '유발할'로 고칠 수 있다.

⑤ '독성 물질'은 서술어 '포함하고 있는'의 주체가 아니므로 '독성 물질을'로 고쳐 쓰는 것이 적절하다.

21

정답 ④

정답해설

두 번째 문장에서 '어떤 기술은 인간 사회를 더 민주적으로 만드는 데 기여하지만, 어떤 기술은 독재자의 권력을 강화하는 데 사용된다.'라며 기술의 양면성에 대해 언급하고, 마지막 문장에서 '기술에 대한 철학과 사상이, 그것도 비판적이면서 균형 잡힌 철학과 사상이 필요한 것은 이 때문이다.'라고 했으므로 이 글의 중심 내용은 ④이다.

22

정답 ①

정답해설

(라)의 '물론 어느 동물이나 한 가지 방법으로만 의사소통을 하는 것은 아니다. 인간도 그렇듯이, 시각으로도 많은 의사를 표현하며 청각으로도 많은 것을 전달한다.'라는 문장을 통해 알 수 있다.

23

정답 ③

정답해설

(다)에서 고함원숭이가 큰 소리를 지르는 이유는 경고의 의미라고 했다. 따라서 ③의 '친근함'을 표현한다는 설명은 틀렸다.

24

정답 ②

정답해설

제시된 글은 알렉산드르 2세가 통치하던 시대의 상황을 서술하기 위해 전쟁 후의 다양한 사건을 나열하고 있다.

오답해설

① 두 개의 특수한 대상에서 어떤 징표가 일치하고 있음을 드러내는 것을 '유추'라고 하는데, 제시된 글에서는 유추의 서술 방식이 사용되지 않았다.
③ 구체적 사례를 제시하고 있으나, 어떤 일이나 내용을 이해시키기 위한 목적으로 구체적인 사례를 든 것이 아니므로 이는 적절하지 않다.
④ 사건의 진행 과정을 이야기하고는 있으나, 인물의 행동 변화 과정을 제시하지는 않았으므로 이는 적절하지 않다.
⑤ 시대적 상황을 설명하는 글일 뿐, 저자의 판단이 참임을 구체적 근거를 들어 논리적으로 보여 주고 있는 글이 아니므로 이는 적절하지 않다.

25

정답 ⑤

정답해설

'준엄(峻嚴 : 높을 준, 엄할 엄)'은 '조금도 타협함이 없이 매우 엄격하다.'를 뜻하는 형용사 '준엄하다'의 어근이다. '태도나 상황 따위가 튼튼하고 굳다.'를 뜻하는 말은 '확고(確固 : 굳을 확, 굳을 고)하다'이다.

오답해설

① 제반(諸般 : 모든 제, 옮길 반) : 어떤 것과 관련된 모든 것
② 부흥(復興 : 다시 부, 일어날 흥) : 쇠퇴하였던 것이 다시 일어남 또는 그렇게 되게 함
③ 형안(炯眼 : 빛날 형, 눈 안) : 빛나는 눈 또는 날카로운 눈매
④ 응징(膺懲 : 가슴 응, 혼날 징) : 잘못을 깨우쳐 뉘우치도록 경계함

제2과목 : 자료해석

01	02	03	04	05	06	07	08	09	10
②	①	④	③	④	①	④	①	③	③
11	**12**	**13**	**14**	**15**	**16**	**17**	**18**	**19**	**20**
④	④	④	①	④	②	③	④	①	③

01 정답 ②

정답해설

올라갈 때 걸은 거리를 $x$km라고 하면, 내려올 때의 거리는 $(x+5)$km이므로

$\frac{x}{3}+\frac{x+5}{4}=3 \rightarrow 4x+3(x+5)=36$

$\therefore x=3$

02 정답 ①

정답해설

6회까지의 영어 평균점수가 750점이므로 영어 점수의 총합은 $750\times6=4,500$점이다.

5회를 제외한 나머지 점수의 합이 $650+650+720+840+880=3,740$점이므로 5회차 영어 점수는 $4,500-3,740=760$점이다.

03 정답 ④

정답해설

㉠ 예측적중률은 $\frac{\text{실제결과}}{\text{예측}}$로 계산할 수 있다.

기권에 대한 예측적중률은 $\frac{150}{200}=0.75$이고 투표에 대한 예측적중률은 $\frac{700}{800}=0.875$로 기권에 대한 예측적중률보다 투표에 대한 예측적중률이 더 높다.

㉢ 예측된 투표율은 $\frac{800}{1,000}=0.8$이고, 실제 투표율은 $\frac{750}{1,000}=0.75$로 예측된 투표율보다 실제 투표율이 더 낮다.

㉣ 기권예측자 중 투표자 50명과 투표예측자 중 기권자 100명이 예측대로 행동하지 않은 사람이다.

오답해설

㉡ 실제 기권자는 250명이고, 이 중 기권예측자는 150명이다.

04 정답 ③

정답해설

판매된 사과의 무게는 판매된 망고의 무게의 약 2.16배이다.

05 정답 ④

정답해설

- 먼저 A대학교의 전체 학생 수는 0 이상 20 미만 구간의 자료를 통하여 구할 수 있다.
  0.15, 즉 전체의 15%에 해당하는 인원이 24명임을 알 수 있으므로 전체 학생 수를 x명이라 하면 $0.15:24=1:x$
  $\therefore x=160$
- (가)에 해당하는 수치는 합계 1에서 나머지 상대도수를 뺀 값이므로 (가)$=1-0.15-0.25-0.2-0.1=0.3$
- 20 이상 40 미만 구간에 해당하는 학생은 전체 학생의 $0.3(=30\%)$에 해당하므로 $160\times0.3=48$(명)

따라서 해당구간의 누적도수 (나)에 해당하는 수치는 $24+48=72$명이다.

06 정답 ①

정답해설

- 남자의 고등학교 진학률 : $\frac{861,517}{908,388}\times100≒94.8\%$
- 여자의 고등학교 진학률 : $\frac{838,650}{865,323}\times100≒96.9\%$

07 정답 ④

정답해설

공립 중학교의 남녀별 졸업자 수가 알려져 있지 않으므로 계산할 수 없다.

08 정답 ①

정답해설

정년퇴직을 제외한 퇴직인원이 차지하는 비율

- 2017년 : $100-36.7=63.3\%$
- 2018년 : $100-23.6=76.4\%$
- 2019년 : $100-31.9=68.1\%$
- 2020년 : $100-30.2=69.8\%$
- 2021년 : $100-35.3=64.7\%$

정년퇴직을 제외한 퇴직인원의 수

- 2017년 : $19,004\times\frac{63.3}{100}$≒12,029명
- 2018년 : $18,578\times\frac{76.4}{100}$≒14,193명
- 2019년 : $24,652\times\frac{68.1}{100}$≒16,788명
- 2020년 : $24,996\times\frac{69.8}{100}$≒17,447명
- 2021년 : $19,544\times\frac{64.7}{100}$≒12,644명

따라서 2017년부터 2021년까지 정년퇴직인원을 제외한 퇴직인원수의 합은 12,029+14,193+16,788+17,447+12,644=73,101명이다.

09 정답 ③

정답해설

동일권역에 있는 부대의 수를 x곳, 타권역에 있는 부대의 수를 y곳이라 할 때

1.8kg인 샘플 군복의 택배 가격

- 동일권역 4,000원
- 타권역 5,000원

2.5kg인 시제품은 개당 택배 가격

- 동일권역 5,000원
- 타권역 6,000원

각각 식을 세우면

$4,000x+5,000y=46,000$ …㉠

$5,000x+6,000y=56,000$ …㉡

㉠, ㉡을 연립방정식을 이용해 풀면

$x=4,\ y=6$

즉, 동일권역에 있는 부대는 4곳이고, 타권역에 있는 부대는 6곳이다.

따라서 A사단이 물품을 보낸 부대는 총 4+6=10곳이다.

10 정답 ③

정답해설

배송비, 할인혜택, 중복할인 여부 등을 모두 고려하여 실제 구매가격을 정리하면 다음과 같다.

A쇼핑몰

- 회원혜택 : 129,000−7,000+2,000=124,000원
- 할인쿠폰 : 129,000×(1−0.05)+2,000=124,550원

B쇼핑몰

- 회원혜택 : 131,000×(1−0.03)=127,070원
- 할인쿠폰 : 131,000−3,500=127,500원
- 중복할인 : 131,000×(1−0.03)−3,500=123,570원

C쇼핑몰

- 회원혜택 : 132,000×(1−0.07)=122,760원
- 할인쿠폰 : 132,000−8,000=124,000원

따라서 C쇼핑몰에서 회원혜택을 적용하였을 때가 122,760원으로 가장 저렴하다.

11 정답 ④

정답해설

A쇼핑몰에서 할인쿠폰을 적용했을 때, 124,550원으로 가장 비싸다. 따라서 가장 저렴한 가격의 차는

124,550−122,760=1,790원이다.

12 정답 ④

정답해설

우리나라는 OECD 30개 회원국 중에서 순위가 매년 20위 이하이므로 상위권이라 볼 수 없다.

오답해설

③ 청렴도는 2014년에 4.5점으로 가장 낮고, 2020년과 차는 5.4−4.5=0.9점이다.

13 정답 ④

정답해설

- 주말 입장료 :

  $15,000+11,000+20,000\times2+20,000\times\frac{1}{2}=76,000$원
- 주중 입장료 :

  $13,000+10,000+18,000\times2+18,000\times\frac{1}{2}=68,000$원

따라서 요금 차이는 76,000−68,000=8,000원이다.

14 정답 ①

정답해설

㉡ 2019년 대비 2020년 자동차 수출액의 증감률을 구하면 $\frac{650-713}{713}\times100$≒−8.84(%)이므로 2019년 대비 2020년의 자동차 수출액의 감소율은 9% 미만이다.

오답해설

㉠ 연도별 전년 대비 자동차 생산 증가량을 구하면 다음과 같다.

- 2014년 : $4,272-3,513=759$(천 대)
- 2015년 : $4,657-4,272=385$(천 대)
- 2016년 : $4,562-4,657=-95$(천 대)
- 2017년 : $4,521-4,562=-41$(천 대)
- 2018년 : $4,524-4,521=3$(천 대)
- 2019년 : $4,556-4,524=32$(천 대)
- 2020년 : $4,229-4,556=-327$(천 대)

따라서 전년 대비 자동차 생산 증가량이 가장 큰 해는 2014년이다.

㉢ 제시된 자료를 통해 자동차 수입액은 지속적으로 증가했음을 알 수 있다.

㉣ 2020년의 자동차 생산 대수 대비 내수 대수의 비율은 $\frac{1,600}{4,229}\times 100 \fallingdotseq 37.8(\%)$이다.

15 정답 ④

정답해설

2017년과 2021년에는 출생아 수와 사망자 수의 차가 20만 명이 되지 않는다.

16 정답 ②

정답해설

다문화 가정 학생의 학교별 구성비 중 초등학교에서 과반을 넘지만, 전체 학생 중 다문화 가정의 학생 비율은 3%이므로 과반을 넘지 않는다.

오답해설

① 2019년 이후 증가와 감소의 변화율이 같더라도, 2020년 감소된 다문화 가정의 학생 수에서 2% 증가이므로 같지 않다.

③ 고등학교에 재학 중인 다문화 가정 학생의 비율은 지속적으로 증가하였다.

④ 학교별 구성비에서는 중학교에서 2019~2021년에 걸쳐 감소하고 있으며, 구성비의 총합은 100으로 변하지 않는다.

17 정답 ③

정답해설

- 2016년 대비 2017년 경유차 수 증가율 : 약 7.3%
- 2017년 대비 2018년 경유차 수 증가율 : 약 8.6%

오답해설

④ 전체 국내 등록차량에서 2021년 경유차 수의 비율은 $\frac{9,929,537}{23,202,555}\times 100 \fallingdotseq 42.8\%$이고, 2017년은 $\frac{7,938,627}{20,117,955}\times 100 \fallingdotseq 39.5\%$로 2021년이 더 높다.

18 정답 ④

정답해설

군 장병 1인당 1일 급식비의 5년 평균은 $\frac{5,820+6,155+6,432+6,848+6,984}{5} \fallingdotseq 6,448$원이고, 2019년 군 장병 1인당 1일 급식비는 6,432원이다. 따라서 5년 평균이 더 크다.

오답해설

① • 2018년 증가율 : $\frac{6,155-5,820}{5,820}\times 100 \fallingdotseq 5.8\%$

- 2019년 증가율 : $\frac{6,432-6,155}{6,155}\times 100 \fallingdotseq 4.5\%$
- 2020년 증가율 : $\frac{6,848-6,432}{6,432}\times 100 \fallingdotseq 6.5\%$
- 2021년 증가율 : $\frac{6,984-6,848}{6,848}\times 100 \fallingdotseq 2\%$

따라서 전년 대비 1인당 1일 급식비 증가율이 가장 큰 해는 2020년이다.

19 정답 ①

정답해설

2020년 3개 기관의 전반적 만족도의 합은 $6.9+6.7+7.6=21.2$이고 2021년 3개 기관의 임금과 수입 만족도의 합은 $5.1+4.8+4.8=14.7$이다. 따라서 2020년 3개 기관의 전반적 만족도의 합은 2021년 3개 기관의 임금과 수입 만족도의 합의 $\frac{21.2}{14.7} \fallingdotseq 1.4$배이다.

20 정답 ③

정답해설

2021년에 기업, 공공연구기관의 임금과 수입 만족도는 전년 대비 증가하였으나 대학의 임금과 수입 만족도는 감소했으므로 옳지 않은 설명이다.

오답해설

① 2020년, 2021년 현 직장에 대한 전반적 만족도는 대학 유형에서 가장 높은 것을 확인할 수 있다.

② 2021년 근무시간 만족도에서는 공공연구기관과 대학의 만족도가 6.2로 동일한 것을 확인할 수 있다.

④ 사내분위기 측면에서 2020년과 2021년 공공연구기관의 만족도는 5.8로 동일한 것을 확인할 수 있다.

제3과목 : 공간능력

01	02	03	04	05	06	07	08	09	10
④	②	③	②	①	③	②	①	②	②
11	**12**	**13**	**14**	**15**	**16**	**17**	**18**		
③	①	③	③	②	①	④	④		

01

정답 ④

정답해설

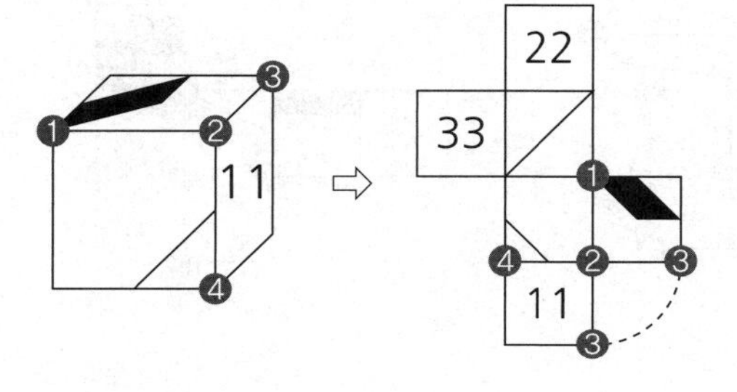

02

정답 ②

정답해설

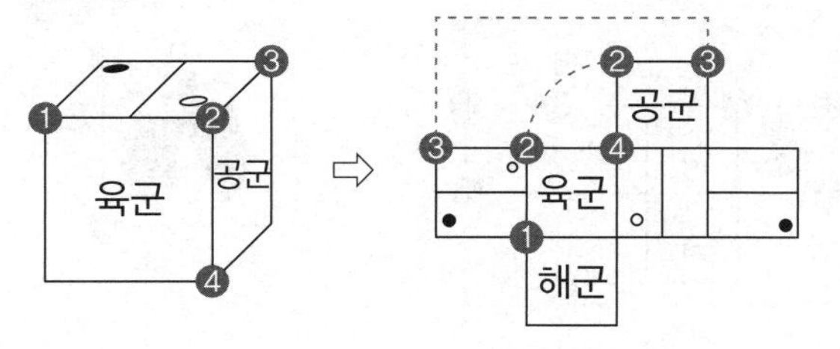

03

정답 ③

정답해설

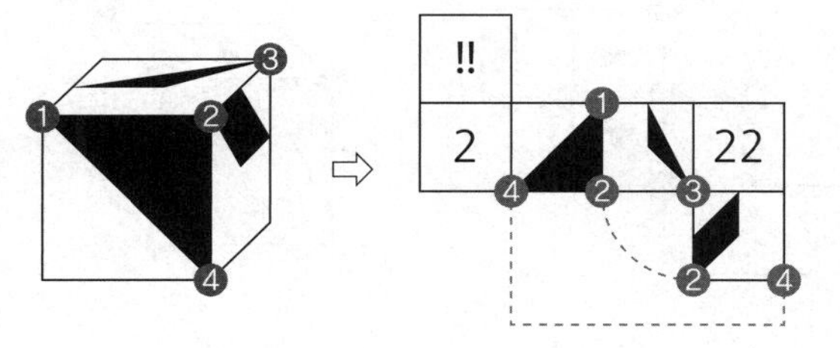

04

정답 ②

정답해설

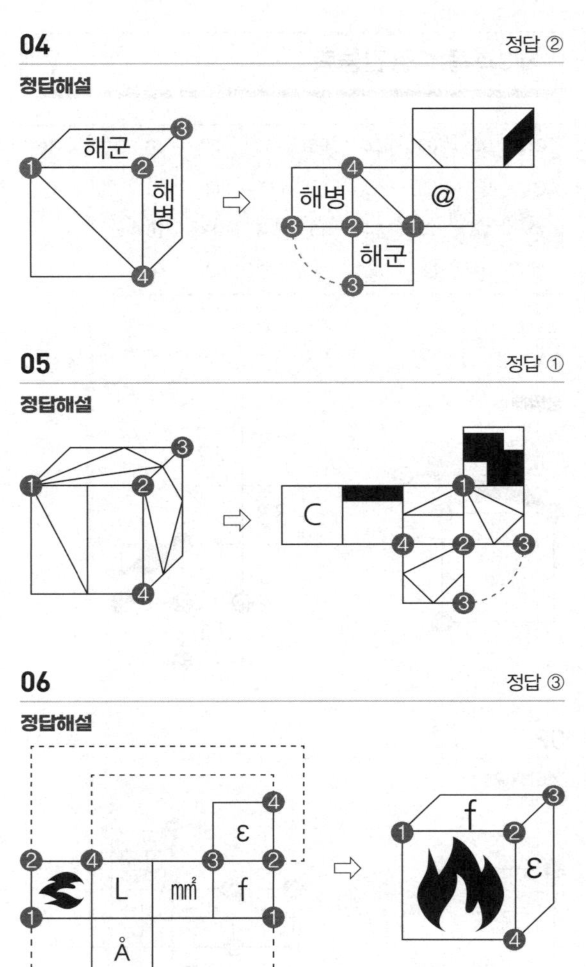

05

정답 ①

정답해설

06

정답 ③

정답해설

07

정답 ②

정답해설

08

정답 ①

정답해설

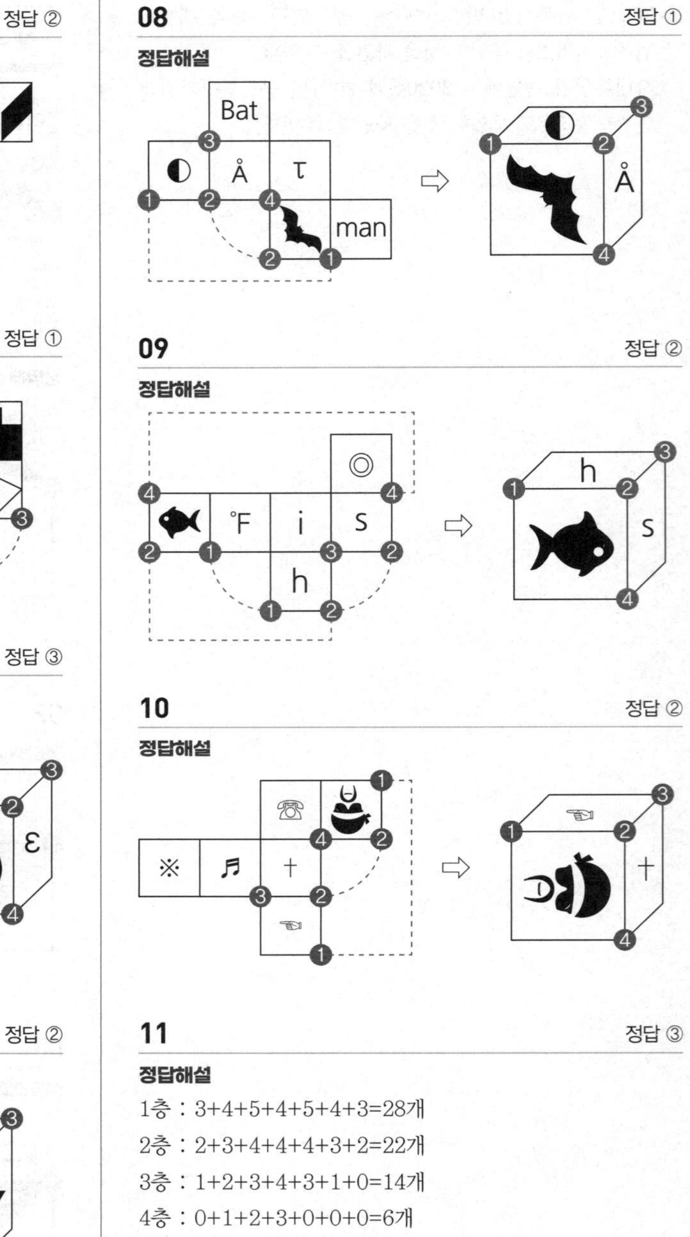

09

정답 ②

정답해설

10

정답 ②

정답해설

11

정답 ③

정답해설

1층 : 3+4+5+4+5+4+3=28개

2층 : 2+3+4+4+4+3+2=22개

3층 : 1+2+3+4+3+1+0=14개

4층 : 0+1+2+3+0+0+0=6개

5층 : 0+0+1+1+0+0+0=2개

∴ 28+22+14+6+2=72개

12

정답 ①

정답해설

1층 : 4+5+4+5+3+4+2=27개

2층 : 3+4+3+3+3+2+1=19개

3층 : 3+1+2+2+1+1+0=10개

4층 : 3+0+0+1+0+1+0=5개

5층 : 1+0+0+1+0+1+0=3개

∴ 27+19+10+5+3=64개

13

정답 ③

정답해설

1층 : 5+4+4+5+5+4+4=31개

2층 : 4+3+4+5+3+4+3=26개

3층 : 3+1+2+4+3+2+1=16개

4층 : 2+0+1+1+3+0+1=8개

5층 : 1+0+0+1+1+0+0=3개

∴ 31+26+16+8+3=84개

14

정답 ③

정답해설

1층 : 5+5+5+3+4+3+2=27개

2층 : 4+5+4+3+4+3+0=23개

3층 : 3+4+4+3+4+1+0=19개

4층 : 1+2+4+2+3+0+0=12개

5층 : 0+0+1+0+1+0+0=2개

∴ 27+23+19+12+2=83개

15

정답 ②

정답해설

정면에서 바라보았을 때, 5층−4층−4층−4층−5층으로 구성되어 있다.

16

정답 ①

정답해설

우측에서 바라보았을 때, 5층−3층−4층−5층−5층으로 구성되어 있다.

17

정답 ④

정답해설

상단에서 바라보았을 때, 5층−4층−3층−5층−1_2층으로 구성되어 있다.

18

정답 ④

정답해설

좌측에서 바라보았을 때, 5층−5층−4층−4층−3층으로 구성되어 있다.

제4과목 : 지각속도

01	02	03	04	05	06	07	08	09	10
②	①	①	②	②	①	②	①	②	①
11	12	13	14	15	16	17	18	19	20
①	①	②	①	②	②	②	①	②	①
21	22	23	24	25	26	27	28	29	30
③	①	④	④	①	②	④	③	④	②

01 정답 ②

정답해설

◆ ■ ▤ △ ♤ → ◆ ■ ★ △ ♤

04 정답 ②

정답해설

☞ ◆ ☏ ■ ◎ → ☞ ♤ ☏ ■ ◎

05 정답 ②

정답해설

▤ ♣ △ ◆ ♤ → ▤ ♣ △ ◆ ☞

07 정답 ②

정답해설

칸 솜 은 동 혼 → 칸 금 은 동 혼

09 정답 ②

정답해설

동 혼 칸 은 한 → 금 혼 칸 은 한

13 정답 ②

정답해설

♠ ☽ ☂ ☆ ♡ → ♠ ☽ ☂ ♧ ♡

15 정답 ②

정답해설

♡ ♧ ✺ ☁ ☽ → ♡ ♧ ✺ ☽ ☁

16 정답 ②

정답해설

바구니 반지름 불장난 밤안개 빈대떡

→ 바구니 비둘기 불장난 밤안개 빈대떡

17 정답 ②

정답해설

보상금 복학생 반지름 바구니 번데기

→ 보상금 복학생 반지름 부메랑 번데기

19 정답 ②

정답해설

부메랑 비둘기 번데기 보상금 밤안개

→ 부메랑 비둘기 복학생 보상금 밤안개

21 정답 ③

정답해설

265325865128097424699416236963125904132165413 13213 (8개)

22 정답 ①

정답해설

행복을 주는 커피가 세상에서 가장 맛있는 커피다. (3개)

23 정답 ④

정답해설

87664008624123497640874265812842489015617645 164801 (9개)

24 정답 ④

정답해설

A mind troubled by doubt cannot focus on the course to victory. (8개)

25 정답 ①

정답해설

악약익악액익억액악익역옥악욕익욱액악익액악악익엑악악욱윽욕약악약익익액앗익 (10개)

26

정답 ②

정답해설

To believe with certainty we must begin with doubting. (6개)

27

정답 ④

정답해설

어머니도 모르고 아버지도 모르고 심지어 친구도 모르는 그의 행방 (8개)

28

정답 ③

정답해설

09598787245123865098762598747523515688496521351512 (10개)

29

정답 ④

정답해설

⇫ ⇭ ⇮ ⇮ ⇫ ⇭ ⇪ ⇫ ⇭ ⇫ ⇭ ⇫ ⇯ ⇭ ⇭ ⇫ ⇪ ⇭ ⇪ ⇭ ⇭ ⇪ ⇭ ⇮ ⇪ ⇭ ⇯ ⇪ ⇭ ⇮ ⇭ (13개)

30

정답 ②

정답해설

When you take a man as he is, you make him worse. When you take a man as he can be, you make him better. (11개)

제2회 모의고사 정답 및 해설

제1과목 : 언어논리

01	02	03	04	05	06	07	08	09	10
③	③	④	②	③	②	③	④	②	④
11	12	13	14	15	16	17	18	19	20
⑤	③	②	⑤	③	②	④	①	①	③
21	22	23	24	25					
①	⑤	①	⑤	④					

01
정답 ③

정답해설

'넉넉하다'는 크기나 수량 따위가 기준에 차고도 남음이 있다는 뜻이고, '푼푼하다'는 모자람이 없이 넉넉하다는 의미로, 이 두 단어의 의미 관계는 '유의 관계'이다. ③의 '괭이잠'은 깊이 들지 못하고 자주 깨면서 자는 잠을 의미하고, '노루잠'은 깊이 들지 못하고 자꾸 놀라 깨는 잠을 의미하며, 이 두 단어의 의미 관계는 '유의 관계'이다.

오답해설

①·②·④·⑤는 '반의 관계'이다.

02
정답 ③

정답해설

'-라도'는 설사 그렇다고 가정하여도 다른 경우와 마찬가지로 상관없음을 나타내는 연결 어미이다.

오답해설

① '그래'는 청자에게 문장의 내용을 강조함을 나타내는 보조사이다.
② '만'은 무엇을 강조하는 뜻을 나타내는 보조사이다.
④ '마는'은 앞의 사실을 인정을 하면서도 그에 대한 의문이나 그와 어긋나는 상황 따위를 나타내는 보조사이다.
⑤ '요'는 청자에게 존대의 뜻을 나타내는 보조사이다.

03
정답 ④

정답해설

제시문과 ④의 '돌아오다'는 '일정한 간격으로 되풀이되는 것이 다시 닥치다.'를 뜻한다.

오답해설

① 본래의 상태로 회복하다.
② 몫, 비난, 칭찬 따위를 받다.
③ 원래 있던 곳으로 다시 오거나 다시 그 상태가 되다.
⑤ 먼 쪽으로 둘러서 오다.

04
정답 ②

정답해설

- 변동(變動) : 바뀌어 달라짐
- 변화(變化) : 사물의 성질, 모양, 상태 따위가 바뀌어 달라짐
- 변형(變形) : 모양이나 형태가 달라지거나 달라지게 함

오답해설

- 변별(辨別) : 사물의 옳고 그름이나 좋고 나쁨, 같고 다름을 가림
- 변질(變質) : 성질이 달라지거나 물질의 질이 변함

05
정답 ③

정답해설

㉢ 30년∨동안(○) : 한글 맞춤법 제43항에 따르면 단위를 나타내는 명사 중 순서를 나타내는 경우나 숫자와 어울리어 쓰이는 경우에는 붙여 쓸 수 있다고 하였다. 따라서 '30년'과 같이 아라비아 숫자 다음에 오는 단위 명사는 숫자와 붙여 쓸 수 있다. 또한 '어느 한때에서 다른 한때까지 시간의 길이'를 뜻하는 명사 '동안'은 앞말과 띄어 써야 한다.

오답해설

㉠ 창∨밖(×) → 창밖(○) : '창밖'은 '창문의 밖'을 뜻하는 한 단어이므로 붙여 써야 한다.
㉡ 우단천(×) → 우단∨천(○) : '우단 천'은 '거죽에 곱고 짧은 털이 촘촘히 돋게 짠 비단'을 뜻하는 명사 '우단'과 '실로 짠, 옷이나 이부자리 따위의 감이 되는 물건'을 뜻하는 명사 '천'의 각각의 단어로 이루어져 있으므로 띄어 써야 한다.
㉣ 앉은채(×) → 앉은∨채(○) : '채'는 '-은/는 채로, -은/는 채' 구성으로 쓰여 '이미 있는 상태 그대로 있다는 뜻을 나타내는 말'이므로 띄어 써야 한다.
㉤ 일∨밖에(×) → 일밖에(○) : '밖에'는 '그것 말고는', '그것 이외에는', '기꺼이 받아들이는', '피할 수 없는'의 뜻을 나타내는 보조사이므로 앞말과 붙여 써야 한다.

06

정답 ②

정답해설

첫 번째 문장 '어제오늘의 일도 아니다.'에서 알 수 있다.

오답해설

① '모든' 국회의원이 막말을 사용한다는 내용은 없다.

③ · ④ 제시문에서 확인할 수 없다.

⑤ 국회의원들은 막말이 부끄러운 언어 습관과 인격을 드러낸다고 여기기보다 오히려 투쟁성과 선명성을 상징한다고 착각한다.

07

정답 ③

정답해설

어떤 명제가 참이면 그 대우가 성립한다. 따라서 '빨간 사과는 맛이 있다.'가 참인 명제라면 그 대우인 '맛이 없으면 빨간 사과가 아니다.' 역시 참인 것이다. 그런데 조건에서 사과는 빨간색과 초록색만 있다고 명시하였으므로, 대우의 '빨간 사과가 아니'라는 것은 결국 '초록 사과'라는 결론을 도출할 수 있다. 이를 정리하면, ③ '맛없으면 초록 사과이다.'가 참이다.

08

정답 ④

정답해설

첫 번째 문장에서 '구석기 유물이 출토되었다.'라고 밝히고 있다.

오답해설

① 팔은 눈에 띄지 않을 만큼 작다.

② 빌렌도르프 지역에서 발견되었다.

③ 모델과 상징에 대해서는 명확히 밝혀진 것이 없다.

⑤ '석상'이라고 하였으므로 돌로 만들어졌음을 알 수 있다.

09

정답 ②

정답해설

조국이 위기에 처했을 때, 시인이 민족의 예언가가 되거나 민족혼을 불러일으키는 선구자적 위치에 놓일 수 있다는 것을 설명한 글이다. 따라서 글의 제목으로 가장 적절한 것은 '맡겨진 임무'를 뜻하는 '사명'이 포함된 ② '시인의 사명'이다.

10

정답 ④

정답해설

문화재에 대해 설명하고, 그중에서도 유형문화재만을 대상으로 하는 국보에 대해 서술한 (가) 문단이 첫 번째 문단으로 적당하며, 이러한 국보의 선정 기준을 설명하는 (다) 문단이 그 다음으로, 국보 선정 기준으로 선발된 문화재에는 어떠한 것이 있는지 제시하는 (나) 문단이 그 다음으로 적절하다. 마지막 문단으로는 국보 선정 기준으로 선발된 문화재의 의미를 설명하는 (라) 문단이 적절하다.

11

정답 ⑤

정답해설

언어 습득이 생득적으로 결정된다고 주장하는 생득론자의 관점에서는 배우거나 들어본 적 없는 표현을 만들어내는 어린이 언어의 창조성을 설명할 수 있다. 그러나 언어 습득이 환경에 의해 형성되는 것이라고 주장하는 극단적 행동주의자의 관점에서는 어린이가 배우거나 들어본 적 있는 표현만 습득할 수 있다고 본다. 따라서 생득론자가 어린이 언어의 창조성을 설명하지 못하는 극단적 행동주의자의 관점을 비판한 것은 적절하다.

오답해설

① 〈보기〉의 생득론자는 극단적 행동주의자가 주장하는 아동의 언어 습득 방법에 대한 관점을 비판하였으나 언어 습득에 대한 연구 자체를 비판하지는 않았으므로 적절하지 않다.

② 인간이 언어를 체계적으로 인식하는 유전적 능력을 타고난다는 주장은 생득론자의 입장이다. 따라서 유전자의 실체를 확인해야 한다는 것은 극단적 행동주의자의 입장에서 생득론자 입장을 비판한 내용이므로 적절하지 않다.

③ 구성주의의 입장은 상호 작용과 담화를 통해 언어 기능을 배운다는 것으로, 의사소통 방법을 배우는 것은 구성주의의 입장에서 제시한 내용이므로 적절하지 않다.

④ 상호 작용의 중요성을 강조한 것은 생득론자가 아닌 구성주의의 입장이므로 적절하지 않다.

12

정답 ③

정답해설

제시된 글에서는 사람에게 오직 한 가지 변할 수 있는 것이 있는데 그것은 마음과 뜻이라고 하면서, 사람들은 뜻을 가지고 앞으로 나아가려 하지 않고 가만히 기다리기만 한다고 비판하고 있다. 따라서 글쓴이가 가장 중요하게 생각하는 것으로 적절한 것은 ③이다.

13 정답 ②

정답해설

첫 번째 문장을 보면 무스는 소화를 잘 시키기 위해 움직여서는 안 된다고 하였다. 소화를 잘 시키기 위해 식물을 가려먹는 습성을 가지고 있다는 내용은 나타나지 않는다.

14 정답 ⑤

정답해설

- ㉣의 '그러한 편견'은 〈보기〉에서 DNA를 '일종의 퇴화 물질로 간주'하던 인식을 가리킨다.
- ㉡의 '유전 정보'는 ㉣에서 바이러스가 주입한 유전 정보이다.
- ㉠은 ㉣에서 언급한 '아무도 몰랐다'는 문제를 해결하기 위한 조사에 대한 설명이다.
- ㉢은 ㉠에서 실시한 조사의 결과로 드러난 사실을 설명한 것이다.

따라서 문장을 논리적 순서에 맞게 배열한 것은 ⑤ '㉣ – ㉡ – ㉠ – ㉢'이다.

15 정답 ③

정답해설

제시된 글은 '위기'라는 단어의 의미를 파악하고, 위기에 어떻게 대응하느냐에 따라 결과가 달라진다고 보았다. 위기 상황에서 위축되지 않고 사리에 맞는 해결 방안을 찾기 위해 노력하고, 위기를 통해 새로운 기회를 모색해야 함을 강조하고 있다.

16 정답 ②

정답해설

빈칸 앞의 내용은 예술작품에 담겨있는 작가의 의도를 강조하며, 독자가 예술작품을 해석하고 이해하는 활동은 예술적 가치 즉, 작가의 의도가 담긴 작품에서 파생된 2차적인 활동일 뿐이라고 이야기하고 있다. 따라서 독자의 작품 해석에 있어, '작가의 의도와 작품을 왜곡하지 않아야 한다'가 빈칸에 들어갈 내용으로 가장 적절하다.

오답해설

①·④ 두 번째 문단에 따르면 예술은 독자의 해석으로 완성되는 것이 아니며, 작품을 해석해 줄 독자가 없어도 예술은 그 자체로 가치가 있다.

③ 작품에 포함된 작가의 권위를 인정해야 한다는 것일 뿐, 작가의 권위와 작품 해석의 다양성은 서로 관련이 없다.

⑤ 작품 해석에 있어 작품 제작 당시의 시대적·문화적 배경을 고려해야 한다는 내용은 없다.

17 정답 ④

정답해설

'관계'가 '막다른 길에 부딪쳤다'고 한 것은 안과 밖이 나뉜 대상으로 인식한 것이 아니라 관계가 끝났다는 것을 표현한 것이므로, '그릇' 도식이 아닌 '차단' 도식의 사례로 볼 수 있다.

오답해설

① 신체의 일부인 '심장'이 '기쁨으로 가득 차 있다'고 한 것은 '심장'이라는 대상을 기쁨이 있는 안과 밖이 나뉜 대상으로 표현한 것이므로, 이는 '그릇' 도식의 사례로 적절하다.

② 신체의 일부인 '눈'에 '분노가 담겨 있었다'고 한 것은 '눈'이라는 대상을 분노가 있는 안과 밖이 나뉜 대상으로 표현한 것이므로, 이는 '그릇' 도식의 사례로 적절하다.

③ '들려온 말'이 '나를 두려움 속에 몰아넣었다'고 한 것은 '두려움' 이라는 대상을 안과 밖이 나뉜 대상으로 표현한 것이므로, 이는 '그릇' 도식의 사례로 적절하다.

⑤ '비행기'가 '시야에 들어오고 있다'고 한 것은 '시야'라는 대상을 비행기가 들어온 안과 밖이 나뉜 대상으로 표현한 것이므로, 이는 '그릇' 도식의 사례로 적절하다.

18 정답 ①

정답해설

채식주의자에 대한 비판은 나타나지 않는다.

오답해설

〈보기〉에서 글쓴이는 폭력적 이데올로기에 대해 설명하면서, 그 예로 고기가 동물에게서 나오는 줄은 알지만 동물이 고기가 되기까지의 단계들에 대해서 짚어 보려 하지 않고, 또한 동물을 먹는 행위가 선택의 결과라는 사실조차 생각하려 들지 않는다고 비판하고 있다.

19 정답 ①

정답해설

- ㉠의 앞에서는 '역사의 연구'에 대한 일반적인 진술을 하고 있으며, ㉠의 뒤에서는 '역사의 연구(역사학)'에 대한 부연 진술을 하고 있다. 따라서 ㉠에 들어갈 수 있는 접속 부사는 '즉, 이를테면, 다시 말해'이다.

• ㉡의 뒤에 제시된 문장은 앞의 내용을 예를 들어 보충하고 있다. 따라서 ㉡에 들어갈 수 있는 접속 부사로는 '가령'이 있다.
• ㉢의 뒤에 제시된 문장은 앞에서 언급했던 모든 내용을 정리하고 있다. 따라서 ㉢에 들어갈 수 있는 접속 부사는 '요컨대'이다.

20 정답 ③

정답해설

㉠의 여론조사의 결과는 사형 제도가 범죄 예방을 가져다 준다는 우리 국민의 인식이다. 이는 필자의 '사형 제도는 폐지해야 한다.'라는 주장과는 상반되는 것이다. 따라서 ㉠ '여론조사 결과'는 필자의 주장을 뒷받침하는 근거로 사용할 수 없다.

21 정답 ①

정답해설

제목은 주제와 밀접한 관련을 갖는다. 제시된 글은 '기차 소리(친숙하며 해가 없는 것으로 기억되어 있는 소리는 우리의 의식에 거의 도달하지 않는다.)', '동물의 소리(자신의 천적이나 먹이 또는 짝짓기 상대방이 내는 소리는 매우 잘 듣는다.)', '사람의 소리(아무리 시끄러운 소리에도 잠에서 깨지 않는 사람이라도 자기 아기의 울음소리에는 금방 깬다.)' 등의 예시를 통해 '인간이 소리를 듣는다는 것은 외부의 소리가 귀에 전달되는 것을 그대로 듣는 수동적인 과정이 아니라 소리가 뇌에서 재해석되는 과정임을 의미한다.'라는 내용을 전달하고 있다. 따라서 제목으로 가장 적절한 것은 '소리의 선택적 지각'이다.

오답해설

② '소리 자극의 이동 경로'는 상황 설명을 위한 전제일 뿐이므로 제목으로 부적합하다.
③ '모든 소리는 의식적이든 무의식적이든 감정을 유발한다.'고 하였으나, 이는 주제를 끌어내기 위한 예시일 뿐이므로 제목으로 부적합하다.
④ '인간의 뇌와 소리와의 관계'는 예시의 내용을 포괄하지 못하므로 제목으로 부적합하다.
⑤ '동물과 인간의 소리 인식 과정 비교'는 제시문에서 설명하지 않았으며 주제와도 관련이 없으므로 제목으로 부적합하다.

22 정답 ⑤

정답해설

1문단은 부여 · 고구려 · 동예, 2문단은 신라와 고려, 3문단은 조선 등 시대순으로 중심 화제인 '제천 의식'의 성격 변화를 서술하고 있다.

오답해설

① 2문단에서 '고대의 축제'를 '국가적 공의'와 '민간인들의 마을굿' 두 가지 개념으로 비교하여 제시하였지만, 두 개념의 장단점을 비교하여 서술하고 있지는 않다.
② 제천 의식에 대해 시대별로 제시하였으나, 비판의 제시나 대안에 대한 서술은 없다.
③ 제천 의식과 그 사례를 시대별로 다양하게 제시하긴 하였지만, 어떤 개념을 정당화하고 있는 것은 아니다.
④ 두 개의 이론을 제시하는 부분이나 새로운 이론을 도출하는 부분은 없다.

23 정답 ①

정답해설

(가)에서 신–물질계–지적 존재(나, 다)로 삼분하고 다시 지적 존재를 짐승(라)과 인간(마)으로 세분하고 있다.

24 정답 ⑤

정답해설

(나)에서 신도 규칙에 따라 행동한다고 서술되어 있다.

25 정답 ④

정답해설

'종족 보존의 본능'으로 모든 짐승의 공통적 욕구이다.

제2과목 : 자료해석

01	02	03	04	05	06	07	08	09	10
②	②	④	④	④	③	④	①	④	④
11	**12**	**13**	**14**	**15**	**16**	**17**	**18**	**19**	**20**
①	④	②	③	②	①	②	②	②	②

01 정답 ②

정답해설

총 9장의 손수건을 구매했으므로 B손수건 3장을 제외한 나머지 A, C, D손수건은 각각 $(9-3)\div3=2$장씩 구매하였다. 먼저 3명의 친구들에게 서로 다른 손수건을 3장씩 나누어 주어야 하므로 B손수건을 1장씩 나누어 준다. 나머지 A, C, D손수건을 서로 다른 손수건으로 2장씩 나누면 (A, C), (A, D), (C, D)로 묶을 수 있다. 이 세 묶음을 3명에게 나누어 주는 방법은 $3!=3\times2=6$가지가 나온다. 따라서 지우가 친구 3명에게 종류가 다른 손수건 3장씩 나누어 주는 경우의 수는 6이다.

02 정답 ②

정답해설

- 색종이는 2장이 남고, 스티커는 8장이 남으므로 참가한 어린이의 수는 [(색종이 수)$-$2], [(스티커 수)$+$8]의 공약수이다.
  $222-2=220$과 $292+8=300$을 소인수분해하면
  $220=2^2\times5\times11$, $300=2^2\times3\times5^2$이다.
- 참가한 어린이 수의 최댓값을 구해야 하므로 참가한 어린이의 수는 220과 300의 최대공약수이다. 220과 300의 최대공약수는 $2^2\times5=20$이므로 참가한 어린이는 최대 20명이다.

03 정답 ④

정답해설

앞의 항에 $\times3$, $\div9$의 규칙을 교대로 적용하는 수열이다.

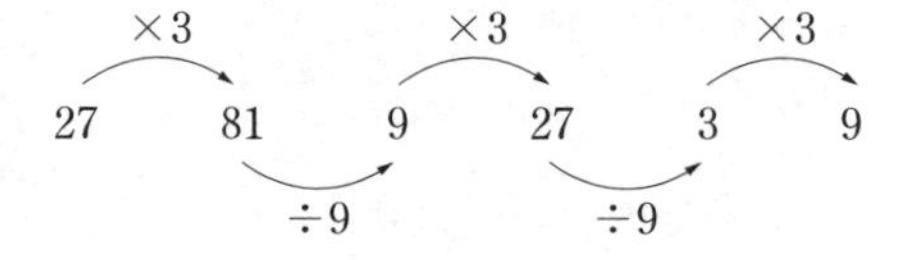

04 정답 ④

정답해설

20억 원을 투자하였을 때 기대수익은 (원가)×(기대수익률)로 구할 수 있다. 기대수익률은 {(수익률)×(확률)의 합}으로 구할 수 있으므로 기대수익은 (원가)×{(수익률)×(확률)의 합}이다.

$20\times\{0.1\times0.5+0\times0.3+(-0.1)\times0.2\}=0.6$(억 원)이다.

따라서 기대수익은 0.6억 원$=$6,000만 원이다.

(원가)+(수익)을 구하여 마지막에 (원가)를 빼서 (수익)을 구하는 방법도 있다.

{(원가)+수익)}은 $20\times(1.1\times0.5+1\times0.3+0.9\times0.2)=20.6$(억 원)이다. 따라서 기대수익은 $20.6-20=0.6$(억 원) → 6,000만 원이다.

05 정답 ④

정답해설

2019년부터 2021년까지 전년 대비 경기 수가 계속 증가하는 종목은 축구로 한 종류이다.

오답해설

① 농구의 전년 대비 2019년 경기 수 감소율은
$\frac{403-413}{413}\times100≒-2.4\%$이며, 2022년 전년 대비 증가율은 $\frac{410-403}{406}\times100≒1.7\%$이다. 절댓값으로 비교하면 전년 대비 2019년 경기 수 감소율이 더 크다.

② • 2018년 : $413+432+226+228=1,299$회
- 2019년 : $403+442+226+230=1,301$회
- 2020년 : $403+425+227+231=1,286$회
- 2021년 : $403+433+230+233=1,299$회
- 2022년 : $410+432+230+233=1,305$회

따라서 경기 수 총합이 가장 많았던 연도는 2022년이다.

③ 5년 동안의 야구와 축구 경기 수의 평균은 다음과 같다.
- 야구 : $(432+442+425+433+432)\div5=432.8$회
- 축구 : $(228+230+231+233+233)\div5=231.0$회

야구의 평균 경기 수는 432.8회이고, 이는 축구의 평균 경기 수인 231.0회의 약 1.87배로 2배 이하이다.

06 정답 ③

정답해설

2019년 상반기부터 이메일 스팸과 휴대전화 스팸 모두 1인 1일 수신량이 감소하고 있다.

07

정답 ④

정답해설

부서	인원	개인별 투입시간	총 투입시간
A	2	$41+3\times1=44$	88
B	3	$30+2\times2=34$	102
C	4	$22+1\times4=26$	104
D	3	$27+2\times1=29$	87
E	5	$17+3\times2=23$	115

따라서 업무효율이 가장 높은 부서는 총 투입시간이 가장 적은 D 부서이다.

08

정답 ①

정답해설

A 부대의 작년 인원을 x명이라고 하면, A 부대의 인원은 전년 대비 10% 감소하였으므로 작년 인원을 구하는 공식은 다음과 같다.

$x\times\frac{9}{10}=3,240$

$\therefore x=3,600$

따라서 A 부대의 작년 인원은 3,600명이다.

09

정답 ④

정답해설

㉠ 무더위 쉼터가 100개 이상인 도시는 C시, D시, E시이다. 이 중 가장 인구가 많은 도시는 89만 명인 C시이다.

㉢ F시는 1만명당 무더위 쉼터의 개수가 3.4개로 가장 많고, 온열 질환자의 수는 10명으로 가장 적다.

㉣ 전체 폭염 발령일수는 $90+30+50+49+75+24=318$일이고, 6개 도시의 평균 폭염주의보 발령일수는 $\frac{318}{6}=53$일이다. 따라서 평균보다 높은 도시는 A시, E시 둘뿐이다.

오답해설

㉡ E시의 경우 C시보다 인구가 적지만 온열 질환자의 수는 더 많다.

10

정답 ④

정답해설

까르보나라, 알리오올리오, 마르게리따피자, 아라비아따, 고르곤졸라피자의 할인 후 금액을 각각 a원, b원, c원, d원, e원이라 하자.

- $a+b=24,000$ …㉠
- $c+d=31,000$ …㉡
- $a+e=31,000$ …㉢
- $c+b=28,000$ …㉣
- $e+d=32,000$ …㉤

㉠~㉤식의 좌변과 우변을 모두 더하면

$2(a+b+c+d+e)=146,000$

$a+b+c+d+e=73,000$ …㉥

㉥식에 ㉢식과 ㉣식을 대입하면

$a+b+c+d+e=(a+e)+(c+b)+d$

$=31,000+28,000+d=73,000$

즉, $d=73,000-59,000=14,000$

따라서 아라비아따의 할인 전 금액은

$14,000+500=14,500$원이다.

11

정답 ①

정답해설

각 교통편에 대한 A 씨의 기준에 따라 계산하면 다음과 같다.

- CZ3650 : $2\times1,000,000\times0.6+500,000\times0.8$
  $=1,600,000$원
- MU2744 : $3\times1,000,000\times0.6+200,000\times0.8$
  $=1,960,000$원
- G820 : $5\times1,000,000\times0.6+120,000\times0.8$
  $=3,096,000$원
- D42 : $8\times1,000,000\times0.6+70,000\times0.8=4,856,000$원
- K572 : $12\times1,000,000\times0.6+50,000\times0.8$
  $=7,240,000$원

따라서 A 씨가 선택할 교통편은 CZ3650이다.

12

정답 ④

정답해설

규칙을 파악하여 지진 발생 건수를 구할 수 있다.

- A지역

87 → 85 → 82 → 78 → 73 → 67 → 60
−2 −3 −4 −4 −6 −7

A지역의 지진 발생 건수는 감소하고 있으며, 감소량은 첫째 항이 2이고 공차가 1인 등차수열이다.

- B지역

2 → 3 → 4 → 6 → 9 → 14 → 22
+1 → +1 → +2 → +3 → +5 → +8
+(1+1) +(1+2) +(2+3) +(3+5)

B지역의 지진 발생 건수는 증가하고 있으며, 증가량은 처음 두 항이 1이고 세 번째 항부터는 바로 앞 두 항의 합인 피보나치 수열이다.

13

정답 ②

정답해설

- 2010년 전년 대비 유엔 정규분담률의 증가율 :

$\frac{2.26-2.173}{2.173}\times100≒4.0\%$

- 2016년 전년 대비 유엔 정규분담률의 증가율 :

$\frac{2.039-1.994}{1.994}\times100≒2.3\%$

14

정답 ③

정답해설

독일과 일본의 국방예산 차액은 461−411=50억 원이고, 영국과 일본의 차액은 487−461=26억 원이다. 따라서 영국과 일본의 차액은 독일과 일본의 차액의 $\frac{26}{50}\times100=52\%$를 차지한다.

오답해설

① 국방예산이 가장 많은 국가는 러시아(692억 원)이며, 가장 적은 국가는 한국(368억 원)으로 두 국가의 예산 차액은 692−368=324억 원이다.

② 사우디아라비아의 국방예산은 프랑스의 국방예산보다 $\frac{637-557}{557}\times100≒14.4\%$ 많다.

④ 인도보다 국방예산이 적은 국가는 영국, 일본, 독일, 한국, 프랑스이다.

15

정답 ②

정답해설

2021년 쌀 소비량이 세 번째로 높은 업종은 탁주 및 약주 제조업이다. 탁주 및 약주 제조업의 2020년 대비 2021년 쌀 소비량 증감률은 $\frac{51,592-46,403}{46,403}\times100≒11\%$이다.

16

정답 ①

정답해설

2020년 출생아 수는 그 해 사망자 수의 $\frac{438,420}{275,895}≒1.59$이며, 1.7배 미만이므로 옳지 않은 설명이다.

오답해설

② 출생아 수가 가장 많았던 해는 2020년이므로 옳은 설명이다.

③ 표를 보면 사망자 수가 2019년부터 2022년까지 매년 전년 대비 증가하고 있음을 알 수 있다.

④ 사망자 수가 가장 많은 2022년은 사망자 수가 285,534명이고, 가장 적은 2018년은 사망자 수가 266,257명으로, 두 연도의 사망자 수 차이는 285,534−266,257=19,277명으로 15,000명 이상이다.

⑤ 2019년 출생아 수는 2022년의 출생아 수보다 $\frac{435,435-357,771}{357,771}\times100≒22\%$ 더 많으므로 옳은 설명이다.

17

정답 ②

정답해설

㉠ AI가 돼지로 식별한 동물 중 실제 돼지가 아닌 비율 :

$\frac{32+17+3+1+5}{408}\times100≒14\%$

㉢ 전체 동물 중 AI가 실제와 동일하게 식별한 비율 :

$\frac{457+600+350+35+76+87}{1,766}\times100≒91\%$

오답해설

㉡ • 실제 여우 중 AI가 여우로 식별한 비율 :

$\frac{600}{635}\times100≒94\%$

• 실제 돼지 중 AI가 돼지로 식별한 비율 :

$\frac{350}{399}\times100≒88\%$

따라서 AI가 돼지로 식별한 비율이 낮다.

㉣ 실제 염소를 AI가 양으로 식별한 경우는 1, 고양이는 2이므로, 고양이로 식별한 수가 많다.

18

정답 ②

정답해설

2015년에 비교했을 때 2021년의 쇼핑 목적의 분포비와 기타 목적의 분포비가 각각 0.71% 증가, 1.27% 감소한 것이지, 통행량이 증가한 것은 아니다. 실제로 쇼핑 목적의 통행량은 $\frac{3,543,308-2,646,894}{2,646,894}\times100≒33.9\%$ 증가하였고, 기타 목적의 경우 $\frac{8,486,395-8,685,728}{8,685,728}\times100≒-2.3\%$ 감소하였다.

19

정답 ②

정답해설

조사 기간 동안 한 번도 0%를 기록하지 못한 곳은 '강원, 경남, 대전, 부산, 울산, 충남' 6곳이다.

오답해설

① 광주가 7.37%로 가장 적다.

③ 2018년부터 전년 대비 유출된 예산 비중이 지속적으로 상승하고 있다.

④ 조사 기간 동안 가장 높은 예산 비중을 기록한 지역은 2018년 수도권으로 비중은 23.71%이다.

20

정답 ②

정답해설

㉠ 대전은 2018, 2019, 2020년에 유출된 예산 비중이 전년 대비 감소하였다.

㉣ 2016년 강원의 유출된 예산 비중은 21.9%로 다른 모든 지역의 비중의 합인 18.11%p보다 높다.

오답해설

㉡ 지역별로 유출된 예산 비중의 총합이 가장 높은 연도는 2018년이다.

㉢ 2018년에 전년 대비 유출된 예산 비중이 1%p 이상 오르지 못한 곳은 경남, 광주, 대전 총 3곳이다.

제3과목 : 공간능력

01	02	03	04	05	06	07	08	09	10
③	③	②	①	④	④	③	①	④	②
11	**12**	**13**	**14**	**15**	**16**	**17**	**18**		
②	④	②	④	①	②	③	①		

01

정답 ③

정답해설

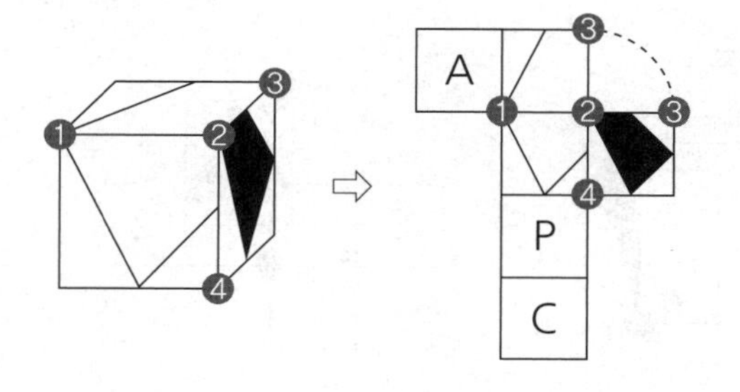

02

정답 ③

정답해설

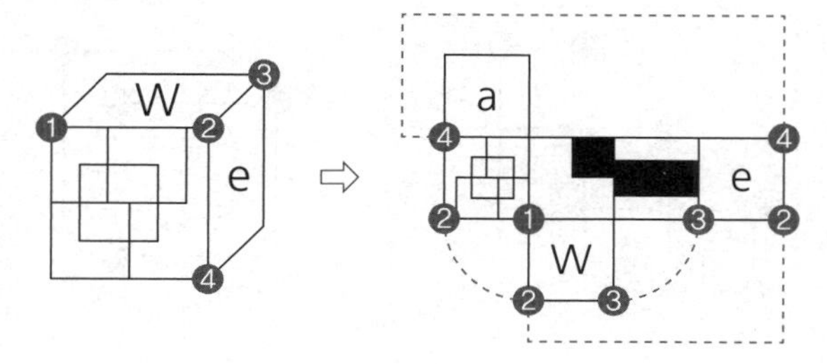

03

정답 ②

정답해설

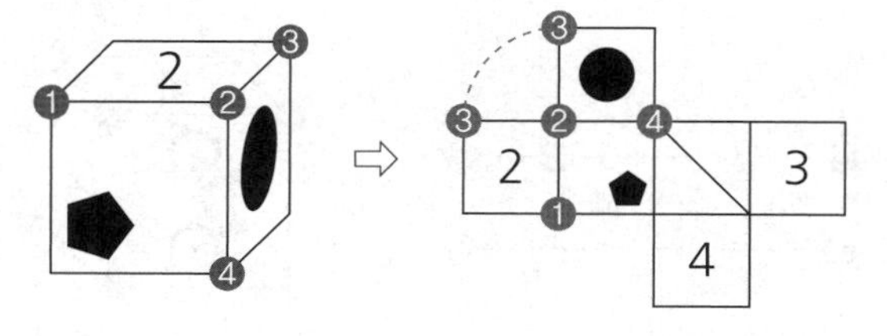

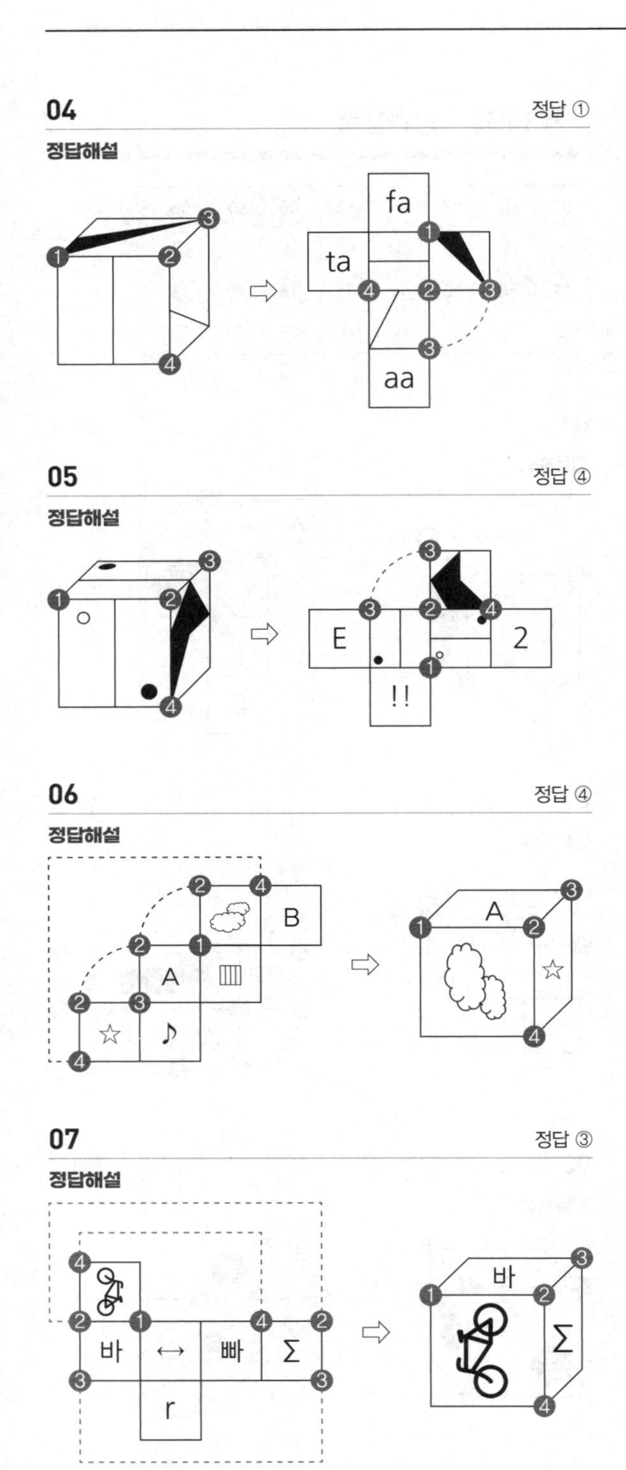

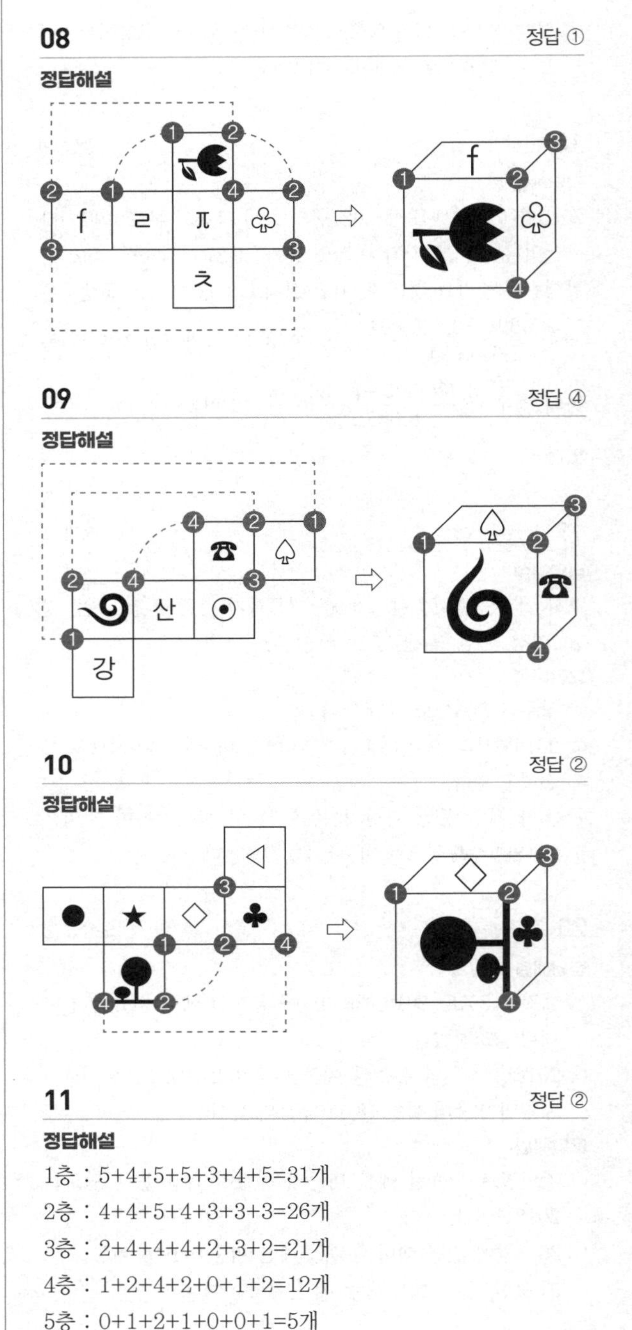

11 정답 ②

정답해설

1층 : 5+4+5+5+3+4+5=31개

2층 : 4+4+5+4+3+3+3=26개

3층 : 2+4+4+4+2+3+2=21개

4층 : 1+2+4+2+0+1+2=12개

5층 : 0+1+2+1+0+0+1=5개

∴ 31+26+21+12+5=95개

12

정답 ④

정답해설

1층 : 5+5+4+5+4+4+2=29개

2층 : 4+5+3+5+3+3+2=25개

3층 : 4+3+2+3+1+2+1=16개

4층 : 3+2+1+2+0+0+0=8개

5층 : 2+0+1+0+0+0+0=3개

∴ 29+25+16+8+3=81개

13

정답 ②

정답해설

1층 : 4+4+5+5+4+3+1=26개

2층 : 4+3+4+5+4+2+0=22개

3층 : 3+3+4+5+1+1+0=17개

4층 : 3+2+3+3+0+0+0=11개

5층 : 1+0+1+1+0+0+0=3개

∴ 26+22+17+11+3=79개

14

정답 ④

정답해설

1층 : 5+5+5+5+5=25개

2층 : 5+5+5+3+3=21개

3층 : 4+5+4+2+1=16개

4층 : 4+5+3+2+1=15개

5층 : 2+1+2+1+1=7개

∴ 25+21+16+15+7=84개

15

정답 ①

정답해설

정면에서 바라보았을 때, 5층–5층–4층–3층–5층으로 구성되어 있다.

16

정답 ②

정답해설

정면에서 바라보았을 때, 5층–3층–5층–3층–3층으로 구성되어 있다.

17

정답 ③

정답해설

우측에서 바라보았을 때, 2층–4층–5층–4층–4층으로 구성되어 있다.

18

정답 ①

정답해설

좌측에서 바라보았을 때, 4층–4층–5층–4층–2층으로 구성되어 있다.

제4과목 : 지각속도

01	02	03	04	05	06	07	08	09	10
①	①	②	①	②	②	②	①	②	②
11	**12**	**13**	**14**	**15**	**16**	**17**	**18**	**19**	**20**
①	①	①	②	②	①	②	①	②	②
21	**22**	**23**	**24**	**25**	**26**	**27**	**28**	**29**	**30**
④	①	①	③	①	④	①	①	②	③

03
정답 ②

정답해설

신 계 정 기 병 → 신 갑 정 기 병

05
정답 ②

정답해설

경 임 병 을 갑 → 경 계 병 을 갑

06
정답 ②

정답해설

☁ ⚑ ◭ ▢ ▽ → ☁ ⚑ ✂ ▢ ▽

07
정답 ②

정답해설

◭ ϟ ◉ ⚑ ✂ → ◭ ϟ ◉ ☽ ✂

09
정답 ②

정답해설

◭ ✂ ϟ ⚑ ▢ → ◭ ✂ ϟ ⚑ ◉

10
정답 ②

정답해설

✦ ☁ ▽ ◉ ✂ → ✦ ⚑ ▽ ◉ ✂

14
정답 ②

정답해설

▷ ♨ ▥ ♤ ▽ → ▷ ♨ ▥ ♤ 】

15
정답 ②

정답해설

】 ▷ ◀ ▽ ♨ → 】 ▽ ◀ ▷ ♨

17
정답 ②

정답해설

◅ ▽ ◤ △ ◥ → ◅ ▽ ◤ ▲ ◥

19
정답 ②

정답해설

▽ ▲ △ ◤ ▶ → ▽ ▲ △ ◥ ▶

20
정답 ②

정답해설

◤ ◅ ◭ ▽ ▼ → ◤ ▶ ◭ ▽ ▼

21
정답 ④

정답해설

야생 동물은 천구백년대에 들어서야 과학적으로 관리되기 시작하였다. (4개)

22
정답 ①

정답해설

81284529502489468251621382345802489468511024 9465870 (6개)

23
정답 ①

정답해설

I believe I can soar. I see me running through that open door. (5개)

24
정답 ③

정답해설

≫⊃⊇⊃∋⊃∈⊆⊂≡⊃⊇∈⊆⊂≡⊆⊇⊃≫⊇≫∈⊃∈⊃ ⊂≡⊇∈⊃≫≡⊃ (9개)

25

정답 ①

정답해설

착착찾착찬찾찻추찾축춤찾차충축챙찾찬찻찾착첵찾채책챈찾차챙찾충찬찻체춤찾 (10개)

26

정답 ④

정답해설

4896060278945268231657550262583062206116236624509836664 (12개)

27

정답 ①

정답해설

가끔 걷다가 하늘을 봐라. 마음이 복잡하다면 그 하늘에 답이 있을 것이다. (5개)

28

정답 ①

정답해설

(8개)

29

정답 ②

정답해설

89657245801727136774589273125573215375120275548793127 (11개)

30

정답 ③

정답해설

Let us make one point, that we meet each other with a smile, when it is difficult to smile. Smile at each other, make time for each other in your family. (8개)

제3회 모의고사 정답 및 해설

제1과목 : 언어논리

01	02	03	04	05	06	07	08	09	10
④	①	③	①	⑤	④	③	②	①	⑤
11	12	13	14	15	16	17	18	19	20
④	⑤	③	④	④	⑤	④	④	④	④
21	22	23	24	25					
②	②	⑤	②	②					

01
정답 ④

오답해설

① 온가지(×) → 온갖(○)
② 머루치(×) → 멸치(○)
③ 천정(×) → 천장(○)
⑤ 넘어(×) → 너머(○)

02
정답 ①

오답해설

② 이순(耳順) : 예순 살
③ 지명(知命) : 쉰 살
④ 미수(米壽) : 여든여덟 살
⑤ 백수(白壽) : 아흔아홉 살

03
정답 ③

정답해설

기단(○) : '기닿다'는 '매우 길거나 생각보다 길다.'를 뜻하는 '기다랗다'의 준말로 'ㅎ' 불규칙 활용을 한다. 따라서 '기대, 기다니, 기닿소, 기단' 등으로 활용되기 때문에 '기단'으로 쓰는 것이 적절하다.

오답해설

① 누래(×) → 누레(○) : '누렇다'는 '익은 벼와 같이 다소 탁하고 어둡게 누르다.'를 뜻하는 형용사로, 'ㅎ' 불규칙 활용을 한다. 따라서 '누레, 누러니, 누런' 등으로 활용되기 때문에 '누레'로 쓰는 것이 적절하다.
② 드르지(×) → 들르지(○) : '들르다'는 '지나는 길에 잠깐 들어가 머무르다.'를 뜻하는 동사로, '르' 불규칙 활용을 한다. 따라서 '들러, 들르니, 들르지' 등으로 활용되기 때문에 '들르지'로 쓰는 것이 적절하다.
④ 고와서(×) → 곱아서(○) : '곱다'는 '손가락이나 발가락이 얼어서 감각이 없고 놀리기가 어렵다.'를 뜻하는 형용사로, 규칙 활용을 한다. 따라서 어간과 어미의 형태가 변하지 않으므로 '곱아서'로 쓰는 것이 적절하다.
⑤ 질르는(×) → 지르는(○) : '지르다'는 '팔다리나 막대기 따위를 내뻗치어 대상물을 힘껏 건드리다.'를 뜻하는 동사로, '르' 불규칙 활용을 한다. 따라서 '질러, 지르니, 지르는' 등으로 활용되기 때문에 '지르는'으로 쓰는 것이 적절하다.

04
정답 ①

정답해설

가난할수록 기와집 짓는다 : 당장 먹을 것이나 입을 것이 넉넉지 못한 가난한 살림일수록 기와집을 짓는다는 뜻으로, 실상은 가난한 사람이 남에게 업신여김을 당하기 싫어서 허세를 부리려는 심리를 비유적으로 이르는 말

오답해설

② 가난한 집 신주 굶듯 : 가난한 집에서는 산 사람도 배를 곯는 형편이므로 신주까지도 제사 음식을 제대로 받아 보지 못하게 된다는 뜻으로, 줄곧 굶기만 한다는 말
③ 가난한 집에 자식이 많다 : 가난한 집은 먹고 살 걱정이 큰데 자식까지 많다는 뜻으로, 이래저래 부담되는 것이 많음을 이르는 말
④ 가난한 집 제사 돌아오듯 : 살아가기도 어려운 가난한 집에 제삿날이 자꾸 돌아와서 그것을 치르느라 매우 어려움을 겪는다는 뜻으로, 힘든 일이 자주 닥쳐옴을 비유적으로 이르는 말
⑤ 가난한 놈은 성도 없나 : 가난한 사람이 괄시를 당하는 것을 이르는 말

05
정답 ⑤

정답해설

- 구별 : 성질이나 종류에 따라 차이가 남. 또는 성질이나 종류에 따라 갈라놓음
- 변별 : 사물의 옳고 그름이나 좋고 나쁨을 가림
- 선별 : 가려서 따로 나눔

• 감별 : 보고 식별함
• 차별 : 둘 이상의 대상을 각각 등급이나 수준 따위의 차이를 두어서 구별함

06 정답 ④

정답해설

제시문은 산업사회가 가지고 있는 대중 지배 양상을 산업사회의 여러 가지 특징과 함께 설명함으로써 강조하고 있으므로 ④가 제목으로 적절하다.

07 정답 ③

정답해설

간디가 사회주의자라는 내용은 제시문에 나타나지 않는다.

오답해설

①은 두 번째 문장, ②·⑤는 마지막 문장, ④는 세 번째 문장을 통해 확인할 수 있다.

08 정답 ②

정답해설

'그러나 중요한 것은 인간을 더욱 인간적이게 하는 소중한 능력들을 지키고 발전시키기 위해서는 책은 결코 희생할 수 없는 매체라는 사실이다.'를 통해 제시문이 강조하고 있는 것이 '독서의 필요성'임을 알 수 있다. 또한 '무엇보다도 책 읽기는 손쉬운 일이 아니다. ~ 습관의 형성이 필요하다.'에서 '독서의 어려움'을 파악할 수 있다.

오답해설

① '인간의 기억과 상상'은 독서를 통해 향상할 수 있다는 것은 중심 내용이 아닌 세부 정보에 해당한다.
③ 맹목적인 책 예찬자가 될 필요는 없다는 내용이 제시되었으나 위험성은 나타나지 않는다.
④ 독서 능력 개발에 드는 비용이 싸지 않다는 것은 중심 내용이 아닌 세부 정보에 해당한다.
⑤ 주제에 반대되는 주장이다.

09 정답 ①

정답해설

구름, 무덤(묻-+-엄), 빛나다(빛-+나-+-다)로 분석할 수 있다.

오답해설

② 지우개(파생어), 헛웃음(파생어), 덮밥(합성어)
③ 맑다(단일어), 고무신(합성어), 선생님(파생어)
④ 웃음(파생어), 곁눈(합성어), 시나브로(단일어)
⑤ 맨손(파생어), 믿음(파생어), 돌다리(합성어)

10 정답 ⑤

정답해설

제시문은 인간이 자신의 두뇌를 제대로 충분히 활용하지 못한다는 내용이다. 따라서 이어지는 내용은 이러한 '두뇌의 활용'과 관련된 내용이어야 한다. '두뇌의 활용'과 인간의 '개성'은 다른 개념이다.

11 정답 ④

정답해설

앞부분의 내용을 보면, '멋'은 파격이면서 동시에 보편적이고 일반적인 기준을 벗어나지 않아야 하는 것임을 강조하고 있다. 따라서 멋은 사회적인 관계에서 생겨나는 것이라는 결론을 얻을 수 있다.

12 정답 ⑤

정답해설

파사현정(破邪顯正)은 '불교에서 사견(邪見)과 사도(邪道)를 깨고 정법(正法)을 드러내는 일을 의미하며, 그릇된 생각을 버리고 올바른 도리를 행함을 비유해 이르는 말'이다. ㉥과 어울리는 한자성어는 아수라장(阿修羅場)으로, '싸움이나 그 밖의 다른 일로 큰 혼란에 빠진 곳 또는 그런 상태'를 의미한다.

오답해설

① 호질기의(護疾忌醫) : 병을 숨겨 의사에게 보여 주지 않는다는 뜻으로, 남에게 충고받기를 꺼려 자신의 잘못을 숨기려 함을 이르는 말
② 장두노미(藏頭露尾) : 머리를 감추었으나 꼬리가 드러나 있다는 뜻으로, 진실은 감추려고 해도 모습을 드러냄을 이르는 말/진실이 드러날까봐 전전긍긍하는 태도를 이르는 말
③ 도행역시(倒行逆施) : 차례나 순서를 바꾸어서 행함
④ 지록위마(指鹿爲馬) : 윗사람을 농락하여 권세를 마음대로 함을 이르는 말/모순된 것을 끝까지 우겨서 남을 속이려는 짓을 비유적으로 이르는 말

13
정답 ③

정답해설

'부패'라는 단어에 담긴 서로 다른 의미로 인해 ③은 논리적 오류가 발생하였다.

오답해설

① 삼단논법
② 결합의 오류
④ 분해의 오류
⑤ 순환논증의 오류

14
정답 ④

정답해설

새로운 정보를 접했을 때 심리적 불안을 느낀다는 내용은 나타나지 않는다.

오답해설

① '자신의 신념과 일치하는 정보는 받아들이고 그렇지 않은 정보는 무시하는 경향을 확증 편향이라 한다. 자신의 믿음이나 견해와 일치하는 정보는 수용하고 그에 반대되는 정보는 무시하거나 부정하는 심리 경향이다.'를 통해 알 수 있다.
② '일례로 특정 정치 성향을 가진 사람들을 대상으로 조사했을 때, 사람들은 반대당 후보의 주장에서는 모순을 거의 완벽하게 찾은 반면, 지지하는 당 후보의 주장에서는 모순을 절반 정도만 찾아냈다.'를 통해 알 수 있다.
③ '자신이 동의하지 않는 정보를 접했을 때는 뇌 회로가 활성화되지 않았고, 자신이 동의하는 주장을 접했을 때는 긍정적인 반응을 보이면서 뇌 회로가 활성화되는 것을 확인할 수 있었다.'를 통해 알 수 있다.
⑤ '첫째, 그러한 정보는 어떤 문제에 대해 더 이상 고민하지 않고 마음의 휴식을 취할 수 있게 해 준다. 둘째, 그러한 정보는 우리를 추론의 결과에서 자유롭게 해 준다. 즉 추론의 결과 때문에 행동을 바꿔야 할 필요가 없다. 첫째는 생각하지 않게 하고, 둘째는 행동하지 않게 함을 말한다.'를 통해 알 수 있다.

15
정답 ④

정답해설

첫 번째 문장에서 '계몽주의 사상가들은 명백히 모순되는 두 개의 견해를 취했다.'라고 말하며 헤겔과 다윈의 진보와 진화에 관한 관점을 이야기하고 있으므로 제시문의 제목은 '진보와 진화에 관한 견해들'이 적절하다.

16
정답 ⑤

정답해설

㉡ • 갑 : 우리 둘은 모두 건달(항상 거짓말)이고, 이 섬은 마야섬이다. (거짓) → 이 섬은 마야섬이 아니다. (참)
  • 을 : 갑의 말은 옳다. (거짓) → 두 번째 섬에서 갑과 을은 모두 건달이며(참), 두 번째 섬은 마야섬이 아니다. (참)

㉢ • 갑 : 우리 둘은 모두 건달(항상 거짓말)이고, 이 섬은 마야섬이다. (거짓) → 이 섬은 마야섬이 아니다. (참)
  • 을 : 우리 둘 가운데 적어도 한 사람은 건달이고(참), 이 섬은 마야섬이 아니다. (참) → 세 번째 섬에서 갑과 을 중 적어도 한 사람은 건달이며(참), 세 번째 섬은 마야섬이 아니다. (참)

오답해설

㉠ 갑과 을이 모두 건달일 경우 갑의 진술은 '을이 건달이거나 혹은 이 섬은 마야섬이 아니다.', 을의 진술은 '갑이 기사이거나 혹은 이 섬은 마야섬이 아니다.'가 참이 되어야 하는데 이 경우 갑이 기사가 되므로 둘 다 모두 건달이라는 〈보기〉의 내용과 모순이 된다.

17
정답 ④

정답해설

조바꿈을 할 때는 순정율의 특성이 큰 문제가 된다. 이를 보완한 것이 평균율이다.

오답해설

① 진동수의 비를 두 정수의 비율로 표현할 수 있는 것은 순정율이며, 평균율에서 두 음 사이 진동수의 비는 2의 12제곱근으로, 정수로 표현할 수 없다.
② 평균율은 기존에 존재하던 순정율의 단점을 보완하기 위해 만들어낸 것이다.

18
정답 ④

정답해설

㉣의 앞쪽에 제시된 술탄 메흐메드 2세의 행적을 살펴보면 성소피아 대성당으로 가서 성당을 파괴하는 대신 이슬람 사원으로 개조하였고, 그리스 정교회 수사에게 총대주교직을 수여하는 등 '역대 비잔틴 황제들이 제정한 법을 그가 주도하고 있던 법제화의 모델로 이용하였던 것'을 보아 '단절을 추구하는 것'이 아닌 '연속성을 추구하는 것'으로 고치는 것이 적절하다.

19

정답 ④

정답해설

학자는 순수한 태도로 진리를 탐구해야 한다고 주장하였다.

20

정답 ④

정답해설

〈보기〉는 논점에 대한 글쓴이의 주장을 다룬다. 글쓴이는 '개체별 이기적 유전자가 자연선택의 중요한 특징이며, 종 전체의 이익이라는 개념은 부가적일 뿐 주된 동기는 되지 못한다.'라고 주장한다. 따라서 〈보기〉 앞에는 '개체가 아닌 종적 단위의 이타심, 종의 번성을 위한 이기심'과 같은 다른 사람들의 주장이 드러나야 한다. (라)문단에서는 '개체'의 살아남음이 아닌 '종의 전체' 혹은 '어떤 종에 속하는 한 그룹의 살아남음'이 기존의 이기주의-이타주의 연구에서 주장하는 진화라고 한다. 따라서 〈보기〉는 (라)문단의 뒤가 적절하다.

21

정답 ②

정답해설

작품에 사용된 재료의 자연적 노화로 인해 발생한 작품의 손상 역시 복원 작업에 해당된다.

오답해설

① 2문단에 서술되었다.
③ 3문단에 서술되었다.
④ 4문단에 서술되었다.
⑤ 1문단과 4문단에 서술되었다.

22

정답 ②

정답해설

㉠의 문맥적 의미는 '여러 가지가 섞인 것을 구분하여 분류하다'로, '나는 물건들을 색깔별로 나누는 작업을 한다'의 '나누다'와 문맥적 의미가 유사하다(분류의 개념).

오답해설

① '하나를 둘 이상으로 가르다'의 의미로 사용되었다.
③ '같은 핏줄을 타고나다'의 의미로 사용되었다.
④ '음식 따위를 함께 먹거나 갈라 먹다'의 의미로 사용되었다.
⑤ '몫을 분배하다'의 의미로 사용되었다.

23

정답 ⑤

정답해설

㉡의 앞에는 한국어 세계화 사업의 기존 사례에 대한 문제점이 나와 있고, 아래에는 그에 대한 개선 방안들이 나와 있다. 그러므로 ㉡에는 '한국어 세계화를 위한 개선 방안'이 들어가야 적절하다. 그리고 ㉠에는 한국어 세계화를 위한 개선 방안 중 '다양한 분야의 한국어 세계화 사업 계획 모집'과 관련된 기존 사례의 문제점이 들어가야 하므로 '한류 중심의 편향적 사업 계획'이 적절하다.

24

정답 ②

정답해설

단체 소송만이 공익적 성격을 지닌다.

오답해설

①·④ 다수의 소액 피해가 발생한 사건이라도 피해자들은 개별적으로 소송을 할 수 있지만, 공동으로 변호사를 선임하거나 선정 당사자 제도를 이용하여 경제적이고 효율적으로 일괄 구제할 수 있다.
③ 4문단에서 확인할 수 있다.
⑤ 3문단에서 확인할 수 있다.

25

정답 ②

오답해설

① 단체 소송은 법률이 정한, 전문성과 경험을 갖춘 단체가 소를 제기할 수 있다.
③ 집단 소송은 피해자들의 일부가 전체 피해자들의 이익을 대변하는 대표 당사자가 되어야 한다.
④ 집단 소송은 기업이 회계 내용을 허위로 공시하거나 조작하는 등의 사유로 주식 투자에서 피해를 당한 사람들만 할 수 있다.
⑤ 단체 소송은 개인 피해자들을 위한 손해 배상 청구는 하지 못한다.

제2과목 : 자료해석

01	02	03	04	05	06	07	08	09	10
①	③	②	③	①	①	③	③	②	④
11	12	13	14	15	16	17	18	19	20
④	③	③	②	①	③	③	④	③	②

01 정답 ①

정답해설

$\frac{2,000\times8+500\times6}{2,000+500}=7.6$점

02 정답 ③

정답해설

책의 전체 쪽수를 x라 하면

- 첫째 날 읽은 양은 $\frac{1}{3}x$ → 남은 양은 $x-\frac{1}{3}x=\frac{2}{3}x$
- 둘째 날 읽은 양은 $\frac{2}{3}x\times\frac{1}{4}=\frac{1}{6}x$
- 셋째 날 100쪽을 읽었을 때 92쪽이 남았으므로

$x-\left(\frac{1}{3}x\times\frac{1}{6}x+100\right)=92$

$\therefore x=384$

따라서 책은 전체 384쪽이다.

03 정답 ②

정답해설

두 소행성이 충돌할 때까지 걸리는 시간을 x초라고 하면

거리=속력×시간 → $10x+5x=150$

$\therefore x=10$

따라서 두 소행성은 10초 후에 충돌한다.

04 정답 ③

정답해설

문제의 조건에 의하여 중소기업의 특허출원 수수료는 50% 감면이 된다.

중소기업의 감면 전 수수료를 a원이라 하면

$a\left(1-\frac{50}{100}\right)=45,000,\ a=45,000\times2=90,000$

면당 추가료를 x원, 청구항당 심사청구료를 y원, 기본료를 α원이라 하면

- 대기업의 특허출원 수수료 : $\alpha+20x+2y=70,000$ …㉠
- 중소기업의 특허출원 수수료 : $\alpha+20x+3y=90,000$ …㉡

㉡－㉠을 하면 $y=20,000$원

05 정답 ①

정답해설

문제의 조건에 의하여 개인의 특허출원 수수료는 70% 감면이 된다.

개인의 감면 전 수수료를 b원이라 하면

$b\left(1-\frac{70}{100}\right)=27,000,\ b=27,000\times\frac{10}{3}=90,000$

면당 추가료를 x원, 청구항당 심사청구료를 y원, 기본료를 α원이라 하면

- 대기업의 특허출원 수수료 : $\alpha+20x+2y=70,000$ …㉠
- 개인의 특허출원 수수료 : $\alpha+40x+2y=90,000$ …㉡

㉡－㉠을 하면 $20x=20,000$

$\therefore x=1,000$원

06 정답 ①

정답해설

면당 추가료를 x원, 청구항당 심사청구료를 y원, 기본료를 α원이라 할 때

대기업의 특허출원 수수료 : $\alpha+20x+2y=70,000$

$x=1,000,\ y=20,000$이므로

$\alpha+20\times1,000+2\times20,000=70,000$

$\therefore \alpha=70,000-60,000=10,000$원

07 정답 ③

정답해설

누적도수를 고려할 때 30 이상 40 미만의 계급에 속하는 학생 수는 $26-10=16$명이므로, 30 이상 40 미만 계급의 상대도수는 $16\div40=0.4$이다.

08

정답 ③

정답해설

다. 국문학과 합격자 수를 학교별로 구해 보면

- A고 : $700 \times 0.6 \times 0.2 = 84$명
- B고 : $500 \times 0.5 \times 0.1 = 25$명
- C고 : $300 \times 0.2 \times 0.35 = 21$명
- D고 : $400 \times 0.05 \times 0.3 = 6$명

따라서 합격자 수가 많은 순으로 나열하면, A고 → B고 → C고 → D고의 순서가 된다.

오답해설

가. B고의 경제학과 합격자 수는 $500 \times 0.2 \times 0.3 = 30$명, D고의 경제학과 합격자 수는 $400 \times 0.25 \times 0.25 = 25$명이다. 따라서 B가 더 많다.

나. A고의 법학과 합격자 수는 $700 \times 0.2 \times 0.3 = 42$명으로 40명보다 많고, C고의 국문학과 합격자 수는 $300 \times 0.2 \times 0.35 = 21$명으로 20명보다 많다.

09

정답 ②

정답해설

직급별 사원 수를 알 수 없으므로 전 사원의 주 평균 야근 빈도는 구할 수 없다.

오답해설

③ 0.2시간은 $60분 \times 0.2 = 12$분이다. 따라서 4.2시간은 4시간 12분이다.

④ 대리급 사원은 주 평균 1.8일 야근을 하고 주 평균 6.3시간을 야간 근무하므로, 야근 1회 시 $6.3 \div 1.8 = 3.5$시간 근무로 가장 긴 시간 동안 일한다.

10

정답 ④

정답해설

㉡ 시설과 기자재가 1학년-2학년-4학년-3학년으로 서로 순서가 일치한다.

㉣ 표를 보고 알 수 있다.

오답해설

㉠ 응답인원 순위는 4학년, 3학년, 1학년, 2학년 순이고, 시설 순위는 1학년, 2학년, 4학년, 3학년 순이다. 따라서 맞지 않는 선지이다.

㉢ 학년이 높아질수록 항목별 교육 만족도가 균일하게 높아지는 항목은 없다.

11

정답 ④

정답해설

각 경우에 따른 내년 판매 목표액의 달성 확률은 다음과 같다.

- 내년 여름의 평균 기온이 예년보다 높을 때
  → $0.5 \times 0.85 = 0.425$
- 내년 여름의 평균 기온이 예년과 비슷할 때
  → $0.3 \times 0.6 = 0.18$
- 내년 여름의 평균 기온이 예년보다 낮을 때
  → $0.2 \times 0.2 = 0.04$

따라서 B회사가 내년에 판매 목표액을 달성할 확률은 $0.425 + 0.18 + 0.04 = 0.645$이다.

12

정답 ③

정답해설

2017년 보통우표와 기념우표 발행 수의 차가 $163,000 - 47,180 = 115,820$천 장으로 가장 크다.

오답해설

① 2018년에는 기념우표가 전년에 비해 증가했지만 나만의 우표는 감소했으며, 2020년에는 그 반대현상을 보였다는 점에서 볼 때 올바른 판단이 아니다.

② 기념우표의 경우에는 2021년이 가장 낮다.

④ 2019년 전체 발행 수는 113,900천 장인데 나만의 우표는 1,000천 장이므로, 전체에서 차지하는 비율은 약 0.88% 정도이다.

13

정답 ③

정답해설

총 수출액은 10대 품목 수출액을 총 수출액 대비 비중으로 나누고 100을 곱하여 구한다.

- 2017년 : $\frac{327,762}{58.6} \times 100 \fallingdotseq 559,321$백만 달러
- 2018년 : $\frac{335,363}{58.6} \times 100 \fallingdotseq 572,292$백만 달러
- 2019년 : $\frac{305,586}{58} \times 100 \fallingdotseq 526,872$백만 달러
- 2020년 : $\frac{276,513}{55.8} \times 100 \fallingdotseq 495,543$백만 달러
- 2021년 : $\frac{337,345}{59} \times 100 \fallingdotseq 571,771$백만 달러

따라서 총 수출액이 두 번째로 적은 해는 2019년이다.

14

정답 ②

정답해설

- 2022년 경제성장률이 하락하기 전의 기댓값 :
  $2.1\% \times 0.4 + 3.8\% \times 0.4 + 4.6\% \times 0.2 = 3.28\%$
- 모두 0.5%씩 하락하면, 기댓값도 0.5% 하락한다.
  → 경제성장률이 하락한 후의 기댓값 : $3.28 - 0.5 = 2.78\%$

15

정답 ①

정답해설

변동지수는 전년도를 기준으로 대상연도를 비교하는 것으로 일반적으로 기준연도를 100으로 둔다.

- G사의 변동지수가 95.9라는 것은 판매 대수가 전년 동기간보다 감소했다는 것으로 해석할 수 있다.
- 전년 동기간 판매 대수를 x대라고 할 때
  $x : 100 = 630,912 : 95.9$가 성립하므로
  $x = \frac{630,912}{95.9} \times 100 \fallingdotseq 657,885$대이다.

16

정답 ③

정답해설

일본은 2021년도 평균 교육기간이 2020년 평균 교육기간보다 $12.8 - 12.7 = 0.1$년 높다.

오답해설

① 한국은 2019~2021년까지 평균 교육기간은 12.1년으로 동일하다.

② 2019년보다 2020년의 평균 교육기간이 높아진 국가는 중국, 인도, 인도네시아, 일본, 튀르키예이다.

④ 2019~2021년 동안 항상 평균 교육기간이 8년 이하인 국가는 중국, 인도, 인도네시아, 튀르키예이다.

17

정답 ③

정답해설

2019년도 평균 교육기간이 8년 이하인 국가는 중국, 인도, 인도네시아, 튀르키예로 네 국가의 평균 교육기간의 평균은

$\frac{7.7 + 6.3 + 7.9 + 7.8}{4} = \frac{29.7}{4} = 7.425$년이다.

18

정답 ④

오답해설

① '거의 매일'이라고 응답한 사람의 비율의 6배는 21%이다.

② '거의 매일'이라고 응답한 사람의 비율이 2018년 대비 2020보다 1.2배보다 크게 증가하려면 3.48% 이상이 되어야한다.

③ 설문조사에 참여한 여성 응답자와 남성 응답자의 수는 이 표에서는 알 수 없다.

19

정답 ③

정답해설

2019년부터 2021년까지 A국과 OECD 평균 접근성 지수가 모두 증가한 항목은 노트북, 태블릿PC, 휴대전화, 전자책 4개 항목이다.

20

정답 ②

정답해설

㉠ 태조 · 정종 대에 '출신 신분이 낮은 급제자' 중에서 '본관이 없는 자'의 비율은 $\frac{28}{40} \times 100 = 70\%$이고, 선조 대의 경우는 $\frac{11}{189} \times 100 \fallingdotseq 6\%$이다.

㉢ '전체 급제자'가 가장 많은 왕 대는 선조이고, '출신 신분이 낮은 급제자'가 가장 많은 왕 대도 선조이다.

오답해설

㉡ '본관이 없는 자'이면서 '3품 이상 오른자'가 한 명 이상이라는 것은 표의 내용으로는 알 수 없다.

㉣ 중종 대의 '전체 급제자' 중에서 '출신 신분이 낮은 급제자'의 비율은 $\frac{188}{900} \times 100 \fallingdotseq 21\%$이다.

제3과목 : 공간능력

01	02	03	04	05	06	07	08	09	10
③	①	①	②	①	④	④	③	②	②
11	**12**	**13**	**14**	**15**	**16**	**17**	**18**		
③	③	②	②	④	④	③	①		

01

정답 ③

정답해설

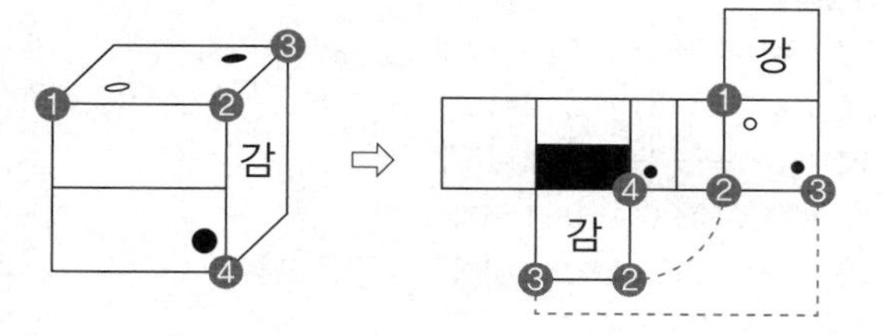

02

정답 ①

정답해설

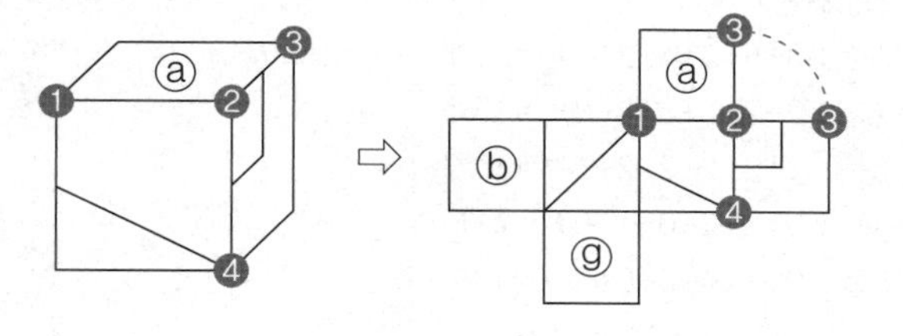

03

정답 ①

정답해설

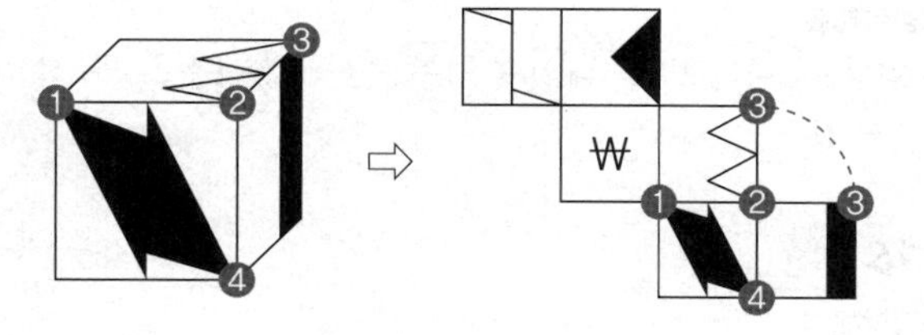

04

정답 ②

정답해설

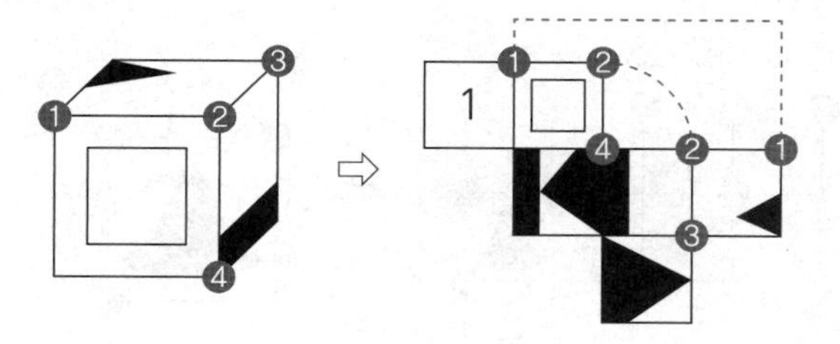

05

정답 ①

정답해설

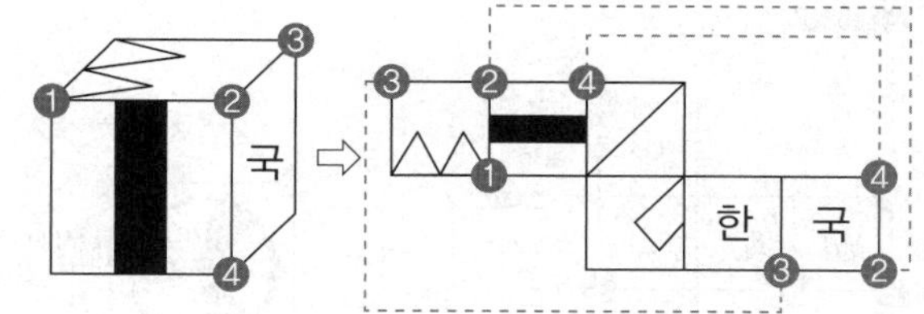

06

정답 ④

정답해설

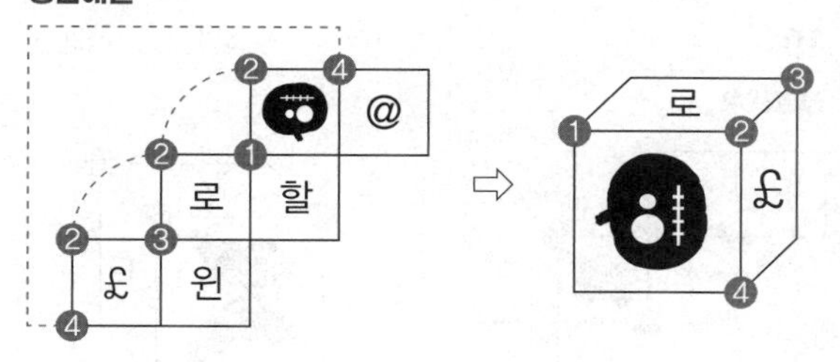

07

정답 ④

정답해설

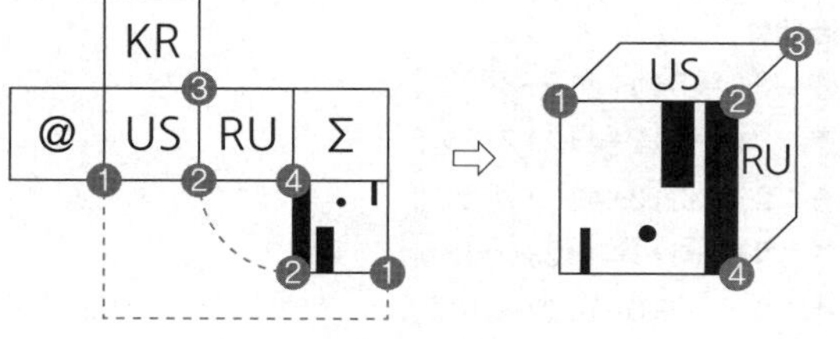

08

정답 ③

정답해설

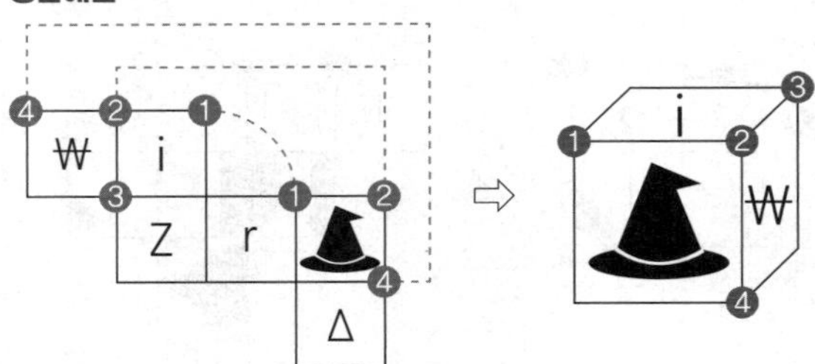

09

정답 ②

정답해설

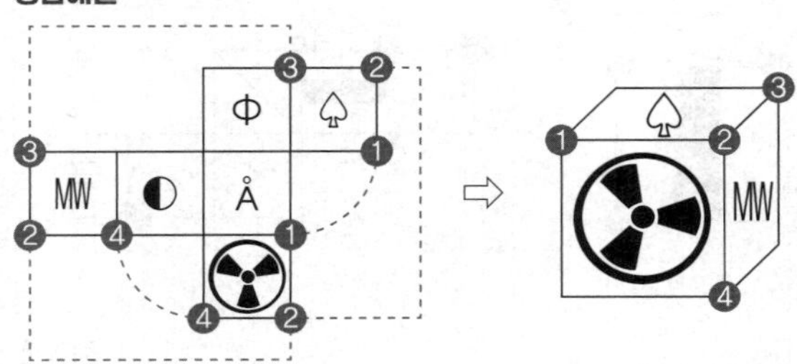

10

정답 ②

정답해설

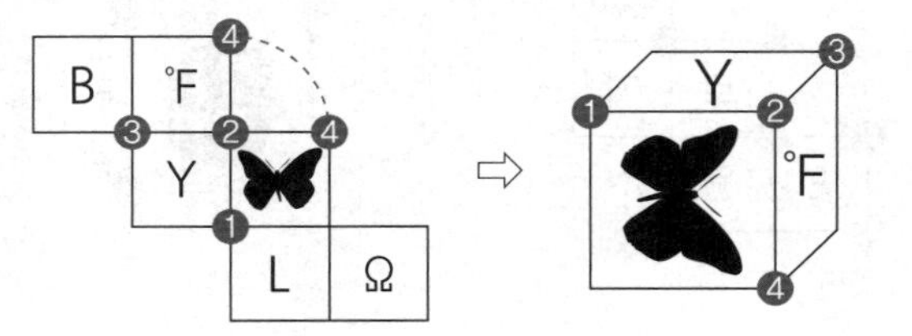

11

정답 ③

정답해설

1층 : 3+4+5+4+4+5+3=28개

2층 : 3+4+4+3+4+4+2=24개

3층 : 2+4+3+3+4+2+2=20개

4층 : 2+1+3+1+3+2+0=12개

5층 : 0+1+2+0+1+1+0=5개

∴ 28+24+20+12+5=89개

12

정답 ③

정답해설

1층 : 5+4+5+4+3+4+3=28개

2층 : 4+3+4+4+3+4+1=23개

3층 : 2+3+4+3+3+2+0=17개

4층 : 1+2+2+1+1+1+0=8개

5층 : 0+1+0+1+1+0+0=3개

∴ 28+23+17+8+3=79개

13

정답 ②

정답해설

1층 : 2+4+5+4+5+4+3=27개

2층 : 2+3+3+3+4+2+2=19개

3층 : 1+2+3+3+2+2+2=15개

4층 : 0+1+2+1+1+0+1=6개

5층 : 0+1+1+0+1+0+0=3개

∴ 27+19+15+6+3=70개

14

정답 ②

정답해설

1층 : 3+5+3+4+2+3+1=21개

2층 : 2+2+3+3+2+2+1=15개

3층 : 1+2+2+2+2+1+0=10개

4층 : 0+1+2+0+1+0+0=4개

5층 : 0+1+0+0+0+0+0=1개

∴ 21+15+10+4+1=51개

15

정답 ④

정답해설

정면에서 바라보았을 때, 5층–4층–4층–4층–4층으로 구성되어 있다.

16

정답 ④

정답해설

상단에서 바라보았을 때, 5층–4층–3층–5층–2_1층으로 구성되어 있다.

17

정답 ③

정답해설

정면에서 바라보았을 때, 5층-4층-5층-4층-2층으로 구성되어 있다.

18

정답 ①

정답해설

좌측에서 바라보았을 때, 5층-3층-5층-5층-3층으로 구성되어 있다.

제4과목 : 지각속도

01	02	03	04	05	06	07	08	09	10
②	①	①	①	②	②	①	①	②	②
11	12	13	14	15	16	17	18	19	20
②	①	①	①	②	②	①	①	②	②
21	22	23	24	25	26	27	28	29	30
③	②	④	②	②	①	③	②	③	②

01

정답 ②

정답해설

☀ ☂ ♥ ♨ ∝ → ☀ ☂ ☎ ♨ ∝

05

정답 ②

정답해설

☀ ♧ ☂ ‡ ∝ → ♨ ♧ ☂ ☎ ∝

06

정답 ②

정답해설

berry aroma pen paper shop

→ berry aroma pen pasta shop

09

정답 ②

정답해설

paper pasta berry aroma pen

→ paper pasta desk aroma pen

10

정답 ②

정답해설

aroma paper berry duck door

→ aroma pen berry note door

11

정답 ②

정답해설

⊙ ♨ ▽ ☏ ☗ → ⊙ ♨ ▽ ☏ ☪

15
정답 ②

정답해설

☾ ☂ ▥ ⊙ ☗ → ♨ ☂ ▥ ☾ ☗

16
정답 ②

정답해설

촉 초 추 차 체 → 촉 축 추 차 체

19
정답 ②

정답해설

초 치 채 처 촉 → 초 체 채 처 추

20
정답 ②

정답해설

체 축 치 추 축 → 체 축 치 추 촉

21
정답 ③

정답해설

4256998275851320014565748545284631205882689422 (8개)

22
정답 ②

정답해설

박백벡뱍복뵤벡뷰보백벽복비빅벡뱍빔벼벅벡박벙방벡바봉붕뱅빗빗벡백봇붓뱍벡 (7개)

23
정답 ④

정답해설

091549978945798234422596789513204534836591209 (9개)

24
정답 ②

정답해설

Let no one ever come to you without leaving better and happier. (6개)

25
정답 ②

정답해설

오래전 내가 좋아했던 한 여자가 있었다. 지금 무엇을 하며 지낼까. 정말 궁금하다. 그립다. (5개)

26
정답 ①

정답해설

◐○◑◎●◑♧⦿♤♡◐◎⦿◈◑◎◐○◑●♤◑♡⦿♧◐♧◎⦿ (5개)

27
정답 ③

정답해설

If I had to live my life again, I'd make the same mistakes, only sooner. (7개)

28
정답 ②

정답해설

014859756352112548959728519351005246587230212 (9개)

29
정답 ③

정답해설

Many of life's failures are people who did not realize how close they were to success when they gave up. (15개)

30
정답 ②

정답해설

천구백구십년대, 대한민국 음악은 매우 다양했고, 그 속에서 영원히 기억될만한 명곡들이 쏟아져 나왔다. (8개)

제4회 모의고사 정답 및 해설

제1과목 : 언어논리

01	02	03	04	05	06	07	08	09	10
③	③	①	②	①	④	④	④	③	②
11	12	13	14	15	16	17	18	19	20
④	④	③	⑤	①	④	③	④	①	④
21	22	23	24	25					
①	③	①	④	③					

01
정답 ③

정답해설

'어찌 된'의 뜻을 나타내는 관형사는 '웬'이므로, '어찌된 일로'라는 함의를 가진 '웬일'이 맞는 말이다.

오답해설

① 메다 : 어떤 감정이 북받쳐 목소리가 잘 나지 않음
② 치다꺼리 : 남의 자잘한 일을 보살펴서 도와줌
④ 베다 : 날이 있는 연장 따위로 무엇을 끊거나 자르거나 가름
⑤ 지그시 : 슬며시 힘을 주는 모양

02
정답 ③

정답해설

㉠ 계약서에 도장을 찍다.
㉡ 펜에 잉크를 찍었다.
㉢ 선크림을 얼굴에 찍어 발랐다.
㉣ 새로 산 카메라로 사진을 찍었다.

03
정답 ①

정답해설

① '돼라'는 '되어라'의 축약형이다. 그러나 간접 인용을 할 때에는 간접 명령문의 형태를 사용하여야 하므로 어간 '되-'에 간접 명령형 어미 '-(으)라'가 결합하여 '되어라'가 아닌 '되라'의 형태가 된다.

오답해설

② '되었다'는 어간 '되-'에 과거 시제 선어말 어미 '-었-'과 어말 어미 '-다'가 결합한 형태이므로 올바른 표기이다.
③ '돼라'는 어간 '되-'에 직접 명령형 어미 '-어라'가 결합한 '되어라'의 축약형으로 올바른 표기이다.
④ '되고'는 어간 '되-'에 어미 '-고'가 결합한 형태로서 '되어고'의 축약형이 아니므로 올바른 표기이다.
⑤ '된'은 어간 '되-'에 관형사형 어미 '-ㄴ'이 결합한 형태로서 올바른 표기이다.

04
정답 ②

정답해설

작야(昨夜)'는 '어젯밤'이라는 뜻으로 ㉠과 ㉡은 동의 관계이다. ②는 상하 관계('바지'가 '옷'의 한 종류)이다.

05
정답 ①

정답해설

명제들을 통해서 많이 먹으면 살이 찌고 체내에 수분이 많으며, 술에 잘 취하지 않음을 알 수 있다. 그리고 재호는 진규보다 살이 쪘음을 알 수 있다. 즉, 재호는 진규보다 살이 쪘지만 ①의 많이 먹는지의 여부는 알 수 없다.

오답해설

② 첫 번째 명제와 두 번째 명제로 추론할 수 있다.
③ 네 번째 명제, 두 번째 명제, 세 번째 명제로 추론할 수 있다.
④ 네 번째 명제와 두 번째 명제로 추론할 수 있다.
⑤ 두 번째 명제의 대우를 통해 추론할 수 있다.

06
정답 ④

정답해설

- 전승(傳承) : 문화 · 풍속 · 제도 따위를 이어받아 계승함. 또는 그것을 물려주어 잇게 함
- 전파(傳播) : 전하여 널리 퍼뜨림
- 전래(傳來) : 예로부터 전하여 내려옴/외국에서 전하여 들어옴

07
정답 ④

정답해설

'자나 깨나 잊지 못함'의 의미를 가진 한자성어인 ④가 밑줄 친 부분의 의미와 어울린다.

08

정답 ④

정답해설

제시문에서 언어는 시대를 넘어 문명을 전수하는 역할을 함을 알 수 있다. 언어를 통해 전해진 선진들의 훌륭한 문화유산이나 정신 자산은 당대의 문화나 정신을 살찌우는 밑거름이 되는 것이다. 이러한 언어가 없었다면 인류 사회는 앞선 시대와 단절되어 더 이상의 발전을 기대할 수 없었을 것이며, 이는 ④ 문명의 발달이 언어의 진화와 더불어 이루어져 왔음을 의미한다.

09

정답 ③

정답해설

제시문은 『구운몽』의 일부 내용으로 주인공이 부귀영화를 누렸던 한낱 꿈으로부터 현실로 돌아오는 부분이다. 따라서 부귀영화란 일시적인 것이어서 그 한때가 지나면 반드시 쇠하여짐을 비유적으로 이르는 말인 ③이 가장 적절하다.

오답해설

① 힘을 다하고 정성을 다하여 한 일은 그 결과가 반드시 헛되지 아니함
② 무엇을 전혀 모르던 사람도 오랫동안 보고 듣노라면 제법 따라 할 수 있게 됨
④ 속으로는 해칠 마음을 품고 있으면서, 겉으로는 생각해 주는 척함
⑤ 일이 이미 잘못된 뒤에는 손을 써도 소용이 없음

10

정답 ②

정답해설

『수난이대』에서 '이'는 아버지와 아들을 가리키는 '2'를 의미한다. 이와 같은 뜻을 가진 '이'는 '이율배반(二律背反, 양립할 수 없는 두 개의 명제)'이다.

11

정답 ④

정답해설

(라)의 앞부분에서는 위기 상황을 제시하고, 뒷부분에서는 인류의 각성을 촉구하는 내용을 다루고 있다. 각성의 당위성을 이끌어내는 내용인 〈보기〉가 (라)에 들어가면 앞뒤의 내용을 논리적으로 연결할 수 있다.

12

정답 ④

오답해설

① 은 왕조의 옛 도읍지는 허난성이다.
② 용골에는 은 왕조의 기록이 있었다.
③ 제시문에서 확인할 수 없는 내용이다.
⑤ 사마천의 『사기』가 언제 만들어졌다는 내용은 없다.

13

정답 ③

정답해설

- ㉠의 '사람은 섬유소를 분해하는 효소를 합성하지 못한다.'는 내용과 (나) 바로 뒤의 문장의 '반추 동물도 섬유소를 분해하는 효소를 합성하지 못하는 것은 마찬가지'로 보아 ㉠의 적절한 위치는 (나)임을 알 수 있다.
- ㉡은 대표적인 섬유소 분해 미생물인 피브로박터 숙시노젠(F)을 소개하고 있으므로 이후 계속해서 'F'를 설명하는 (라) 뒤의 문장보다 앞에 위치해야 한다.

14

정답 ⑤

정답해설

제시문의 주제는 '나'는 재미있는 수학 선생님 덕분에 수학 시간을 재미있어 한다는 것이고, 글의 통일성을 위해 이러한 주제를 뒷받침 할 수 있는 내용이 나와야 한다. (마)의 수학 선생님의 아들이 수학을 잘한다는 소문의 문장은 주제와 관련이 없으므로 통일성을 해치는 문장이다.

15

정답 ①

정답해설

제시문은 싱가포르가 어떻게 자동차를 규제하고 관리하는지를 설명하고 있다.

16

정답 ④

정답해설

제시문에서는 비타민D의 결핍으로 인해 발생하는 건강문제를 근거로 신체를 태양빛에 노출하여 건강을 유지해야 한다고 주장하고 있다. 따라서 태양빛에 노출되지 않고도 충분한 비타민D 생성이 가능하다는 근거가 있다면 제시문에 대한 반박이 되므로 ④가 정답이다.

오답해설

① 태양빛에 노출될 경우 피부암 등의 질환이 발생하는 것은 사실이나, 이것이 비타민D의 결핍을 해결하는 또 다른 방

법을 제시하거나 제시문에서 주장하는 내용을 반박하고 있지는 않다.

② 비타민D는 칼슘과 인의 흡수 외에도 흉선에서 면역세포를 생산하는 작용에 관여하고 있다. 따라서 칼슘과 인의 주기적인 섭취만으로는 문제를 해결할 수 없다.

③ 제시문에서는 비타민D 보충제에 대해 언급하고 있지 않다. 따라서 비타민D 보충제가 태양빛 노출을 대체할 수 있을지 판단하기 어렵다.

⑤ 제시문에서는 자외선 차단제를 사용했을 때 중파장 자외선이 어떻게 작용하는지 언급하고 있지 않다. 또한 자외선 차단제를 사용한다는 사실이 태양빛에 노출되어야 한다는 제시문의 주장을 반박한다고는 보기 어렵다.

17

정답 ③

정답해설

제시문은 황사의 정의와 위험성, 그리고 대응책에 대하여 설명하고 있는 글이다. 따라서 '황사를 단순한 모래바람으로 치부할 수는 없다.'는 단락의 뒤에는 (다) 중국의 전역을 거쳐 대기 물질을 모두 흡수하고 한국으로 넘어오는 황사 → (나) 매연과 화학물질 등 유해물질이 포함된 황사 → (가) 황사의 장점과 방지의 강조 → (라) 황사의 개인적 · 국가적 대응책'의 순서로 나열하는 것이 적절하다.

18

정답 ④

정답해설

첩보 위성은 임무를 위해 낮은 궤도를 비행해야 하므로, 높은 궤도로 비행시키면 수명은 길어질 수 있으나 임무의 수행 자체가 어려워질 수 있다.

19

정답 ①

정답해설

몽타주는 '상형문자가 합해져서 회의문자가 만들어지는 과정에서 아이디어를 빌려' 온 것이므로 '상형문자의 형성 원리를 바탕으로 만들어졌다'고 말할 수 없다.

20

정답 ④

정답해설

상상력은 정해진 개념이나 목적이 없는 상황에서 그 개념이나 목적을 찾는 역할을 하고, 이때 주어진 목적지(개념)가 없으며, 반드시 성취해야 할 그 어떤 것도 없기 때문에 자유로운 유희이다.

오답해설

① 제시문의 내용은 칸트 철학 내에서의 상상력이 어떤 조건에서 작동되며 또 어떤 역할을 하는지 기술하고 있으므로 상상력의 재발견이라는 주제는 적합하지 않다.

② 제시문에서는 상상력을 인식능력이라고 규정하는 부분을 찾을 수 없다.

③ 상상력은 주어진 개념이 없을 경우 새로운 개념을 가능하게 하는 새로운 도식을 산출하는 것이므로 목적 없는 활동이라고는 볼 수 없다.

⑤ 제시문에 기술된 만유인력의 법칙과 상대성 이론 등은 상상력의 자유로운 유희를 설명하기 위한 사례일 뿐이다.

21

정답 ①

정답해설

문제에서는 글의 문맥에 어울리는 비유적 표현을 적용할 수 있는지 묻고 있다. '찻잔 속의 태풍'은 크게 확대될 수도 있는 사건이 그렇지 못하고 좁은 범위에 머무르고 말았음을 의미하는 관용구이다.

오답해설

② 탄광 속의 카나리아 : 문제를 미리 경고해주는 사람이나 매개체

③ 트로이의 목마 : 외부에서 들어온 요인에 의하여 내부가 무너지는 것

④ 빛 좋은 개살구 : 겉만 그럴듯하고 실속이 없는 경우

⑤ 개 발에 편자 : 옷차림이나 지닌 물건 따위가 제격에 맞지 아니하여 어울리지 않음

22

정답 ③

정답해설

일반적 진술인 ㄷ을 맨 앞에 두고, 나머지 문장들은 문두의 연결 고리를 통해 자연스럽게 순서를 배열한다.

- ㄷ. 과학과 종교는 상호 보완적이다.
- ㄱ. 과학은 현재 있는 그대로의 실재에만 관심을 둔다.
- ㄹ. 반면 종교는 실재보다 당위에 관심을 가진다.
- ㅁ. 이처럼 과학과 종교는 배타적이라고 볼 수 있다.
- ㄴ. 그러나 각자 관심을 두지 않는 부분에 대해 서로 도움을 받을 수 있으므로 상호 보완적이라고 보는 것이 더 합당하다.

23

정답 ①

정답해설

ㄱ. A에 따르면 여성성은 순응적인 태도로 자연과 조화를 이루려 하는 것이므로 여성과 기술의 조화를 위해서는 자연과의 조화를 추구하는 기술을 개발해야 한다.

오답해설

ㄴ. B에 따르면 여성이 남성보다 기술 분야에 많이 참여하지 않는 것은 여성에게 주입된 성별 분업 이데올로기와 불평등한 사회제도에 의해 여성의 능력이 억눌리고 있기 때문이다.

ㄷ. A는 남성과 여성이 가진 성질이 다르다고 보고 자연과 조화를 이루려는 여성성과 현재의 기술이 대립되어 여성이 기술 분야에 진출하기 어렵다고 하였다.

24

정답 ④

정답해설

첫 번째 문단에서 언급한 것과 같이, 인간의 호흡기관은 기도와 식도가 교차하는 '불합리한 구조'를 가지고 있다. 또한 마지막 문단에서도 '진화는 반드시 이상적이고 완벽한 구조를 창출해내는 방향으로만 이루어지는 것은 아니다.'라고 하고 있다. 따라서 정답은 ④이다.

25

정답 ③

정답해설

인간을 포함한 고등 척추동물은 기도와 식도가 목구멍 부위에서 교차하는 구조를 가지고 있으며, 이는 음식물이 목에 걸려 질식사할 가능성을 가지고 있다는 것이다.

오답해설

① 정상적인 호흡은 코를 통한 호흡이지만 기도와 식도가 목에서 교차하고 있기 때문에 입으로 숨을 들이쉬어도 기도를 통해 폐로 보낼 수 있다.

② '척추동물의 조상형 동물'로부터 척추동물이 진화했다.

④ 폐어는 '허파가 발달하고 기도가 콧구멍에서 입천장을 뚫고 들어가 입과 아가미 사이에 자리 잡은' 진화 단계를 보여준다.

⑤ 척추동물의 조상형 동물들은 별도의 호흡계가 필요하지 않았을 뿐, 물속에 녹아있는 산소를 섭취했다.

제2과목 : 자료해석

01	02	03	04	05	06	07	08	09	10
②	①	②	④	④	②	①	④	①	③
11	**12**	**13**	**14**	**15**	**16**	**17**	**18**	**19**	**20**
②	③	①	③	②	④	②	③	①	①

01

정답 ②

정답해설

두 지점 A, B 사이의 거리를 $x$km라 할 때,

- A지점에서 B지점으로 갈 때의 속력 : 60km/h

  걸리는 시간 : $\frac{x}{60}$시간

- B지점에서 A지점으로 돌아올 때의 속력 : 80km/h

  걸리는 시간 : $\frac{x}{80}$시간

총 1시간 45분이 걸렸으므로

$\frac{x}{60}+\frac{x}{80}=\frac{105}{60}$

$\therefore x=60$

따라서 두 지점 A, B 사이의 거리는 60km이다.

02

정답 ①

정답해설

출근할 때

- A에서 (가)로 가는 경로의 수 : 3가지
- (가)에서 B로 가는 경로의 수 : 2가지

→ 출근하는 경로의 수 : 3×2=6가지

퇴근할 때

- B에서 (나)로 가는 경로의 수 : 2가지
- (나)에서 A로 가는 경로의 수 : 2가지

→ 퇴근하는 경로의 수 : 2×2=4가지

∴ 출퇴근하는 경로의 수 : 6×4=24가지

03

정답 ②

정답해설

$\frac{(60\times1)+(70\times3)+(80\times1)}{5}=\frac{350}{5}=70$점

04

정답 ④

정답해설

통화 내용을 통해 국내통화와 국제통화로 구분한 후 계산하면 다음과 같다.

국내통화 시간

- 4/5(화) : 10분
- 4/6(수) : 30분
- 4/8(금) : 30분

→ 전체 국내통화 시간 : 10+30+30=70분

국제통화 시간

- 4/7(목) : 60분

∴ 통화요금 : (70×15)+(60×40)=3,450원

05

정답 ④

정답해설

일본은 한국에 비해 게임기 생산비가 높지만 자국 휴대전화 생산비에 비해서는 낮다.

06

정답 ②

정답해설

남성 인구 10만 명당 사망자 수가 가장 많은 해는 2012년이다. 2012년 전년 대비 남성 사망자 수 증가율은

$\frac{4,674-4,400}{4,400}\times 100 \fallingdotseq 6.2\%$

따라서 5% 이상이다.

오답해설

① 2018년의 전체 사망자 수는 4,111+424=4,535명이고, 2020년의 전체 사망자 수는 4,075+474=4,549명이다.

④ 2019년은 7.95배로 8배 미만이다.

07

정답 ①

정답해설

각 제품의 한 묶음에 들어 있는 화장지의 총길이

- A사 : 28×24=672m
- B사 : 30×24=720m
- C사 : 32×25=800m
- D사 : 35×4=840m

각 제품의 총길이를 고려한 m당 가격

- A사 : 16,800÷672=25.0원
- B사 : 19,500÷720≒27.1원
- C사 : 20,500÷800≒25.6원
- D사 : 22,500÷840≒26.8원

따라서 m당 가격이 제일 낮은 A사의 화장지를 구매하는 것이 가장 이득이다.

08

정답 ④

정답해설

(ㄷ) 19,635÷8=2,454.375이므로 우리나라 1인당 강수량은 세계 평균의 $\frac{1}{8}$을 넘는다.

(ㄹ) 각국의 연평균 강수량 대비 1인당 강수량을 구하는 식은 $\frac{(\text{1인당 강수량})}{(\text{연평균 강수량})}$이다.

- 한국 : $\frac{2,591}{1,245} \fallingdotseq 2.08$
- 일본 : $\frac{5,106}{1,718} \fallingdotseq 2.97$
- 미국 : $\frac{25,021}{736} \fallingdotseq 33.9$
- 영국 : $\frac{4,969}{1,220} \fallingdotseq 4.07$
- 중국 : $\frac{174,016}{627} \fallingdotseq 277.53$
- 세계 평균 : $\frac{19,635}{880} \fallingdotseq 22.31$

따라서 평균 강수량 대비 1인당 강수량이 세계 평균보다 높은 나라는 미국과 중국이다.

오답해설

(ㄱ) 연평균 강수량은 일본 – 한국 – 영국 – 미국 – 중국 순으로 높다.

(ㄴ) 우리나라 연평균 강수량은 세계 평균의 $\frac{1,245}{880} \fallingdotseq 1.4$배이다.

09

정답 ①

정답해설

2018년 프랑스의 자국 영화 점유율은 한국보다 높다.

오답해설

② 주어진 자료를 통해 쉽게 확인할 수 있다.

③ 2017년 대비 2020년 자국 영화 점유율이 하락한 국가는 한국, 영국, 독일, 프랑스, 스페인이고, 이 중 한국이 4.3% 하락으로 가장 많이 하락한 국가이다.

④ 일본, 독일, 스페인, 호주, 미국이 해당한다.

10

정답 ③

정답해설

2021년 말 가맹점인 52개점을 기준으로, 매년 말 가맹점 수를 계산하면 다음과 같다.

- 2020년 말 : 52−(11−5)=46개점
- 2019년 말 : 46−(1−6)=51개점
- 2018년 말 : 51−(0−7)=58개점
- 2017년 말 : 58−(5−0)=53개점
- 2016년 말 : 53−(1−2)=54개점

따라서 가장 많은 가맹점을 보유하고 있었던 시기는 2018년 말이다.

11

정답 ②

정답해설

뉴질랜드 수출수지는 8~10월 증가했다가 11월에 감소한 후 12월에 다시 증가했다.

오답해설

① 한국의 수출수지 중 전월 대비 수출수지가 증가한 달은 9월, 10월, 11월이며 증가량이 가장 많았던 달은 45,309−41,983=3,326백만 USD인 11월이다.

③ 그리스의 12월 수출수지는 2,426백만 USD이며 11월 수출수지는 2,409백만 USD이므로, 전월 대비 12월의 수출수지 증가율은 $\frac{2,426-2,409}{2,409}\times 100 \fallingdotseq 0.7\%$이다.

④ 10월부터 12월 사이 한국의 수출수지는 '증가 → 감소'의 추이이다. 이와 같은 양상을 보이는 나라는 독일과 미국이다.

12

정답 ③

정답해설

B부대와 A부대에서 S등급과 C등급에 배정되는 인원은 모두 같고, B부대의 A등급과 B등급의 인원이 A부대보다 2명씩 적다. 따라서 두 부대의 총 상여금액 차는 (420×2)+(330×2)=1,500만 원이므로 옳지 않다.

오답해설

① A부대와 B부대의 등급별 배정인원은 다음과 같다.

(단위 : 명)

구분	S	A	B	C
A부대	2	5	6	2
B부대	2	3	4	2

② A등급 상여금은 B등급 상여금보다 $\frac{420-330}{330}\times 100 \fallingdotseq$ 27.3% 많다.

④ A부대 15명에게 지급되는 총 금액은 (500×2)+(420×5)+(330×6)+(290×2)=5,660만 원이다.

13

정답 ①

오답해설

㉡ A국은 지난 15년간 지니계수가 점점 증가하였다. 이는 사회구성원 간 소득 격차가 점점 커진다는 의미이다.

㉣ 2020년 마이너스 소득세 도입이 필요한 국가는 지니계수가 B국보다 더 높은 A국이다.

14

정답 ③

정답해설

2014년 대비 2018년 수급자 수의 증가율

→ $\frac{1,646-1,469}{1,469}\times 100 \fallingdotseq 12.0\%$

15

정답 ②

연도별 수급률 대비 수급자 수의 값은 다음과 같다.

- 2013년 : $\frac{1,550}{3.1}=500$
- 2015년 : $\frac{1,394}{2.7}\fallingdotseq 516.3$
- 2017년 : $\frac{1,329}{2.6}\fallingdotseq 511.2$
- 2018년 : $\frac{1,646}{3.2}\fallingdotseq 514.4$

따라서 연도별 수급률 대비 수급자 수의 값이 가장 큰 해는 2015년이다.

16

정답 ④

정답해설

총지출 대비 SOC 투자규모 비중은 2019년에는 증가하였지만 반대로 투자금액은 감소하였다.

오답해설

① $\frac{23.1}{x}\times 100=7\%$이므로 x는 330조 원이다.

② 2018년의 SOC 투자규모가 전년보다 30% 이상 증가하려면 26.7조 원 이상이 되어야 한다.

③ 전년 대비 비율

- 2018년 : $\frac{25.4-20.5}{20.5} \times 100 = 23.9\%$
- 2019년 : $\frac{25.1-25.4}{25.4} \times 100 = -1.2\%$
- 2020년 : $\frac{24.4-25.1}{25.1} \times 100 = -2.8\%$
- 2021년 : $\frac{23.1-24.4}{24.4} \times 100 = -5.3\%$

따라서 가장 큰 비율로 감소한 해는 2021년이다.

17

정답 ②

정답해설

㉠ 수면제 D의 숙면시간 평균은 5.2시간이다. 평균 숙면시간이 긴 순서대로 나열하면 C－D－A－B가 적절하다.

오답해설

㉡ 수면제 C에서 '을' 환자(5시간)와 '무' 환자(6시간)의 차이는 1시간, 수면제 B에서 '을' 환자(4시간)와 '무' 환자(6시간)의 차는 2시간이므로 수면제 C가 수면제 B보다 숙면시간이 큰 것은 옳지 않다.

㉣ 수면제 C의 평균 숙면시간보다 수면제 C의 숙면시간이 긴 환자는 '갑', '정', '무'로 3명이다.

18

정답 ③

정답해설

㉡ 2021년 전년 대비 수출 증가율은 약 －1.1%이다. 반도체 수출 증가율이 －1.1%로 동일하다면 2022년의 반도체 수출금액은 약 615.5억 달러이다.

㉢ DRAM의 가격은 전년 대비 0.14달러 감소하였고, 17인치는 4.6달러, 32인치 TV는 17.6달러 감소하였다.

오답해설

㉠ 반도체 세계 생산량 대비 국내 생산량의 시장점유율은 이 표의 내용으로는 알 수 없다.

㉣ 디스플레이 수출액은 2019년 323.1억 달러, 2020년 296.5억 달러, 2021년 251.1억 달러로 감소하고 있는 추세이다.

19

정답 ①

오답해설

② 하와이 출신 어머니와 중국 출신의 아버지 사이에서 태어난 경우는 중국 출신 어머니와 하와이 출신 아버지 사이에서 태어난 경우보다 10배 이상 많다.

③ 아버지 또는 어머니가 일본 출신인 사람들의 수는 아버지가 일본 출신인 경우(A)와 어머니가 일본 출신인 경우(B)의 인원을 모두 더하고, 아버지와 어머니가 모두 일본 출신인 경우(A∩B)의 인원을 뺀 15,956명이다.

$\therefore A+B-(A \cap B)=15,956$

④ 어머니가 미국본토 출신인 경우보다 아버지의 출신지가 미국본토인 경우가 더 많다.

20

정답 ①

정답해설

㉠ 도망노비를 제외한 사노비의 비중이 28.5%인 1720년이 가장 높다.

㉡ 1720년의 사노비 수는 $2,228 \times 0.4 \fallingdotseq 891$명이고 1774년은 $3,189 \times 0.348 \fallingdotseq 1,110$명이다.

오답해설

㉢ $2,228 \times 0.1 \fallingdotseq 223$명이고 1762년 $3,380 \times 0.085 \fallingdotseq 287$명이다.

제3과목 : 공간능력

01	02	03	04	05	06	07	08	09	10
②	①	②	①	③	①	④	④	②	①
11	**12**	**13**	**14**	**15**	**16**	**17**	**18**		
②	③	①	②	③	③	②	④		

01

정답 ②

정답해설

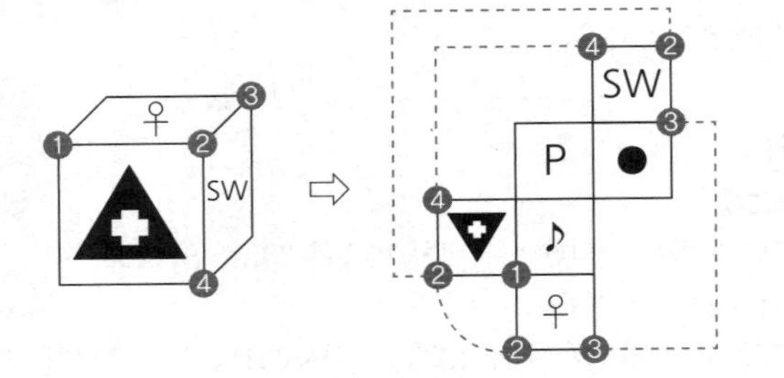

02

정답 ①

정답해설

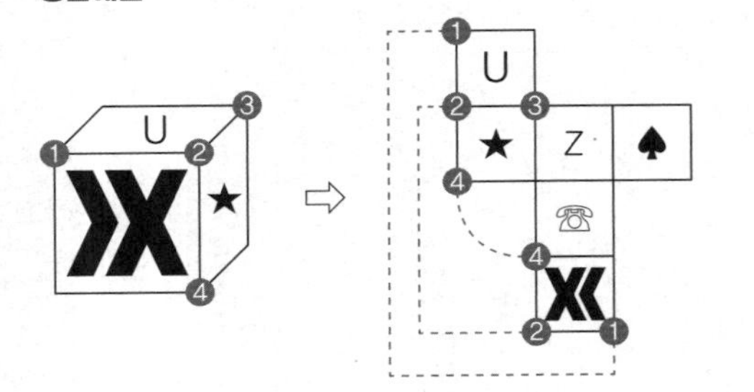

03

정답 ②

정답해설

나
너

04

정답 ①

정답해설

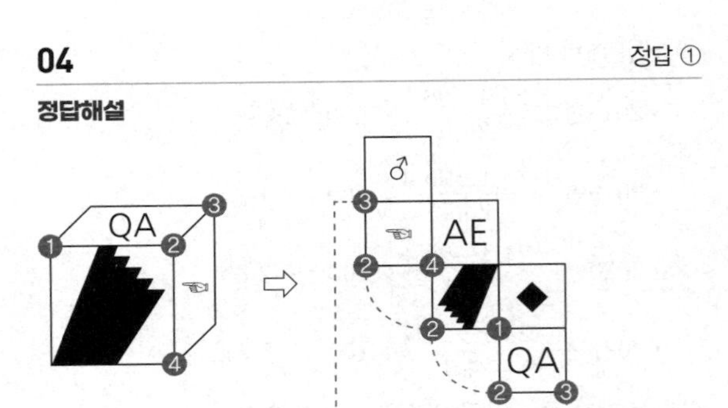

05

정답 ③

정답해설

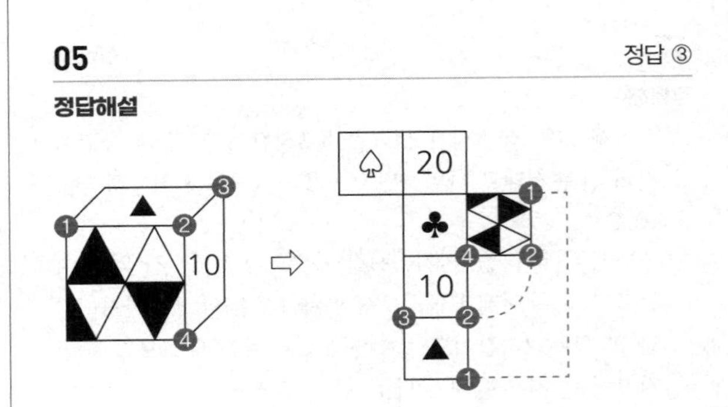

06

정답 ①

정답해설

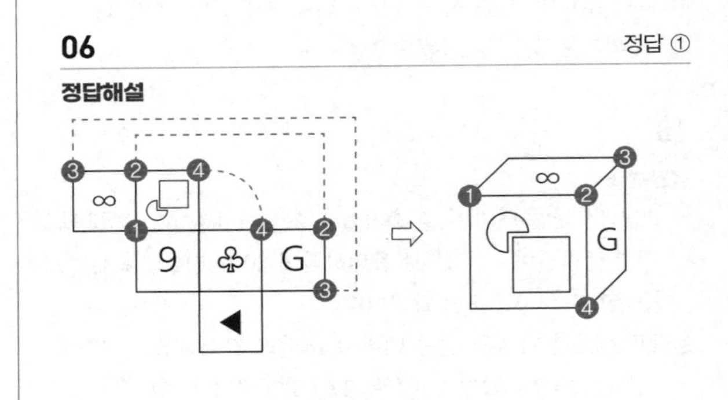

07

정답 ④

정답해설

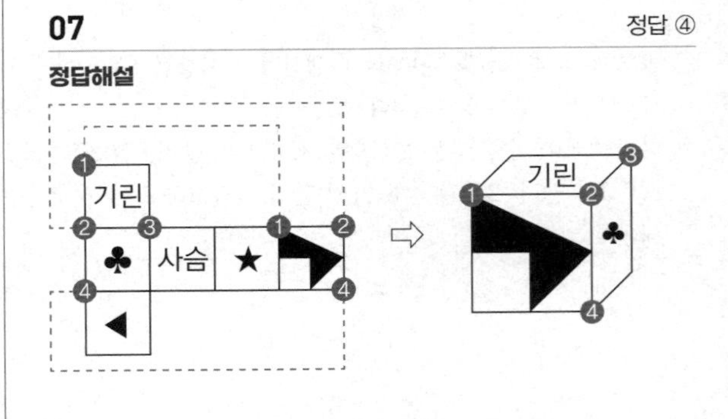

08

정답 ④

정답해설

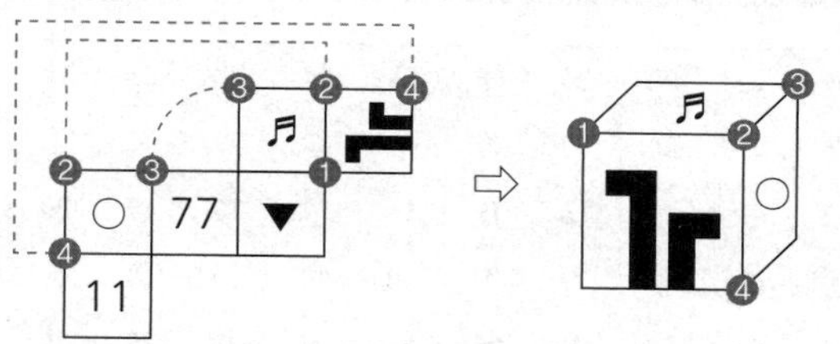

09

정답 ②

정답해설

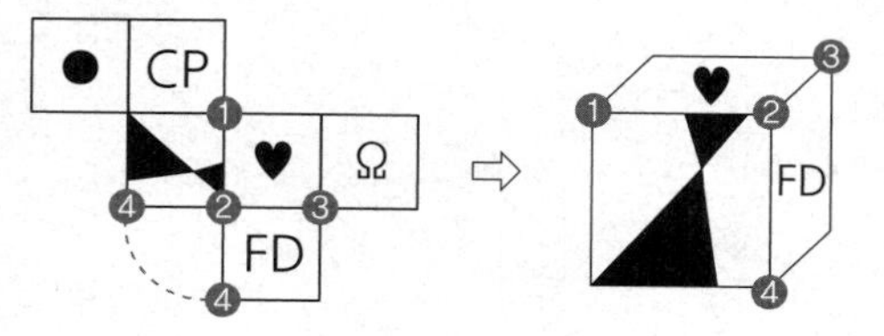

10

정답 ①

정답해설

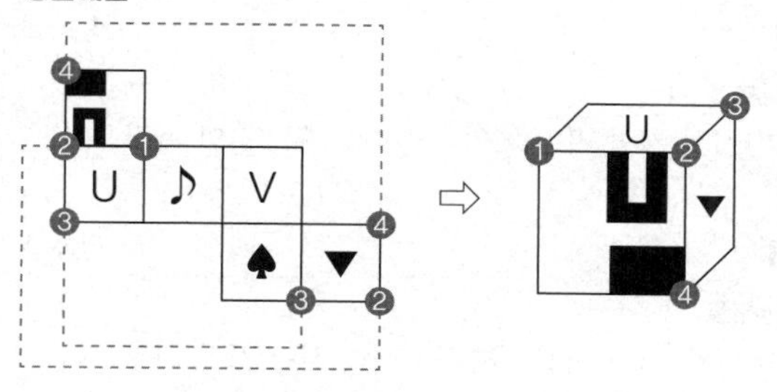

11

정답 ②

정답해설

1층 : 4+5+4+5+4=22개

2층 : 4+4+4+5+3=20개

3층 : 3+4+3+4+2=16개

4층 : 3+2+2+2+0=9개

5층 : 1+0+1+0+0=2개

∴ 22+20+16+9+2=69개

12

정답 ③

정답해설

1층 : 5+5+5+5+4+5+4=33개

2층 : 4+5+5+5+4+5+3=31개

3층 : 4+4+4+5+4+4+2=27개

4층 : 3+4+1+0+2+3+1=14개

5층 : 2+1+0+0+2+0+1=6개

∴ 33+31+27+14+6=111개

13

정답 ①

정답해설

1층 : 4+5+4+5+5+4+3=30개

2층 : 3+4+4+5+5+4+3=28개

3층 : 2+3+4+4+5+4+1=23개

4층 : 0+1+3+4+5+2+0=15개

5층 : 0+0+0+1+1+0+0=2개

∴ 30+28+23+15+2=98개

14

정답 ②

정답해설

1층 : 5+4+5+4+3=21개

2층 : 5+4+5+4+2=20개

3층 : 5+3+5+3+1=17개

4층 : 3+2+3+2+1=11개

5층 : 0+1+0+1+0=2개

∴ 21+20+17+11+2=71개

15

정답 ③

정답해설

정면에서 바라보았을 때, 4층-4층-5층-4층-2층으로 구성되어 있다.

16

정답 ③

정답해설

상단에서 바라보았을 때, 3_1층-5층-3층-2_2층-2_2층으로 구성되어 있다.

17

정답 ②

정답해설

우측에서 바라보았을 때, 3층-4층-5층-4층-4층으로 구성되어 있다.

18

정답 ④

정답해설

우측에서 바라보았을 때, 3층-4층-4층-4층-5층으로 구성되어 있다.

제4과목 : 지각속도

01	02	03	04	05	06	07	08	09	10
②	①	②	①	①	①	②	②	②	①
11	12	13	14	15	16	17	18	19	20
①	②	①	①	①	②	①	②	②	①
21	22	23	24	25	26	27	28	29	30
②	③	④	①	④	②	①	②	③	②

01

정답 ②

정답해설

(ㅇ) (ㄹ) (ㄱ) (ㅊ) (ㄴ) → (ㅇ) (ㄹ) (ㅂ) (ㅊ) (ㄴ)

03

정답 ②

정답해설

(ㄱ) (ㅂ) (ㄴ) (ㄹ) (ㄷ) → (ㄱ) (ㅂ) (ㄴ) (ㅇ) (ㄷ)

07

정답 ②

정답해설

사기 사실 사연 사진 사악 → 사기 사실 사연 사진 사랑

08

정답 ②

정답해설

사악 사단 사이 사살 사수 → 사악 사단 사진 사살 사수

09

정답 ②

정답해설

사수 사살 사기 사이 사진 → 사수 사실 사기 사이 사진

12

정답 ②

정답해설

삵 삯 읋 값 삶 → 삵 삯 넋 값 삶

16

정답 ②

정답해설

사무실 나침반 아버지 자동차 바닐라
→ 사무실 고라니 아버지 자동차 바닐라

18

정답 ②

정답해설

아버지 바닐라 사무실 고라니 차종손
→ 아버지 바닐라 사무실 고라니 자동차

19

정답 ②

정답해설

다람쥐 자동차 고라니 사무실 마닐라
→ 차종손 자동차 고라니 사무실 마닐라

21

정답 ②

정답해설

실러의 시는 베토벤의 음악을 탄생시켰고, 베토벤의 음악은 다시 클림트의 미술을 탄생시켰으며, 클림트의 그림은 말러의 지휘를 불러일으켰다. (11개)

22

정답 ③

정답해설

18292307937827393052138469732953874662739194
239385 (6개)

23

정답 ④

정답해설

(a)(a) Δ Δ Å Å Å Δ ⓐⓐ A (a) A A ⓐ(a) Δ Å Å A (a)(a) A A ⓐ Δ
A A ⓐ Δ Δ Å Å Δ ⓐ Δ Å (a)ⓐ Δ (a)ⓐ(a) (9개)

24

정답 ①

정답해설

키카캬캬쿄캭키쿄캬캭키키캬큐캭크쿄캬캭쿄캬캬캭큐캬커
큐크크카커카캬캭쿄큐캬 (7개)

25

정답 ④

정답해설

ηθχθεγυδτθβδθεδλπδφδγβδεσφθδλξθδβ Φ ζ ψ (8개)

26

정답 ②

정답해설

Time cools, time clarifies; no mood can be maintained quite unaltered through the course of hours. (4개)

27

정답 ①

정답해설

준비 여부에 관계없이, 열망을 실현하기 위한 명확한 계획을 세우고 즉시 착수하여 그 계획을 실행에 옮겨라. (5개)

28

정답 ②

정답해설

5123563425648762378462794318789346353645355З
5345334 (9개)

29

정답 ③

정답해설

⍔ ⍌ ⊟ ⍠ ⌻ ⍔ ⍔ ⍓ ⌼ ⊟ ⍃ ⍄ ⍍ ⍂ ⍃ ⍓ ⍍ ⌻ ⌺
⍍ ⍔ ⍠ ⌼ ⍔ ⍔ ⍓ ⍍ ⍂ ⍔ ⊟ ⍔ ⍁ ⍠ ⌻ ⍔ ⍔ (10개)

30

정답 ②

정답해설

행동 계획에는 위험과 대가가 따른다. 하지만 이는 나태하게 행동하는데 따르는 장기간의 위험과 대가에 비하면 훨씬 적다. (10개)

제5회 모의고사 정답 및 해설

제1과목 : 언어논리

01	02	03	04	05	06	07	08	09	10
④	①	③	③	①	③	③	③	③	③
11	12	13	14	15	16	17	18	19	20
②	④	②	④	②	③	④	⑤	③	④
21	22	23	24	25					
④	⑤	②	④	④					

01
정답 ④

정답해설

'침착하다'는 '행동이 들뜨지 아니하고 차분하다.'는 뜻으로 '말이나 행동이 조심성 없이 가볍다.'라는 뜻인 '경솔하다'와 반의관계이다. 따라서 '곱고 가늘다.'라는 뜻을 가진 '섬세하다'와 반의관계인 단어는 '거칠고 나쁘다.'라는 뜻인 '조악하다'이다.

오답해설

① 찬찬하다 : 동작이나 태도가 급하지 않고 느릿하다.
② 치밀하다 : 자세하고 꼼꼼하다.
③ 감분(感憤)하다 : 마음속 깊이 분함을 느끼다.
⑤ 신중하다 : 매우 조심스럽다.

02
정답 ①

정답해설

'밥, 떡, 찌개 따위를 만들기 위하여 그 재료를 솥이나 냄비 따위에 넣고 불 위에 올리다'라는 뜻의 단어는 '안치다'이다. 즉 '밥을 안치고~'라고 써야 한다. '앉히다'는 '앉게 하다(사동사)'라는 뜻이다.

03
정답 ③

정답해설

석패(惜敗) : 약간의 점수로 아깝게 짐

오답해설

① 참패(慘敗) : 참혹하게 큰 점수로 짐
② 연패(連敗) : 경기에서 계속 짐
④ 패주(敗走) : 싸움에 져서 달아남
⑤ 완패(完敗) : 완전하게 패함

04
정답 ③

정답해설

제시문의 밑줄 친 '이르다'는 '결론을 얻다.', '결론에 다다르다.'를 뜻한다.

오답해설

① 빠르다.
② 정의하다.
④ 일정한 시간이 되다.
⑤ 명명하다, ~라 부르다.

05
정답 ①

정답해설

'소탐대실(小貪大失)'은 '작은 것을 탐하다가 큰 것을 잃다.'라는 뜻이다. '소 잃고 외양간 고치기'는 '제때 대처하지 않아 피해를 본 뒤, 나중에야 대처한다.'라는 뜻이다.

06
정답 ③

정답해설

철학은 학문이고, 모든 학문은 인간의 삶을 의미 있게 해준다. 따라서 이를 연결해서 표현하면 ③ '철학은 인간의 삶을 의미 있게 해준다.'이다.

07
정답 ③

정답해설

제시문에서 괄호의 접속어는 앞의 사실에 대하여 별로 의미를 부여할 여지가 없다는 의미로 쓰였다. 따라서 주로 부정적인 뜻을 가진 문장에 쓰이는 ③ '설혹'이 적당하다.

08
정답 ③

정답해설

제시문은 반인륜적 범죄에 대한 처벌과 이에 따른 인권 침해에 대해 언급하고 있다. ㉢ 반인륜적인 범죄가 증가 → ㉡ 지난 석 달 동안 3건 발생 → ㉣ 반인륜적 범죄에 대한 처벌 강화 → ㉠ 인권 침해에 관한 문제가 제기되는 순으로 연결되어야 한다.

09

정답 ③

정답해설

제품의 질이 떨어졌다는 의미이므로 ㉠ 대신에 쓸 수 있는 말은 ③ '전락(轉落, 나쁜 상태나 타락한 상태에 빠짐)'이다.

10

정답 ③

정답해설

(다)의 앞부분은 기술의 진보로 인한 새로운 산업의 등장, (다)의 뒷부분은 시장 수요의 변화로 인한 새로운 산업의 등장에 대해 설명하고 있다.

11

정답 ②

정답해설

제시문에서는 편리성, 경제성, 객관성 등을 이유로 인공 지능 면접을 지지하고 있다. 따라서 객관성보다 면접관의 생각이나 견해가 시행 기관의 상황에 맞는 인재를 선발하는 데 적합하다는 논지로 반박하는 것은 옳다.

오답해설

① · ③ · ⑤ 제시문의 주장에 반박하는 것이 아니라 제시문의 주장을 강화하는 근거에 해당한다.

④ 인공 지능 면접에 필요한 기술과 인간적 공감의 관계는 제시문에서 주장한 내용이 아니므로 반박의 근거로도 적당하지 않다.

12

정답 ④

정답해설

저맥락 문화는 멤버 간에 공유하고 있는 맥락의 비율이 낮고 개인주의와 다양성이 발달했다. 미국은 이러한 저맥락 문화의 대표국가로 선악의 확실한 구분, 수많은 말풍선을 사용한 스토리 전개 등이 특징이다. 다채로운 성격의 캐릭터 등장은 일본 만화의 특징이다.

13

정답 ②

정답해설

글쓴이는 '로마를 마지막으로 보아야 하는 도시'라는 통념을 반박하며, '로마를 가장 먼저 봐야 한다.'고 주장하고 있다. 또한 그 이유로 로마가 문명이란 무엇인가에 대해 가장 진지하게 반성할 수 있는 도시이기 때문이라고 밝히고 있다. 이를 통해 글쓴이가 궁극적으로 강조하는 내용은 ② '문명을 반성적으로 볼 수 있는 가치관이 필요하다.'임을 확인할 수 있다.

14

정답 ④

정답해설

제시문은 낙수 이론에 대해 설명하고, 그 실증적 효과를 논한 후에 비판을 제기하고 있다.

- 따라서 일반론에 이은 효과를 설명하는 (A)가 그 뒤에, 비판을 시작하는 (B)가 그 후에 와야 한다.
- (D)에는 '제일 많이'라는 수식어가 있고, (C)에는 '또한 제기된다'라고 명시되어 있어 (D)가 (C) 앞에 오는 것이 글의 구조상 적절하다.

따라서 (A)-(B)-(D)-(C)의 순서가 적절하다.

15

정답 ②

정답해설

㉠의 앞 문장에서 인간의 활동과 대립에 통일이 있듯이, 자연의 내부에서도 대립과 통일은 존재한다고 했고, ㉠ 다음 문장에서는 인간의 역사와 자연사의 변증법적 지양과 일여(一如)한 합일을 지향했다고 했으므로 ㉠ 안에 들어갈 문장은 인간사와 자연사를 대립적 관계로 보면 안 된다는 내용이 적절하다.

오답해설

① 인간과 자연의 경쟁 관계는 제시문에 나타나지 않으므로 알 수 없다.

③ 인간의 역사와 자연의 역사는 서로 구분되어서는 안 된다는 이야기이므로 적절하지 않다.

④ 제시문은 역사 연구에 관한 글이 아니므로, 논점에서 벗어난 진술이다.

⑤ 마지막 문장에서 인간의 역사와 자연사의 공통점을 부각하고 있으므로 차이점을 갑자기 언급하는 것은 부적절하다.

16

정답 ③

정답해설

교환되는 내용이 양과 질의 측면에서 정확히 대등하지 않으므로 ③은 (나)의 예시이다.

17

정답 ④

정답해설

마지막 문단의 '피자보다 자장면을 좋아하는 아이들을 찾아보기가 힘들어졌다.'에서 자장면이 특별한 날에 가장 사랑받는 음식이라는 ④의 진술이 적절하지 않음을 알 수 있다.

18

정답 ⑤

정답해설

불경(不敬)과 타락이라는 말을 통해 '오늘날의 현실'은 자연에 대한 사랑이 결핍된 인간의 자연 개발 내지는 파괴와 관계된 내용임을 알 수 있다. 따라서, '오늘날의 현실'과 연결될 수 있는 것은 생태계 파괴 등과 같은 돌이킬 수 없는 인간의 자연 파괴를 드러내는 것이어야 한다.

19

정답 ③

정답해설

유기적 관계를 갖는 '구조'의 개념을 알고 있는가를 평가하는 문제이다. 하나의 유기체에서 부분은 독자적으로 아무 의미를 갖지 못한다. 전체와의 관련 속에서 부분과 부분, 부분과 전체가 연결될 때 그 의미를 지니는 것이 유기체의 특성이다. ㉡에서 강조하고 있는 것도 '상호작용'이라는 점이다.

20

정답 ④

정답해설

ㄴ. 인간의 행동이 유전자와 환경의 상호작용으로 결정된다면 ㉠ 주장의 핵심인 '자유의지' 이론을 약화시킨다.

ㄷ. '발견된 인간 유전자의 수는 유형화된 행동 패턴들을 모두 설명하기에 적지 않다.'면 역시 ㉠ 주장의 핵심인 '자유의지' 이론을 약화시킨다.

오답해설

ㄱ. 인간의 행동결과가 유전자에 의해 종속적인지 아니면 자유의지에 의한 자유발현인지를 논하는 것이 제시문의 핵심이므로 '자유의지가 없는 동물 중에는 인간보다 더 많은 유전자 수를 가지고 있는 경우'가 증명이 된다 해도 ㉠ 주장을 강화하거나 약화하지 않는다.

21

정답 ④

정답해설

제시문에 따르면 불안은 무슨 일이 일어날지 모른다는 것과 관련이 있음을 알 수 있다. 즉 불안은 상황이 불분명하고 정리되지 않는 데서 비롯되는 것이다. 외환위기를 겪은 뒤 노동자들은 기업이 구조조정에 들어가면 무슨 일이 닥칠지 한치 앞을 내다볼 수 없는 상황에 놓이게 되면서 불안을 느낀다. 따라서 이를 통해 추론할 수 있는 것은 ④이다.

22

정답 ⑤

정답해설

특수목적 고등학교와 자립형 사립고등학교는 평준화의 보완책으로 시작되었으며 예전의 일류 고등학교의 위상을 가지기 시작했다. 그러나 이들 학교에 진학하기 위한 입시경쟁이 치열해지면서 오히려 평준화의 목적이 훼손되고 있는 것이 아니냐는 지적이 나오고 있다. 이러한 내용 전개에 (마)는 적절하지 않다.

23

정답 ②

정답해설

㉮ '고교평준화와는 달리 큰 반발이나 무리 없는 진행이었다'라는 문장에서 알 수 있다.

㉯ 고교평준화의 부작용에 대한 서술 없이 마지막 문단에서 부작용을 보완하기 위한 개선 방안을 서술하고 있다.

오답해설

㉰ 보충 수업 및 교과별 · 능력별 이동 수업 의무화, 영재 양성 교육 실시, 특수목적 고등학교 설립 등은 모두 학생의 수준별 교육을 위한 방안이다.

24

정답 ④

정답해설

(나)는 (다)를 서술하기 위한 일반적인 사실을 제시한 단락이고 (다)는 이에 대한 논증이다.

25

정답 ④

정답해설

제시문은 룸쿨러와 대청마루를 비교함으로써 자연을 효과적으로 이용하고 있는 우리나라 집의 특성을 설명하고 있다.

제2과목 : 자료해석

01	02	03	04	05	06	07	08	09	10
③	②	②	④	③	②	③	②	③	④
11	12	13	14	15	16	17	18	19	20
③	②	②	③	③	②	②	③	②	②

01
정답 ③

정답해설

증발된 물의 양을 xg이라 하자.

$\frac{8}{100}\times500=\frac{10}{100}\times(500-x)\rightarrow4{,}000=5{,}000-10x$

$\therefore x=100$

따라서 증발한 물의 양은 100g이다.

02
정답 ②

정답해설

집에서부터 부대까지의 거리를 $x$km라고 할 때,

- 처음 집을 나온 후 15분이 지났을 때 돌아갔으므로 집과 다시 돌아갔던 지점 사이의 거리는 $60\times\frac{15}{60}=15$km이다.
- 다시 집으로 돌아갔을 때의 속력은 $60\times1.5=90$km/h이다.
- 집에서 다시 부대로 출발했을 때의 속력은 $90\times1.2=108$km/h이다.

처음 출발했을 때를 기준으로 50분 후 부대에 도착했으므로

$\frac{15}{60}+\frac{15}{90}+\frac{x}{108}=\frac{50}{60}$ 양변에 540을 곱해 식을 정리하면

$\rightarrow135+90+5x=450$

$\therefore x=45$km

따라서 집에서 부대까지의 거리는 45km이다.

03
정답 ②

정답해설

- A○○○B인 경우, A와 B는 자리가 정해져 있고 C, D, E만 일렬로 세우면 되므로 경우의 수는 $3\times2\times1=6$이다.
- B○○○A인 경우, 마찬가지로 C, D, E만 일렬로 세우면 되므로 경우의 수는 $3\times2\times1=6$이다.

∴ 구하는 경우의 수 : $6+6=12$

다른해설

- C, D, E를 일렬로 세우는 경우의 수 : $3!=3\times2\times1=6$
- A와 B를 양 끝에 세우는 경우의 수 : $2!=2\times1=2$

∴ 구하는 경우의 수 : $6\times2=12$

04
정답 ④

정답해설

병장 때 응시한 모의시험 과목별 성적은

- 언어 : $60\times1.2=72$점
- 수리 : $40\times1.3=52$점
- 외국어 : $50\times1.6=80$점
- 탐구 : 72점

따라서 병장 때 응시한 모의고사 평균을 구하면

$\frac{72+52+80+72}{4}=69$점이다.

05
정답 ③

정답해설

- 시약 G에 음성 반응을 보인 성인 중 바이러스의 감염자 비율(A)$=\frac{\text{P(감염자}\cap\text{음성)}}{\text{P(음성)}}\times100=\frac{26}{80}\times100=32.5\%$
- 기대손실액(B)$=0.26\times200+0.06\times100=52+6$
  $=58$만 원

06
정답 ②

정답해설

학력이 높을수록 도덕적 제재를 선호하는 비중이 증가한다.

오답해설

① 학력과는 무관하게 나타났다.

③ 대졸자의 응답자수를 알 수 없으므로 판단할 수 없다.

④ 표본이 작아 조사결과가 안정적이라고 장담할 수 없으며, 우리나라 전체의 의견을 대표하는 데 한계가 있다.

07
정답 ③

정답해설

합계 출산율은 한 여성이 평생 동안 낳을 것으로 예상되는 평균 출생아 수를 뜻하며, 2015년 최저치를 기록했다.

오답해설

① 2015년 출생아 수(435,000명)는 2013년 출생아 수(490,500명)를 기준으로 약 11% 감소하였다.

② 합계 출산율이 일정하게 증가하는 추세는 나타나지 않는다.

④ 2020년에 비해 2021년에는 합계 출산율이 0.014명 증가했다.

08
정답 ②

정답해설

국문 명함

- 고급종이 : 50장
- 일반종이 : 130－50＝80장

따라서 1인당 국문 명함 제작비는

(10,000×1.1)＋10,000＋(2,500×3)＝28,500원이다.

영문 명함

영문 명함의 수가 70장이므로 1인당 영문 명함 제작비는 15,000＋(3,500×2)＝22,000원이다.

1인당 명함 제작비

- 1인당 명함 제작비 : 28,500＋22,000＝50,500원
- 총비용 : 808,000원

∴ 신입 간부의 수 : 808,000÷50,500＝16명

09
정답 ③

정답해설

- (정육각형의 한 변에 심을 나무의 수)
  ＝{(전체 나무의 수)－6}÷6
- (나무를 심을 간격의 수)＝(나무의 수)＋1

필요한 나무의 수가 750그루이므로 한 변에 심을 나무의 수는 (7506－6)÷6＝124그루이고,

나무를 심을 간격의 수는 124＋1＝125(군데)이다.

나무 사이의 간격은 8m이므로 정육각형 한 변의 길이는 125×8＝1,000m이다.

∴ 정육각형 모양 산책로의 길이 : 1,000×6＝6,000m＝6km

10
정답 ④

정답해설

상품별 투표결과를 구하면 다음과 같다.

- 한우Set : 2＋1＋5＋13＋1＋1＝23
- 영광굴비 : 0＋3＋3＋15＋3＋0＝24
- 장뇌삼 : 1＋0＋1＋21＋2＋2＝27
- 화장품 : 2＋1＋6＋14＋5＋1＝29
- 전복 : 0＋1＋7＋19＋1＋4＝32

가장 많은 표를 받은 상품은 전복이고, 전 간부 수는 투표 수의 합이므로 23＋24＋27＋29＋32＝135명이다.

∴ 총비용 : 135×70,000＝9,450,000원

11
정답 ③

정답해설

A국과 F국을 비교해보면 참가선수는 A국이 더 많지만, 동메달 수는 F국이 더 많다.

12
정답 ②

정답해설

요일별 일교차를 구하면 다음과 같다.

- 월요일 : 10.7－(－1.8)＝10.7＋1.8＝12.5℃
- 화요일 : 12.3－(－1.3)＝12.3＋1.3＝13.6℃
- 수요일 : 11.4－2.0＝9.4℃
- 목요일 : 6.6－(－1.1)＝6.6＋1.1＝7.7℃
- 금요일 : 10.4－(－3.1)＝10.4＋3.1＝13.5℃
- 토요일 : 12.7－0.1＝12.6℃
- 일요일 : 10.1－(－1.5)＝10.1＋1.5＝11.6℃

따라서 일교차가 가장 큰 요일은 화요일이다.

13
정답 ②

정답해설

항목별 합계를 먼저 구한 뒤 선택지를 해결한다.

구 분	경 증			중 증		
	여 자	남 자	합 계	여 자	남 자	합 계
50세 미만	9명	13명	22명	8명	10명	18명
50세 이상	10명	18명	28명	8명	24명	32명
합계	19명	31명	50명	16명	34명	50명

- 경증 환자 중 남자 환자의 비율 : $\frac{31}{50}$
- 중증 환자 중 남자 환자의 비율 : $\frac{34}{50}$

따라서 경증 환자 중 남자 환자의 비율은 중증 환자 중 남자 환자의 비율보다 낮다.

오답해설

① • 여자 환자 수 : 9+10+8+8=35명
• 중증인 여자 환자 수 : 8+8=16명
∴ 여자 환자 중 중증인 환자의 비율 : $\frac{16}{35}$

③ • 50세 이상 환자 수 : 10+18+8+24=60명
• 50세 미만 환자 수 : 9+13+8+10=40명
따라서 50세 이상 환자 수는 50세 미만 환자 수의 $\frac{60}{40}$=1.5배이다.

④ • 전체 당뇨병 환자 수 : 100명
• 중증인 여자 환자 수 : 16명
∴ 전체 당뇨병 환자 중 중증 여자 환자 비율 :
$\frac{16}{100}\times100=16\%$

14

정답 ③

정답해설

곡물별 2019년과 2020년의 소비량 변화는 다음과 같다.

• 소맥 소비량의 변화 : 679−697=−18백만 톤
• 옥수수 소비량의 변화 : 860−883=−23백만 톤
• 대두 소비량의 변화 : 258−257=1백만 톤

따라서 소비량의 변화가 작은 곡물은 대두이다.

오답해설

① 제시된 자료를 통해 알 수 있다.
② 제시된 자료를 통해 2021년에 모든 곡물의 생산량과 소비량이 다른 해에 비해 많았음을 알 수 있다.
④ • 2019년 전체 곡물 생산량 : 697+886+239=1,822백만 톤
• 2021년 전체 곡물 생산량 : 711+964+285=1,960백만 톤
따라서 2019년과 2021년의 전체 곡물 생산량의 차는 1,960−1,822=138백만 톤이다.

15

정답 ③

정답해설

A부대와 B부대의 전체 인원 수를 알 수 없으므로, 비율만으로는 판단할 수 없다.

오답해설

① 여자 비율이 높을수록, 남자 비율이 낮을수록 여자 대비 남자 비율이 낮아진다. 따라서 여자 비율이 가장 높으면서, 남자 비율이 가장 낮은 D부대가 가장 낮은 값을 가지며, 반대인 A부대가 가장 높은 값을 가진다.
② B, C, D부대는 각각 남자보다 여자의 비율이 높다. 이는 B, C, D부대 모두 남자보다 여자가 많다는 것이므로, 세 부대의 인원 수를 합하여도 남자보다 여자가 더 많다.
④ A부대의 전체 인원 수를 a명, B부대의 전체 인원 수를 b명이라 하면, A부대의 남자 수는 $0.54a$, B부대의 남자 수는 $0.48b$이다.
$\frac{0.54a+0.48b}{a+b}\times100=52 \rightarrow 54a+48b=52(a+b)$
$\therefore a=2b$
따라서, A부대 인원은 B부대 인원의 2배이다.

16

정답 ②

정답해설

연도별로 시행 기업당 참여 직원 수를 구하면 다음과 같다.

• 2017년 : 3,197÷2,079≒1.5명
• 2018년 : 5,517÷2,802≒2명
• 2019년 : 10,869÷5,764≒1.9명
• 2020년 : 21,530÷7,686≒2.8명

따라서 시행 기업당 참여 직원 수가 가장 많은 해는 2020년이다.

오답해설

① • 2020년 남성 육아휴직제 참여 직원 수 : 21,530명
• 2017년 남성 육아휴직제 참여 직원 수 : 3,197명
3,197×7=22,379이므로, 2020년 남성 육아휴직제 참여 직원 수는 2017년 남성 육아휴직제 참여 직원 수의 7배 미만이다.
③ • 2018년 대비 2020년 시행 기업 수의 증가율 :
$\frac{7,686-2,802}{2,802}\times100≒174.3\%$
• 2018년 대비 2020년 참여 직원 수의 증가율 :
$\frac{21,530-5,517}{5,517}\times100≒290.2\%$
따라서 2018년 대비 2020년 시행 기업 수의 증가율은 참여 직원 수의 증가율보다 낮다.
④ 2017~2020년 참여 직원 수 연간 증가인원의 평균을 구하면 $\frac{2,320+5,352+10,661}{3}$=6,111명이다.

17

정답 ②

정답해설

㉢ 제습기 E가 습도 40%일 때의 연간전력소비량은 660kWh이고, 제습기 B가 습도 50%일 때의 연간전력소비량은 640kWh이다.

오답해설

㉡ 습도 60%에서 연간전력소비량이 높은 제습기의 순서는 D－E－B－C－A이고 70%에서는 E－D－B－C－A이다.

㉣ 제습기 E의 경우 연간전력소비량이 1.5배 이상이 되려면 990kWh 이상이 되어야 하므로 적절하지 않다.

18

정답 ③

정답해설

2020년에 남자 근로자와 여자 근로자 간의 평균 임금 차는 300달러이다. 내국인 근로자의 평균 임금은 2,100달러보다 많고, 외국인 근로자의 평균 임금은 1,700달러보다 적으므로 그 차는 400달러보다 크다.

오답해설

① 2010년 내국인 남자 근로자 임금 평균에 대한 외국인 여자 근로자 평균 임금의 비는 $\frac{1}{2}$이다.

② 2020년에 내국인 근로자 평균 임금은 2,500달러보다 적고, 외국인 근로자 평균 임금은 1,500달러보다 많다. 따라서 내국인 근로자 평균 임금에 대한 외국인 근로자 평균 임금의 비는 $\frac{3}{5}$보다 크다.

④ 2010년 남자 근로자 평균 임금에 대한 여자 근로자 평균 임금의 비는 $\frac{13}{17}$이고 2020년에는 $\frac{6}{7}$이다. 따라서 2010년보다 2020년이 크다.

19

정답 ②

정답해설

㉠ 2016년부터 2020년까지 지속적으로 이용객이 증가한 노선은 6호선, 8호선, 9호선 3개이다.

㉢ • 2016년 : 567,236＋206,607＋265,207＝1,039,050천 명

• 2017년 : 576,484＋209,696＋270,242＝1,056,422천 명

• 2018년 : 567,369＋203,493＋267,373＝1,038,235천 명

• 2019년 : 564,333＋203,642＋264,533＝1,032,508천 명

• 2020년 : 555,675＋204,541＋258,837＝1,019,053천 명

따라서 2, 3, 7호선 이용객의 합은 매년 서울특별시 지하철 전체 이용객의 절반 이상이다.

오답해설

㉡ 2016년 대비 2020년 이용객 증가율이 가장 높은 지하철은 9호선이다. 9호선은 2019년 이후 1호선보다 이용객이 많아졌다.

㉣ 9호선의 경우 이용객이 매년 증가하지만, 2호선 이용객은 늘었다 줄었다를 반복한다.

20

정답 ②

정답해설

산업기사 전체 응시율은 $\frac{151}{186}\times100≒81.2\%$이고, 기능사의 전체 응시율은 $\frac{252}{294}\times100≒85.7\%$이다.

오답해설

① 산업기사 전체 합격률은 $\frac{61}{186}\times100≒32.8\%$이고, 기능사의 전체 합격률은 $\frac{146}{294}\times100≒49.7\%$이다.

③ 산업기사 중 응시율이 가장 낮은 것은 $\frac{11}{24}\times100≒45.8\%$인 용접 산업기사이다.

④ 전산응용기계제도 기능사 시험처럼 응시율은 높지만 합격률이 낮은 시험이 존재한다.

제3과목 : 공간능력

01	02	03	04	05	06	07	08	09	10
①	④	④	①	②	①	④	①	③	④
11	12	13	14	15	16	17	18		
①	④	③	①	①	④	①	②		

01

정답 ①

정답해설

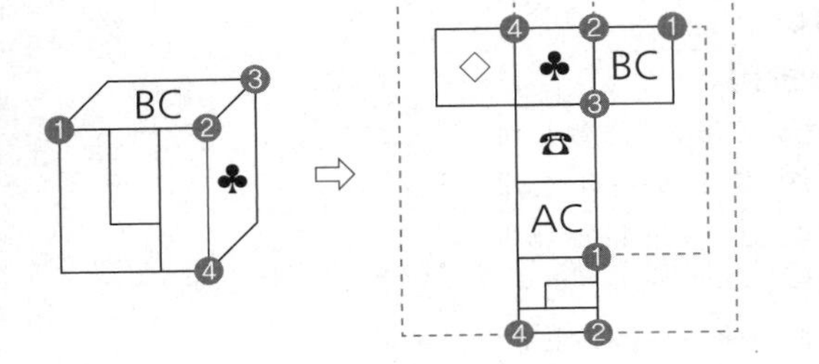

02

정답 ④

정답해설

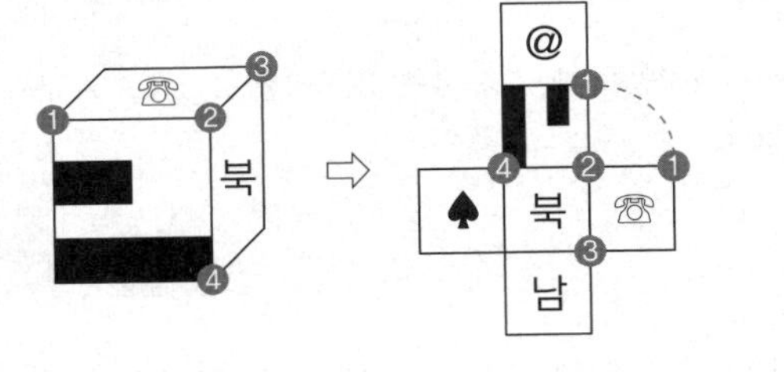

03

정답 ④

정답해설

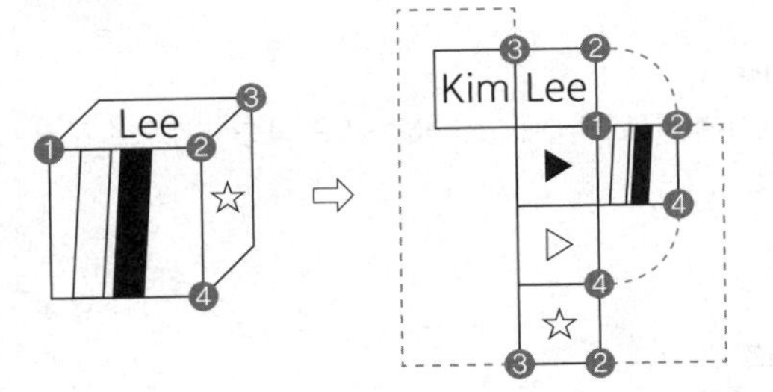

04

정답 ①

정답해설

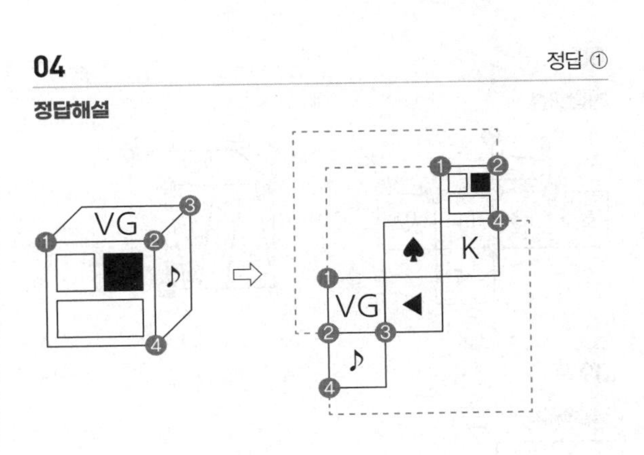

05

정답 ②

정답해설

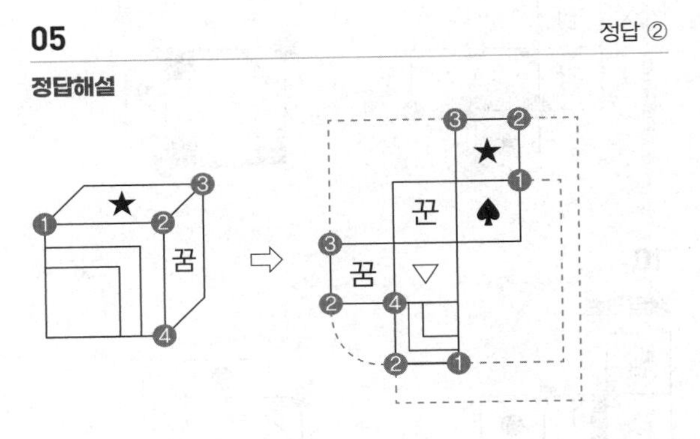

06

정답 ①

정답해설

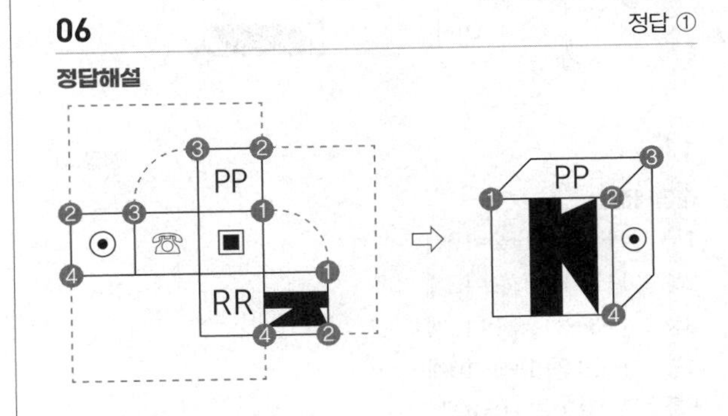

07

정답 ④

정답해설

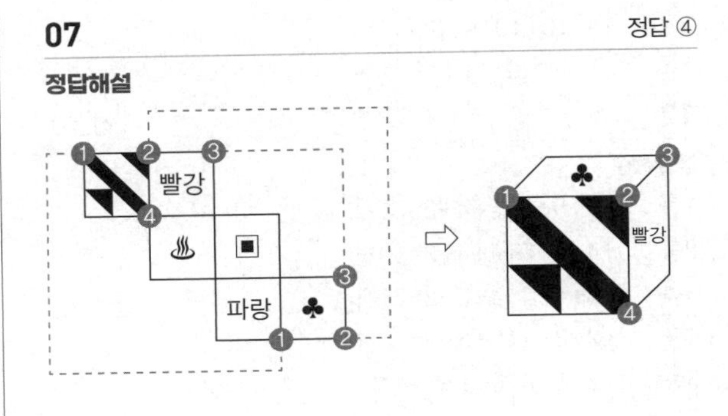

08

정답 ①

정답해설

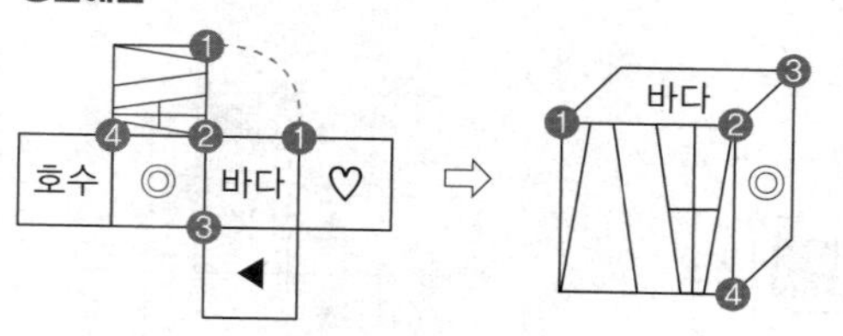

09

정답 ③

정답해설

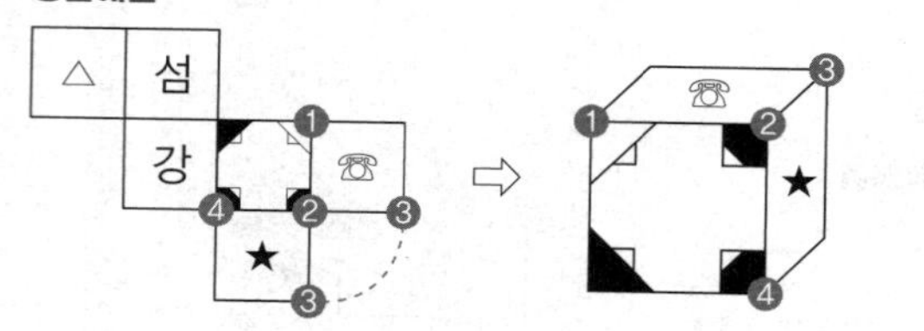

10

정답 ④

정답해설

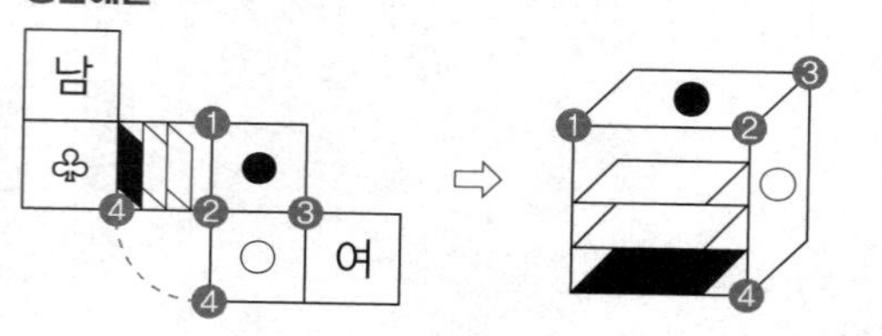

11

정답 ①

정답해설

1층 : 4+4+5+4+2=19개

2층 : 4+4+5+3+2=18개

3층 : 4+3+3+2+1=13개

4층 : 4+3+2+1+0=10개

5층 : 2+0+1+1+0=4개

∴ 19+18+13+10+4=64개

12

정답 ④

정답해설

1층 : 5+4+5+5+5+4+3=31개

2층 : 5+4+5+5+4+4+3=30개

3층 : 4+3+4+4+4+3+2=24개

4층 : 2+2+2+4+2+3+0=15개

5층 : 0+2+1+0+0+1+0=4개

∴ 31+30+24+15+4=104개

13

정답 ③

정답해설

1층 : 5+5+5+3+4+3+2=27개

2층 : 4+5+4+3+4+3+0=23개

3층 : 3+4+4+3+4+1+0=19개

4층 : 1+2+4+2+3+0+0=12개

5층 : 0+0+1+0+1+0+0=2개

∴ 27+23+19+12+2=83개

14

정답 ①

정답해설

1층 : 3+3+5+4+4=19개

2층 : 3+3+5+4+3=18개

3층 : 3+3+4+4+1=15개

4층 : 1+2+3+2+0=8개

5층 : 0+1+1+0+0=2개

∴ 19+18+15+8+2=62개

15

정답 ①

정답해설

상단에서 바라보았을 때, 5층–4층–3층–4층–1_1층으로 구성되어 있다.

16

정답 ④

정답해설

우측에서 바라보았을 때, 2층–4층–4층–4층–5층으로 구성되어 있다.

17

정답 ①

정답해설

우측에서 바라보았을 때, 2층–5층–5층–4층–5층으로 구성되어 있다.

18

정답 ②

정답해설

정면에서 바라보았을 때, 4층–5층–5층–4층–3층으로 구성되어 있다.

제4과목 : 지각속도

01	02	03	04	05	06	07	08	09	10
②	①	①	②	①	①	②	①	②	①
11	**12**	**13**	**14**	**15**	**16**	**17**	**18**	**19**	**20**
②	①	②	①	②	①	①	②	①	①
21	**22**	**23**	**24**	**25**	**26**	**27**	**28**	**29**	**30**
②	①	②	②	①	③	②	④	①	③

01
정답 ②

정답해설

adjust account accept abuse adopt
→ adjust account accept admire adopt

04
정답 ②

정답해설

apple adjust account accept admit
→ abuse adjust account accept admit

07
정답 ②

정답해설

vi viii iii x vii → vi viii iii x ix

09
정답 ②

정답해설

viii ix iv iii v → viii ix vi iii v

11
정답 ②

정답해설

☑ ☢ ⊡ ● ⊙ → ♲ ☢ ⊡ ● ⊙

13
정답 ②

정답해설

⊙ ♲ ♺ ○ ● → ⊙ ♲ ♺ ● ●

15
정답 ②

정답해설

⊙ ⊙ ⚅ ● ● → ⊙ ⊙ ⚅ ● ☑

18
정답 ②

정답해설

하지 청명 경칩 동지 입춘 → 하지 청명 경칩 동지 우수

21
정답 ②

정답해설

내 자신에 대한 자신감을 잃으면, 온 세상이 나의 적이 된다. (9개)

22
정답 ①

정답해설

Be still when you have nothing to say; when genuine passion moves you, say what you've got to say, and say it hot. (8개)

23
정답 ②

정답해설

1374890534060909783270097853643090304234320565670 (11개)

24
정답 ②

정답해설

↜↝→→↝↜↜→→↝↝↜↝↜↜↝→↜↝→→ (7개)

25
정답 ①

정답해설

조금도 위험을 감수하지 않는 것이 인생에서 가장 위험한 일일 것이라 믿는다. (5개)

26
정답 ③

정답해설

23953904584569878234089285049396057702349850483698 (8개)

27
정답 ②

정답해설

⑪⑫⑬⑭⑬⑪⑭⑫⑫⑬⑫⑭⑪⑬⑫⑭⑪⑫⑫⑭⑬⑪⑬⑬⑫⑫⑭⑪⑭⑫⑬⑭⑫ (11개)

28

정답 ④

정답해설

☿♀♂☿☿♁♀☿♁♂♀♁♀☿♂♁☿♁♁♂♁♀☿☿
♂♂☿♀☿♂♂ (10개)

29

정답 ①

정답해설

In preparing for battle I have always found that plans are useless, but planning is indispensable. (9개)

30

정답 ③

정답해설

거겨거가갸겨거갸갸가거겨가갸겨가갸겨거거거갸겨거겨가
갸가겨거겨 (9개)

www.sdedu.co.kr